First step on FPGA

Xilinx
Introduzione alla progettazione dei sistemi SoC.

Edizione 2017

Marco Gottardo

C.F. GTTMRC68R06G224I,
Via Colombo 14, 30030 Vigonovo (VE)
Italia.

E-mail: ad.noctis@gmail.com

ISBN: 978-1-326-80606-4

Introduzione

Con questa pubblicazione il lettore potrà acquisire le nozioni introduttive alle tecniche di programmazione delle FPGA attualmente impiegate nei reali prodotti tecnologici e multimediali commerciali ovvero di largo consumo come smartphone o stazioni di gioco, telecamere, strumenti biomedicali, oppure di nicchia, ad esempio per l'impiego nei sistemi di monitoraggio, acquisizione, controllo in real time in uso nell'ambito della ricerca scientifica.

I dispositivi presentati sono estremamente performanti, integrando potenti processori della famiglia ARM multicore oltre alla sezione FPGA di ultima generazione, nello specifico gli Zynq7000 di Xilinx.

Senza una guida opportuna l'analisi di un programma HDL potrebbe rilevarsi una matrioska infinita di blocchi che richiedono nozioni hardware molto approfondite al fine di poterne configurare anche le funzionalità più elementari, ci vorranno nervi saldi e perseveranza. Dovremmo a ogni ostacolo tenere bene a mente che ci stiamo addentrando in argomenti che in Italia sono il bagaglio culturale di pochi eletti.

Nella nuova filosofia di sviluppo SoC il processore effettua il "boot" del sistema operativo all'accensione o al reset e successivamente provvede a configurare la parte Fpga secondo necessità. Questa soluzione consente di sviluppare il software per il processore nello stesso modo e con gli stessi strumenti utilizzati normalmente. La parte Fpga viene così posta a completo servizio del processore e può essere utilizzata per aggiungere periferiche o acceleratori, offrendo flessibilità nella ripartizione hardware-software e facilitando lo sviluppo di soluzioni espandibili nel corso del tempo.

Nella seconda metà del testo affronteremo il progetto e la realizzazione di una scheda che chiameremo Micro-GT FPGA in grado di caricare il kernel di un sistema operativo, lanciare un webserver, acquisire segnali dal campo avvalendosi di nuove configurazioni per i canali ADC allo scopo di implementare strumenti di misura simili ad oscilloscopi professionali e generatori di funzioni.

L'autore: Marco Gottardo

INDICE

FPGA Field Programmable Gate Array.

Oggi sono disponibili tre tipi di package SMD per questo tipo di circuiti integrati, questi sono:

- TQFP (Thin Quad Flat Pack), 100 or 144 pins.
- PQFP (Plastic Quad Flat Pack), 208 or 240 pins.
- BGA (Ball-Grid Array), 256 to 1000+ pins.

Un esempio è visibile nell'immagine sottostante:

Mentre i primi, TQFP a 100 o 144 pin sono ragionevolmente semplici da saldare i PQFP a 208 o 240 pin introducono delle difficoltà a causa della facilità con i terminali si flettono non aderendo più alle piste tracciate nel PCB nella fase di posizionamento. La distanza tra i PIN è inferiore al mezzo millimetro e la saldatura a macchina è più affidabile.

Mentre le prime due famiglie sono presentate in TOP view, la terza è mostrata da sotto (bottom view).

La struttura dell'array di palline costituisce il terminale di un circuito interno al chip e non è composta da pin metallici ma semplicemente da semisfere di stagno per saldature. Esiste una tecnica chiamata reballing che permette di ricostruire, avvalendosi di apposite dime, l'array di terminali nel caso si dovesse dissaldare o recuperare il componente.

Il montaggio avviene ponendo il circuito in un apposito forno che porta a fusione le palline che aderiscono alle piazzole sottostanti, non è possibile il metodo tradizionale dato che i terminali non sono accessibili.

Vantaggi e svantaggi delle FPGA vs Microcontroller

Vantaggi:

- Usando le FPGA è possibile realizzare qualsiasi cosa, l'unico limite sta nelle capacità tecniche e nella fantasia dello sviluppatore.
- Le realizzazioni sono estremamente veloci in esecuzione poiché non devono seguire le tre fasi standard di prelievo, decodifica, esecuzione delle istruzioni, seguendo il clock, come avviene nei normali sistemi a microprocessore o microcontrollore.
- I chip sono riconfigurabili a blocchi ma anche a singolo elemento, se ad esempio un convertitore ADC risultasse poco efficiente per la specifica applicazione ad esempio nell'ambito della ricerca scientifica (fisica dei plasmi) potremmo pensarne uno di più adatto o in grado di campionare in maniera più densa.
- Il parallelismo è reale dato che possiamo progettare le reti a strati, cosa impossibile nei normali processori anche multicore.
- Il pinout assegnabile all'I/O è molto elevato e quindi possibile pilotare matrici di LED molto estese, ad esempio 100x100 o oltre.

Si consideri un caso in cui i convertitori analogici digitali abbiano un tempo di campionamento che non soddisfino i requisiti imposti dalla regola di shannon per quanto riguarda le frequenze dei segnali in campo. Se questi ADC costituiscono lo stadio d'ingresso di un sistema di misura (oscilloscopio) o di acquisizione dati non sarà possibile realizzarli con i normali ingressi di un microcontrollore.

Supponiamo ad esempio di volere realizzare un oscilloscopio virtuale che legga e visualizzi in RT (real time) un segnale. Affinché lo strumento possa essere considerato tale è necessario che gli ingressi abbiano due requisiti, 14 o addirittura 16 bit di conversione e velocità che si aggirino su 200Mbps. Gli ADC integrati nei PIC o anche negli ARM sono molto lontani da queste caratteristiche, infatti sono normalmente a 10 o 12 bit e con velocità di campionamento in grado di ricostruire segnali di frequenza del centinaio di KHz, non certo del MHz.

Svantaggi:

- Gli sviluppi di nuovi prodotti risultano economicamente molto più impegnativi che le realizzazioni basate su microcontrollori PIC.
- La potenza dissipata, benché notevolmente migliorata rispetto a qualche anno fa, risulta essere ordini di grandezza, da 3 a 6 volte, maggiore rispetto a un circuito sviluppato in tecnologia nano watt di microchip accorciando notevolmente la durata delle batterie. Qualche giorno rispetto a qualche anno dei microcontroller a basso consumo.
- La configurazione è genericamente volatile, quindi bisogna appoggiarsi a un'area di memoria in cui allocare il compilato del sistema e caricarlo con una fase di boot all'accensione del dispositivo. Questo rallenta la risposta tra l'accensione e l'operatività mentre i microcontrollori, una volta alimentati, cominciano subito a eseguire il programma.
- Il numero di pin è estremamente elevato creando difficoltà progettuale e rendendo il prodotto inadeguato per i semplici compiti, inoltre le FPGA sono spesso in tecnologia BGA, quindi non hanno i pin sporgenti per le saldature. Ne consegue che non sono adatti ai tecnici non in grado di saldare questi tipi di componenti, non attrezzati, non addestrati.
- Chi non conosce bene le architetture hardware standard può cadere in inghippi che non faranno funzionare il sistema. L'elettronica digitale standard è un caposaldo per la programmazione delle FPGA. Bisogna conoscere bene i flip-flop, i registri, i contatori, i generatori di clock, i buffer, i bus, le funzionalità standard.
- Gli strumenti hardware e software per lo sviluppo sono complessi e molto estesi.
- Risulta complicato per il neofita la scelta e la comparazione di chip diversi per sviluppare un progetto.
- I linguaggi basati su HDL pur essendo grafici non sono semplici e intuitivi.

I nuovi IDE tendono ad aiutare lo sviluppatore risolvendo in maniera grafica alcune delle configurazioni/connessioni standard soprattutto per quanto riguarda i controller e gli high speed transreceivers.

Scegliere se usare o no una FPGA.

La scelta finale che riguarda l'applicazione o meno della tecnologia FPGA si basa sulla complessità algoritmica del task da implementare.

Ci sono delle condizioni per cui la soluzione secondo il linguaggio descrittivo dell'hardware come potrebbe essere il Verilog oppure il VHDL introduce complicanze che non sono supportate da un effettivo miglioramento delle performance oppure dei tempi di esecuzione.

In alcuni casi gli algoritmi potrebbero nella loro essenza non essere replicabili in maniera hardware.

Questo è il motivo per cui i chip di nuova generazione integrano la parte ARM o DSP assieme alla sezione FPGA.

In prima approssimazione potremmo seguire queste indicazioni:

- FPGA
    1. Processo di flussi intensi di dati.
    2. Algoritmi con parallelismo spinto.
    3. Applicazioni spinte che riguardano il front end.

- CPU
    1. Algoritmi con decisionalità complessa e molto articolata.
    2. Implementazione di interfacce per driver di periferica.
    3. Sistemi operativi.

Per alcuni task di processo le FPGA sono lo strumento ideale per altri no.

Nei sistemi di acquisizione dati, ad esempio quelli classicamente in uso nell'ambito della ricerca, esistono enormi flussi di dati provenienti dal campo che devono essere acquisiti, elaborati con algoritmi spesso invarianti, ad esempio un filtro basato sulle FFT, e inviati in uscita in real time, dove i processori standard si cureranno dell'archiviazione e del post processor.

Nell'ambito biomedico, la realizzazione di strumenti quali BrainScanner per tracciare EEG, e il movimento BCI di protesi robotizzate, è un esempio di situazione ottimale di applicazione delle FPGA.

Esempi in cui le FPGA non sono efficaci sono quei programmi in cui più task vengono associati e lanciati da un'unica istanza del problema.

Che cosa sono le FPGA? FPGA è l'acronimo di Field Programmable Gate Array ed è l'anello di congiunzione tra l'elettronica digitale classica e le tecniche programmabili tramite microprocessori o microcontrollori. Il vantaggio consiste nel fatto che le numerosissime porte logiche, tutte disponibili, possono essere interconnesse usando specifici software (HDL) per implementare qualsiasi architettura, dalle più banali reti logiche combinatorie alle complesse emulazioni di processori ecc. Il marchio di fabbrica "Verilog" ha sviluppato una sua versione di Hardware Description Language disponibile con il nome VHDL. Esiste una modalità di programmazione derivata direttamente dall'inserimento in ambiente software di uno schema elettrico detto appunto schematic-entry.

Questo tipo di tecnologia ha assunto un ruolo sempre più importante nell'elettronica industriale così come nella ricerca scientifica. Grazie al continuo progredire delle tecniche di miniaturizzazione, le capacità di tali dispositivi sono aumentate enormemente nel corso di due soli decenni, durante i quali si è passati da poche migliaia di porte logiche a qualche milione di porte logiche per singolo dispositivo FPGA.

In commercio sono disponibili anche nella versione programmabile una sola volta, OTP, destinata al prodotto commerciale finale, o riprogrammabile per un numero talmente elevato di volte da poter essere considerato illimitato ma va posta attenzione al fatto che i primi sono configurati in maniera permanente mentre i secondi potrebbero richiedere il refrash essendo basati su tecnologia Static Random Access Memory ovvero SRAM. La tecnologia Flash delle nuove EPROM fa oggi da padrone e rende i dispositivi **CPLD** riprogrammabili ma permanenti, pressappoco come avviene nelle comuni memorie USB.

Il vantaggio principale dell'utilizzo delle FPGA rispetto ai tradizionali microcontrollori, ad esempio gli AVR della Atmel sta nel fatto che il programma e le operazioni possono essere sviluppate in maniera parallela reale, a seconda di come viene sviluppata l'architettura con HDL, mentre con i microcontrollori si segue la strategia sequenziale che impone le fasi di prelievo decodifica e esecuzione delle istruzioni, quindi tipicamente sequenziale.

Oggi i principali costruttori di chip FPGA sono:

- Xilinx,
- Altera,
- Lattice semiconductor,
- Microsemi,
- SiliconBlue Technologies,
- Achronix,
- QuickLocig,
- Tabula.

Struttura delle FPGA. L'FPGA è un'enorme matrice di blocchi logici che possono essere interconnessi tra loro usando dei bus interni predisposti e con la possibilità di appoggiarsi a celle di memoria RAM.

Gli elementi di base sono:

- **CLB**, Configurable Logic Block, che rappresentano i percorsi più interni del segnale.
- **IOB**, Input Output Block, che rappresentano la parte perimetrale della matrice interna ovvero quella che espone la logica alla piedinatura esterna allo scopo di raccogliere i segnali dal campo o di pilotarlo.
- **DCM**, Digital Clock Manager, che generano e gestiscono il o i segnali di clock necessari al funzionamento dell'architettura programmata e di tutti i flip flop in essa impiegati.
- **ALU**, Aritmetic Logic Unit, che implementa le risorse di calcolo con tutte le potenzialità necessarie oggigiorno.
- **LUT**, Look Up Table, ovvero delle tabelle logiche, simili a quelle precedentemente sviluppate nelle PAL, e che possono implementare delle truth table. Tipicamente ciascuna con 4 o più ingressi. Approfondendo le LUT sono composte da una memoria SRAM da 16 bit e da un multiplexer a 4 ingressi: una volta configurate possono generare qualsiasi funzione logica a quattro ingressi ciascuna. Si è deciso di limitare a 4 le linee di input poiché la loro complessità interna cresce esponenzialmente con essi divenendo l'implementazione hardware poco conveniente.
- Memoria distribuita, presente in numero molto elevato di piccoli blocchi.
- Sistemi bus di interconnessione, switch matrix, sono costituite da pass-transistor programmabili finalizzati all'instradamento dei segnali all'interno dell'organizzazione matriciale che costituisce l'FPGA. Gli switch matrix hanno posizioni fisse nell'architettura quindi è possibile intervenire su di esse solo dicendo dove collegare il loro inizio fine o punto di intersezione usando gli appositi pass-transistor che li collegano a una diversa linea. Oltre alle switch matrix esistono le linee fisse che si suddividono in "lunghe" e "corte".

Le parti sovra descritte sono interconnesse tra loro creando delle macro strutture, ad esempio le **celle logiche** che risultano essere composte da almeno due LUT, un full adder, ovvero un sommatore binario in grado di generare anche il riporto in caso di overflow, un flip flop di tipo D, dei bus di interconnessione con altre celle logiche o le memorie distribuite oppure i pin di I/O.

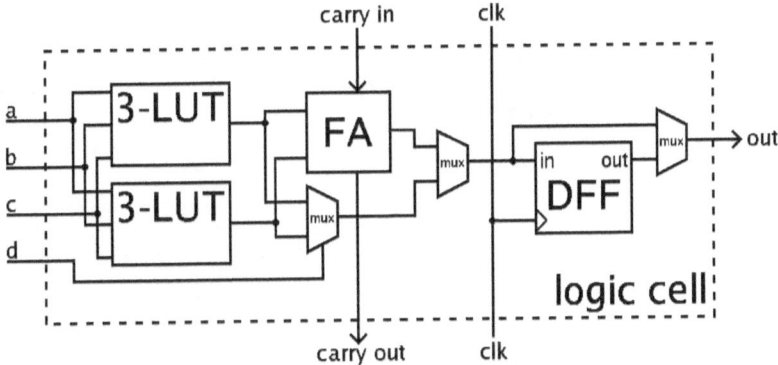

Blocchi di ingresso/uscitaI blocchi di ingresso/uscita si occupano della gestione dei segnali da e verso l'esterno del FPGA attraverso il controllo dei pin del chip. Nei dispositivi Xilinx, per esempio, ogni IOB controlla un pin che può essere configurato come input, output, bi-direzionale o tri-state. Posizionati lungo il perimetro della matrice di CLB, gli IOB della famiglia Virtex sono composti da flip-flop dedicati alla sincronizzazione dei dati, da multiplexer che gestiscono i segnali in modalità DDR (Double Data Rate) e da buffer per la gestione dei diversi standard logici. I buffer permettono inoltre di controllare la rapidità di commutazione del segnale, detta slew rate, per comunicazioni in alta frequenza con i dispositivi esterni, mentre il buffer in ingresso è a soglia programmabile per consentire l'interfacciamento del dispositivo FPGA con diversi standard logici quali TTL, CMOS o PCI. Sono inoltre presenti delle resistenze di pull-up/pull-down che permettono di caratterizzare lo stato del piedino nelle situazioni di alta impedenza.

Catene di interconnessione. In questo capoverso non si considerano le matrici di scambio, che sono sostanzialmente bus multi filari ma linee singole.

Internamente le celle logiche possono essere interconnesse tramite linee fisse di due principali tipologie, le corte e le lunghe.

Le linee corte sono quelle che collegano direttamente tra loro due celle logiche adiacenti sia per quanto concerne i segnali oppure relativamente ai carry (resti) dei calcoli.

Le linee lunghe collegano punti lontani 6 CBL, non sono configurabili e non intersecano interconnettendosi con le matrici di scambio. Sono quindi linee veloci.

RAM interna.

Le celle logiche della matrice sono collegabili a blocchi di RAM (Random Access Memory) distribuiti all'interno del chip, con lo scopo di trattenere operandi o risultati parziali di calcoli.

L'organizzazione è mostrata sotto.

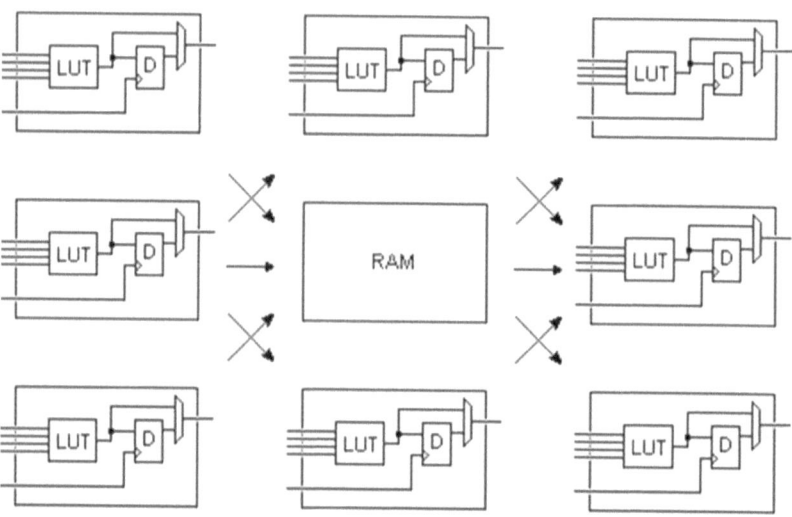

A seconda di quanti elementi possono accedere contemporaneamente alla cella di memoria viene distinta la tipologia del blocco.

- **Single port** solo un elemento può accedere in lettura e scrittura.
- **Dual o quad port** in cui 2 o 4 elementi possono leggere/scrivere.

La quantità di blocchi di RAM disponibili all'interno del chip definiscono le performance del modello in uso.

Ogni elemento che accede alla RAM, nella bibliografia indicati con "agent", può accedere ai segmenti controllato da un clock ottenuto da uno dei generatori attivi, in altre parole agent diversi possono usare clock diversi per accedere al medesimo blocco di RAM.

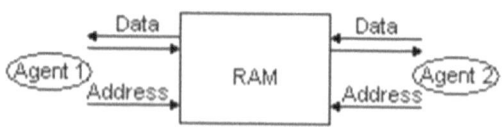

Dual-port RAM (two agents)

È possibile identificare il numero di agenti che operano in una singola RAM block semplicemente contando il numero di bus address che pervengono al blocco, perché ogni agente deve averne uno di dedicato.

La scrittura della RAM avviene in modo sincrono mentre la lettura potrà avvenire sia in modo sincrono che asincrono.

La ram interna si distingue in blockram e distribuited RAM. È la dimensione di questi che ne determina il tipo di appartenenza.

- Blockram, è quella a dimensione maggiore ed è allocata in maniera fissa nella matrice FPGA. Di questi blocchi ne sono integrati un numero limitato. Se non viene impiegato nell'applicazione sono risorse perse perché possono svolgere solo la funzione di memoria RAM.

- Distribuited RAM, sono piccole aree che possono essere, come mostrato sopra, utilizzate in abbinamento alle celle logiche. Si tratta di elementi di pochi bit. Esistono filosofie diverse di impiego di queste aree, ad esempio Altera le raggruppa in blockram e le dispone nell'area periferica della matrice FPGA mentre xilinx le mantiene all'interno della matrice per interconnettere le celle logiche. È l'applicazione che determina quale dei metodi sia più efficace.

Implementazione della CPU nell'area FPGA?

Alla domanda se sia possibile implementare l'architettura di una CPU all'interno della FPGA si dove rispondere che è possibile ma assolutamente non conveniente e anche poco sensato.

Questo trova motivazione sul fatto che i chip moderni già integrano potenti sezioni ARM multi core e in primo luogo comporterebbe una ridondanza.

In secondo luogo l'implementazione di una CPU è un lavoro molto complesso e quindi i risultati non saranno di certo ottimali.

La sincronizzazione dei segnali è difficoltosa e richiede conoscenze molto approfondite.

FPGA pin out.

Questi chip dispongono di un numero estremamente levato di pins che distinguiamo in user pins e dedicated pins.

Come nei classici microcontrollori i pin più comunemente dedicati allo scambio dei segnali con il campo possono essere configurati come input, come output, bidirezionali oppure tristate.

Ogni pin di I/O è internamente collegato a un blocco "IO cell" alimentato dalla sezione VCCIO, ovvero IO power pins, che ne determina anche la tensione che saranno in grado di manipolare.

Esistono tre sottocategorie di questi pin che sono selezionate via software. Queste sono:

- Power pins.
- Configuration pins, usate per flashare l'area FPGA.
- Dedicated input, o clock, che sono collegati alla maggior parte delle sezioni interne dell'FPGA e dispongono di buone doti di fan-out, ovvero possibilità di collegamento a elementi in parallelo nella loro uscita.

I power pin sono di due tipi, i "core voltage" e gli "IO voltage".

Per quanto riguarda i core voltage, Altera li chiama VCCINT mentre Xilinx semplicemente VCC. Sono predefiniti, quindi non rimappabili, in posizioni che dipende dal chip in uso. Hanno lo scopo di alimentare le celle di ingresso (I/O) e dei vari Flip-flops. Solo nelle vecchie versioni di FPGA portano 5V nelle nuove generazioni la tensione tende a decrescere. Valori validi sono (3.3V, 2.5V, 1.8V, 1.5V, 1.2V e continueranno a decrescere nelle future generazioni).

I pin di alimentazione degli IO, chiamati VCCO da Xilinx, e VCCIO da Altera sono usati per alimentare gli I/O blocks ovvero i pin che puntano l'esterno. Hanno una tensione predefinita che normalmente combacia con quella dei device esterni con cui si collegano, tipicamente 5V o 3V3. Si rimanda ai databook degli specifici chip.

Le FPGA consentono di utilizzare i pin esterni a tensioni diverse perché collegabili a regolatori di tensione interni diversi, questo permette di suddividere dei banchi di I/O collegabili a generatori diversi così che siano realizzabili dei circuiti che fungano da traslatore di livello dei segnali logici.

La funzione è molto utile perché molto più spesso si hanno parti del medesimo circuito che funzionano a 3V3 e altre a 2V5.

Va posta attenzione ad esempio al pilotaggio delle RAM di tipo DDR esterne e dei coprocessori oltre che hai vari apparati sensoriali.

Clock interni. I chip FPGA hanno architetture interne molto estese che possono essere soggette a problemi di simultaneità nell'applicazione del clock. Il problema è stato affrontato e risolto dalle case costruttrici inserendo nell'architettura una sorta di "bus clock" chiamato "global routing" o "global lines". Viene garantito che il clock compaia simultaneamente a tutti gli elementi sequenziali della rete. Le nuove FPGA hanno la possibilità di gestire sia clock interni sia esterni. Nel caso di clock esterno sarà applicato a un pin detto "clock pin" che è l'unico in grado di portare il segnale al bus clock.

Dato che coesistono più clock è stato introdotto il concetto di dominio del clock o "clock domain" con cui si intende l'insieme degli elementi sequenziali connessi allo stesso segnale.

È necessario verificare in HDL, il linguaggio di programmazione che descrive l'architettura hardware configurabile, a quale clock domain è collegato il singolo flip flop oppure ogni sotto insieme di logiche sequenziali semplicemente analizzando la linea di clock input.

Per quanto riguarda le reti combinatorie, ovvero le parti circuitali prive di effetto memoria (si intende non basate su flip flop ma su sole combinazioni di porte logiche, e nulla ha a che vedere con le sezioni di RAM) i segnali di clock vanno riferiti alla sezione clock domain della rete combinatoria adiacente o di afferenza

PL e PS dei sistemi SoC.
Nell'impiego delle FPGA nei device con sistema operativo a bordo e' necessario integrare una sezione ARM in grado di gestire tramite la sua architettura interna il caricamento del sistema operativo al bootstrap.

I chip Zynq, e quelli a questo assimilabili, dispongono quindi di una sezione denominata PL e una denominata PS generalmente internamente interconnesse tramite interfaccia AXI e vari traslatori di frequenza del clock detti clock domain. Il bus potrà essere commutato tramite blocchi logici interni detti AXI crossbar.

- PL=programmable logic, ovvero la sezione FPGA. Contiene l'implementazione dell'AXI interface, il GPIO per la conessione ad alta velocità al campo, il crossbar e il gestore dei clock domain.
- PS=programmable system, ovvero la sezione ARM, contiene le periferiche standard ad esempio USART, USB, ethernet, la DDR , il DMA controller, il blocco di interconnect, ecc.

Velocità dei Clock domain.

Per ogni clock domain ovvero sezione a cui perviene lo stesso segnale, il software FPGA analizzerà i percorsi Flop-to-flop restituendo un report con le frequenze massime consentite. In generale, solo i percorsi all'interno dei singoli domini di clock vengono analizzati. I percorsi sincronizzatore (provenienti da diversi domini di clock) non vengono analizzati.

Possono esserci notevoli differenze di velocità in sezioni diverse del medesimo chip, ad esempio alcune parti possono seguire il clock a 10Mhz mentre altre uno a 100Mhz senza introdurre nessuna problematica.

Finché ogni clock utilizza una linea globale, e si utilizzano velocità di clock inferiori al valore massimo riportato dal software, non sorgeranno problemi di temporizzazione interna. Il chip è progettato per eseguire una gestione automatica intelligente delle sorgenti di clock.

È più probabile, relativamente ai clock, l'insorgere di problematiche esterne, ovvero nei pin di I/O e di interfacciamento con device diversi piuttosto che tra punti interni dell'FPGA. Il software di programmazione è di norma in grado di generare dei report che riassumono le eventuali problematiche.

Invio di segnali tra clock domain diversi.

Possono sorgere problemi, indicati in bibliografia con il termine metastability quando si inviano dati da sezioni controllate da un clock domain ad un altro.

Quando i due segnali non sono correlati (non hanno vincoli di similitudini o anche solo di molteplicità ad esempio x2, x4, x8 ecc.) non è possibile utilizzare lo stesso generatore di clock.

Quando si voglia forzare lo stesso generatore a pilotare sezioni diverse anche con valori non correlati è possibile, benché sconsigliato, utilizzare dei sincronizzatori, noti in bibliografia come synchronizers, per una soluzione sbrigativa oppure delle code di registri, ad esempio FIFO che introducono però delle complicazioni.

Le tecniche risolutive sono dette di Crossing clock domains.

Cavo JTAG

Il cavo denominato JTAG permette il collegamento dei pin denominati JTAG del chip FPGA con la porta seriale o USB del computer allo scopo di riversare il programma compilato e portato in formato .bit nella FPGA.

Le interfacce di configurazione FPGA sono molto simili per tutti i fornitori ma ciò non impedisce ad ogni marchio di avere i propri connettori e cavi.

Il protocollo JTAG è in realtà piuttosto vecchio perché risale allo standard IEEE 1149.1 sviluppato negli anni 80. Inizialmente aveva scopo di test delle schede elettroniche, successivamente rielaborato per eseguire il download del codice compilato .

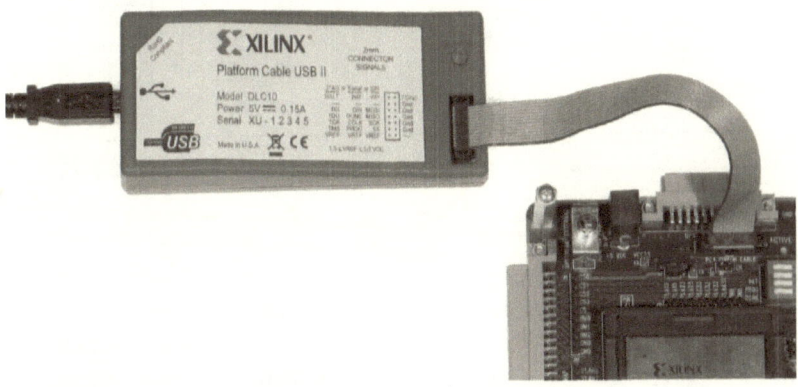

Il dispositivo non necessita di alimentazione perché deriva l'energia necessaria direttamente dalla connessione USB. Il sistema è ottimizzato per i prodotti della XILINX, come si può osservare dalla marca impressa nell'etichetta ed è riconosciuto da un software distribuito dalla stessa casa costruttrice. Per i chip della ALTERA bisognerà procurarsi un altro prodotto ma che concettualmente funziona nella stessa maniera.

Per il corretto funzionamento è consigliata l'istallazione di uno dei software Xilinx Embedded Development Kit, ChiScope Pro Analyzer, System Generator for DSP.

Quando usato con i software elencati è possibile eseguire nella scheda target la configurazione hardware, il download del software, il debug in modalità real time e quindi la verifica del programma realizzato.

Le velocità del clock della scheda target sono selezionabili da 750kHz fino a 24MHz.

La connessione avviene tramite un cavetto flat nella versione a 14 pin progettato per le alte velocità di trasferimento.

È comunque possibile collegare il dispositivo con dei cavetti volanti ma del tipo fornito dal costruttore al fine di garantire il corretto transfert rate.

Solitamente il cavo JTAG si presenta come un connettore a 10 oppure 14 pin sia sul lato del sistema di programmazione/sviluppo che sul lato della scheda target.

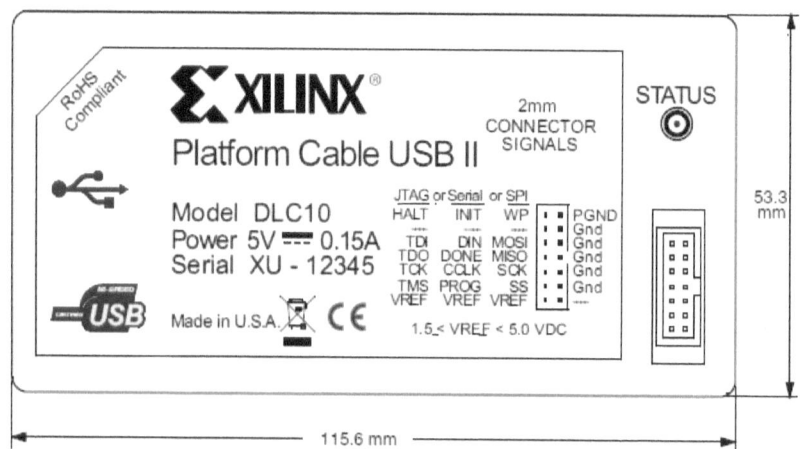

Nella nostra trattazione, per quanto concerne le FPGA di Xilinx, vedremo come collegare il programmer JTAG al PC usando Vivado design tool.

Il firmware interno al JTAG è upgradabile e si aggiorna automaticamente quando collegato al sito ufficiale e a un nuovo modello di device FPGA.

La procedura è grossomodo la stessa che si presenta per i microcontrollori di microchip e il PICKIT 3.

Il circuito interno è realizzato a sua volta con una FPGA modello Xilinx Spartan-3 A.

Configurazione dell'FPGA.

Il chip FPGA può lavorare in due modalità, "configuration mode" e "user mode".

Quando l'integrato viene alimentato si porta in "configuration mode" e attende un stream di dati sui pin di programmazione. In questa situazione i pin di I/O vengono tenuti bassi.

Solo dopo avere trasferito il programma l'FPGA si attiva portandosi in "user mode".

Il programma può giungere all'FPGA in 3 maniere.

- Usando il cavo JTAG che permette il download del programma sviluppato e compilato con una IDE software, ad esempio il Vivado o il Xilinx.

- Usando un microcontrollore o un ARM montato nella stessa board, o addirittura integrato nello stesso chip come nel caso della scheda Redpitaya, il quale deve contenere un firmware di gestione dello stream di dati verso i pin di programmazione dell'area FPGA.

- Usando un sistema operativo, istallato ad esempio in una SD o in un'area PROM che automaticamente riversa il contenuto all'atto dell'accensione. Questa rappresenta una sorta di BIOS. Il sistema operativo della scheda Redpitaya, alla data di scrittura di questo testo, si chiama Ecosystem ed è liberamente scaricabile dal sito.

Nelle fasi di sviluppo l'utilizzo del cavo JTAG è senz'altro lo strumento più rapido, ma una volta sviluppato il progetto e che il sistema è funzionante, le modifiche è l'inserimento di altri strumenti o tool all'interno delle aree libere della FPGA vengono effettuati con i secondi due metodi.

Una volta capiti i concetti di base la modalità di configurazione dei chip Altera e Xilinx saranno molto simili con le ovvie differenze dovute ai pin associati alle varie funzioni.

Porta seriale "syncronus serial" delle FPGA

Esiste una modalità di scaricamento del file di configurazione tramite un semplice protocollo seriale comunemente basato su un'interfaccia data/clock.

Questo protocollo necessita di almeno 5 pin di connessione, queste sono elencati in tabella.

Xilinx pin name	Altera pin name	Direction	Pin function
data	data0	FPGA input	configuration data bit
clk	dclk	FPGA input	Configurazione del clock (il bit di configurazione è portato alla modalità di impostazione per la sensibilità al fronte di salita del clock.
prog_b	nConfig	FPGA input	Attivo basso. Funge da reset, quando azionato viene persa l'attuale configurazione dell'FPGA. Tutte le operazioni in corso si fermano compreso l'uso dell'I/O digitale anche durante la fase di user_mode.
init_b	nStatus	FPGA output	Questo pin indica quando l'FPGA è pronta a ricevere il flusso di dati per la configurazione. Potrebbe richiedere alcuni millisecondi prima che il chip risulti pronto ad essere programmato.
done	ConfDone	FPGA output	Quando alto indica che l'FPGA è configurata e è commutate in user-mode.

Alcuni dei pin sono open-collector quindi necessitano delle resistenze di pull-up, questi sono init_b e done, ma la cosa va verificata di volta in volta negli specifici data book. Questi due pin possono essere collegati assieme ad eventuali altri chip FPGA allo scopo di effettuare il download del programma simultaneamente su più esemplari.

Chip FPGA attualmente più usati.

Alla data della scrittura di questo testo le case costruttrici più attive sono Altera e Xilinx. Tra i loro prodotti si distinguono le famiglie Cyclon (di Altera) e Spartan oppure Zynq Soc (per Xilinx).

All'interno della famiglia Zynq troviamo chip molto potenti che si compongono di due sezioni integrate. Questo permette lo sviluppo di veri e propri computer su supporti pcb della dimensione di una carta di credito, utili ad esempio per lo sviluppo degli attuali smartphone. Lo Zynq Soc della serie 7000, montato nelle scheda Redpitaya, dispone di una sezione ARM dual core a 64 bit, della famiglia A9, animato da un clock a 667MHz.

Con questo chip di accede anche alle moderne DDR Ram, cosa impossibile da eseguire con un comune microcontrollore.

I canali analogici integrati possono operare fino a 125Msample a 14 bit permettendo le realizzazioni di veri e propri strumenti di diagnostica professionali come oscilloscopio, generatore di funzione, analizzatore di spettro, ecc.

Progetti realizzabili con FPGA.

Ovviamente è possibile fare tutto quello che è realizzabile con un normale microcontrollore ma in questo caso usate un semplice PIC. Le FPGA sono progettate per adempiere a quei compiti in cui i microcontrollori risultano limitati, ad esempio dalla frequenza del clock, dell'accessibilità in memoria, dalla velocità di esecuzione o risposta ecc.

Con le FPGA potrete sviluppare i controller delle periferiche veloci, ad esempio SATA, per gli hard disk e i DVD, Ethernet per il controllo anche a GigaLAN delle comunicazioni di rete, Chipset per le schede madri dei computer. Controller per le GPU e per le DDR, controller di slot PCI express, controller HDMI per le matrici TFT di nuova generazione (leggasi monitor ad alta risoluzione).

Software di programmazione delle FPGA.

Le case costruttrici di FPGA forniscono anche gli specifici software di programmazione, spesso basati su metodologie descrittive dell'architettura hardware che si vuole ottenere ovvero HDL (hardware description lenguage).

Affinché una piattaforma di sviluppo software sia efficiente è bene che sia in grado di fornire le seguenti features:

1. Sviluppo del design dell'architettura desiderata.
2. Simulazione della nuova architettura.
3. Sintesi (sviluppo) e place and route (collocamento di aree e collegamento interno tramite bus dedicati o singoli segnali e gli eventuali collegamenti con i domain clock).
4. Programmazione dell'area FPGA tramite il cavo JTAG e possibilmente anche tramite altre metodologie.

Normalmente le piattaforme di sviluppo software sono disponibili nella versione dedicata alla relativamente bassa densità, rilasciati gratuitamente, e le versioni "full" dedicati a tutti gli elementi prodotti dalle case, rilasciati però a pagamento.

Il software gratuito di Xilinx si chiama ISE WebPack, disponibile nella versione compatta "ISE", scaricabile dal sito ufficiale, la cui ultima versione risale al 2014, mentre la versione che l'ha sostituito si chiama Vivado HLS 2015.

Sono parecchi Gigabyte di materiale da scaricare ma contiene praticamente tutto quello che serve per lo sviluppo anche nella versione libera. Il tool è contenuto nella piattaforma completa "Xilinx_Vivado_SDK_2015.4_1118_2_Win64" che fornisce anche potenti strumenti di simulazione e debug nonché tutorial e materiale informativo.

L'icona di lancio del setup alla data odierna ha questo aspetto.

Xilinx_Vivado_SD
K_2015.4_1118_2_
Win64

Il software di programmazione dell'Altera si chiama **Quartus Prime software Lite edition** e supporta le seguenti FPGA: Arria II, Cyclone IV, Cyclone V, MAX II, MAX V, e massimo 10 FPGA.

Sezione ARM dual core.

I chip di nuova concezione, che integrano la sezione FPGA con il processore ARM hanno, anche nel caso più banale le seguenti caratteristiche tecniche all'inizio dell'anno 2016:

" ARM Cortex-A9" Designed by	ARM Holdings **2016**
Max. CPU clock rate	0.8 GHz to 2 GHz
Microarchitecture	ARMv7-A
Cores	1–4
L1 cache	32 KB I, 32 KB D
L2 cache	128 KB–8 MB (configurable with L2 cache controller)

Architettura interna a blocchi Zynq SoC 7000.

In linea di principio l'architettura interna di una moderna FPGA prodotta da Xilinx, e relativamente alla famiglia Zynq SoC 7000 è mostrata in figura.

Si nota la presenza della sezione ARM dual core cloccata a 2x 667Mhz. Questi parametri sono destinati a migliorare sia come numero di core che velocità del clock con l'avanzare degli anni.

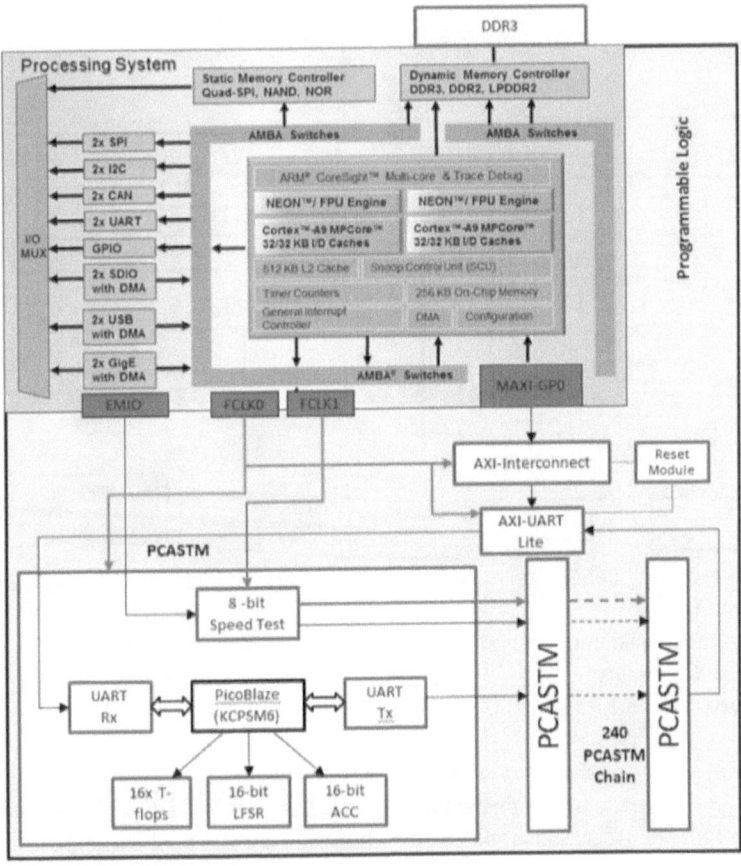

Questa versione è già idonea alla realizzazione di controller per accedere alle veloci RAM DDR 3, utilizzate nei computer standard. Le due sezioni ARM e FPGA sono programmate in maniera diversa e da punti accesso diversi, ad esempio l'ARM potrà essere sviluppato in C tramite un cross compiler della Linaro, anche con sistema operativo UBUNTU.
L'ARM è basto su NEON engine con capacità vettoriale e multimediale.
GIC, Generic Interrupt Controller.

L'architettura dello Zynq7000 utilizza due processori Cortex A9 la cui funzionalità è gestita dal controller di interrupt GIC pl390.

Le fonti di interruzione possono essere di tipo hardware ad esempio dai porti di I/O o dalle periferiche con denominazione IOP, oppure provenineti dalla logica programmata con denominazione PL.
Nell'immagine vediamo lo schema di principio.

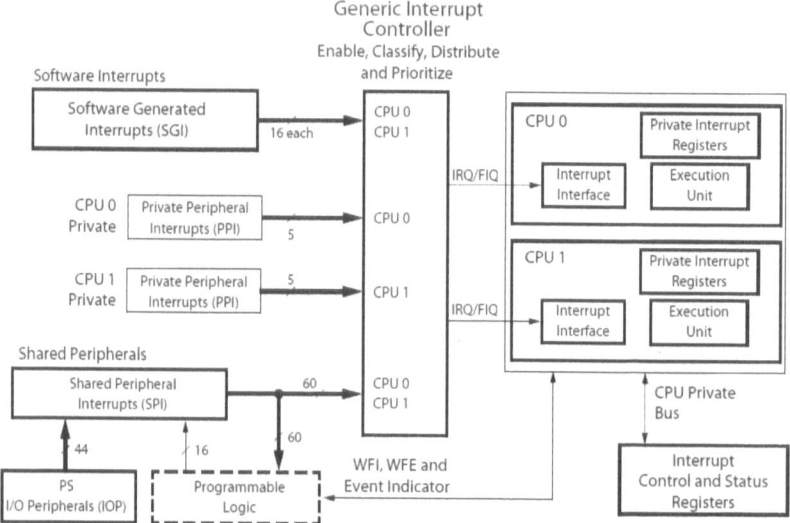

Nella gestione delle interruzioni sarà necessario considerare i seguenti argomenti:
• Private, shared and software interrupts
• GIC functionality
• Interrupt prioritization and handling.

Private, shared and software interrupts.
Ogni CPU possiede un set di segnali di interruzioni per le periferiche private detto PPIs, con accesso dedicato e in appositi registri posti in opportuni banchi.
Questo PPIs include il Timer generale, un watchdog dedicato al core, dei timer privati e FIQ/IRQ dal PL.
Gli interrupt generati via software, detti SGIs, sono instradati verso una o entrambe le CPU. I SGIs sono generati tramite la scrittura nei registri del generic interrupt controller (il GIC).
Le interrupt dalle periferiche distribuite (SPIs) sono generati tramite le molteplici I/O e dfal memory controller nella sezione PS e PL.

20

Funzionalità del GIC.

Il GIC (generic interrupts controller) è una risorsa integrata e centralizzata che permette la manipolazione delle interruzioni inviate alle CPU dal PS e dalla PL (logica programmata ovvero l'area FPGA).

Il controller abilita, disabilita, produce e vettorizza associando una priorità, gli interrupt provenienti dalle varie fonti, e si cura dell'invio alla corretta CPU.

Il tutto avviene in maniera programmabile ovvero gestibile dall'utente il quale potrà decidere non solo come risolvere l'interrupt ma anche chi lo deve risolvere e in che sequenza rispetto a altre interruzioni più o meno simultanee.

Inoltre, il controller supporta un'estensione di protezione per implementare un sistema di sicurezza-consapevole.

L'architettura del controller è di tipo non vettorizzato versione 1.0 (GIC v1) ovvero un ARM Generic Interrupt Controller appunto GIC.

L'acceso ai registri avviene attraverso un bus privato della CPU per una lettura e scrittura estremamente rapida che limita fortemente o elimina blocchi o rallentamenti in accesso durante le interconnessioni.

Il distributore di interrupt centralizza tutte le fonti prima di consegnarle (in bibliografia "dispatch") in funzione della gerarchia di priorità alle rispettive CPU.

Il GIC assicura che una specifica interrupt indirizzata a più CPU sarà risolta da una specifica CPU alla volta. Tutte le fonti di interrupt sono identificate da un numero di interrupt univoco detto ID.

Tutte le sorgenti di interrupt hanno una priorità configurabile e mantengono la lista delle CPU target.

Priorità e manipolazione delle interrupt.

L'interrupt controller viene resettato dal sottosistema di reset impostando il bit PERI_RST del registro A9_CPU_RST_CTRL nel SLCR. Lo stesso segnale di reset azzera anche i timer associati alle specifiche CPU, ovvero Core, e watchdog timer privati (AWDT). Al ripristino, tutti gli interrupt in sospeso o in corso di servizio vengono ignorati.

Il controllore di interrupt opera ad un clock pari a CPU_3x2x (metà della frequenza CPU).

Il sistema di sviluppo Vivado di Xilinx.

Il sistema di sviluppo si presenta come un portale integrato in cui i sei strumenti più utili sono accessibili direttamente come visibile nell'immagine.

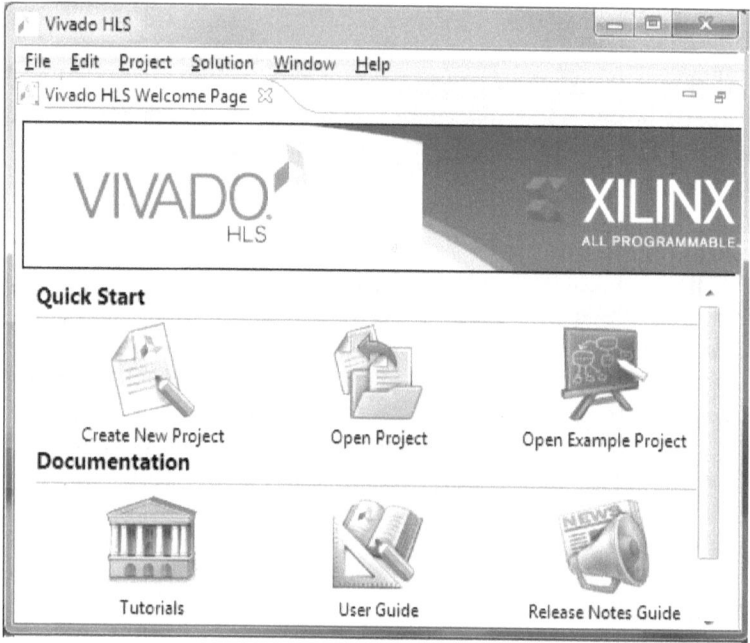

Prima di procedere alla creazione di un nuovo progetto è bene, specialmente per i principianti, prendere visione dei progetti esempio e soprattutto dei tutorials.

Il tempo investito in questa fase ci risulterà molto utile nelle fasi successive di sviluppo dei progetti professionali.

Il materiale informativo lo troviamo alla voce "tutorial" che ci porta in una sezione, ben organizzata, in cui si sono video e pdf e databook dei vari chip.

Per creare un nuovo progetto bisogna avere chiaro a priori quale sarà l'hardware in cui andremo a operare.

Una scheda che può essere la base dei primi progetti FPGA è la RedPitaya che oltre ad essere un vero e proprio computer rappresenta anche un laboratorio portatile con tutta la strumentazione elettronica adatta anche agli istituti di ricerca.

Son ad esempio implementati nella sezione FPGA oscilloscopi a 125Msp.

Parallela (anno 2016).

La scheda "Parallela" dispone di ben **18 core** e gestisce per default 1GB di SDRAM.

Vediamo l'aspetto del layout della Parallela nella prossima immagine:

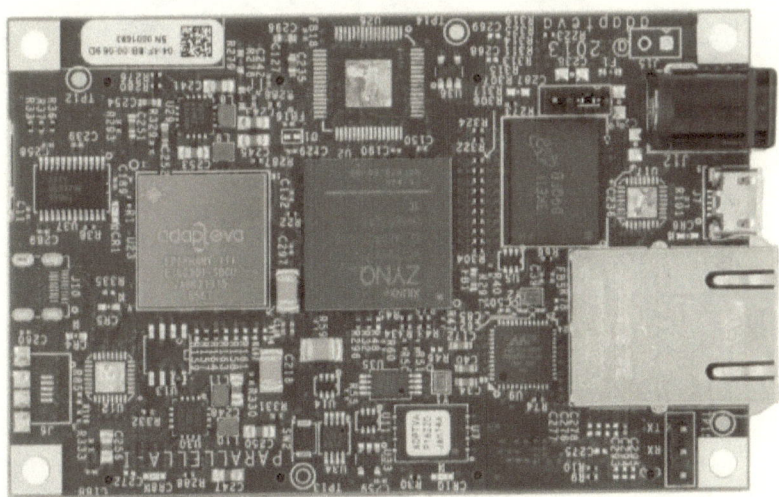

Parallela (anno 2016).

La scheda ha la dimensione di una carta di credito.

Il chip adapteva, visibile alla sinistra dell'FPGA è un potente multicore che contiene ben 64 high performance RISC CPU.

Nel contesto circuitale svolge la funzione di coprocessore matematico e quindi di potente unità floating point per il calcolo parallelo e vettoriale.

Un circuito integrato realizza i decoder HDMI per la compatibilità a file multimediali odierni e degli anni a venire.

Il modello top della gamma (nell'anno 2016) è il E16G401 che contiene oltre 2MB di memoria distribuita on-chip, 128 canali indipendenti di DMA (direct memory access) con un clock tipico di oltre 800MHz.

Le unità di calcolo mostrano 102 GFLOPS di performance.

La larghezza di banda per l'accesso locale alla memoria è 1,6TB/s, mentre la banda di accesso alla rete tramite lo stack ethernet integrato è pari 102GB/s.

Sono integrati 4 canali di interfaccia LVDS a 1,8GB/s.

La potenza necessaria a piena operatività del chip non supera i 2Watt rendendo il device ottimale per le applicazioni mobile.

Il pinout è ridotto a sole 324-ball in tecnologia BGA.

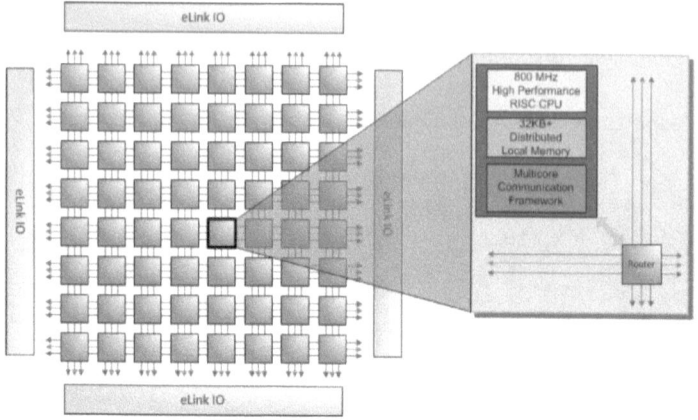

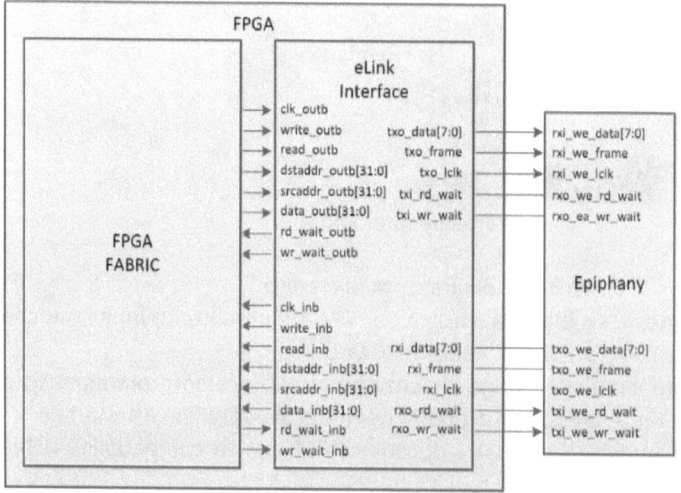

L'integrazione dei due chip ARM e FPGA deve avvenire tramite opportune interfacce ottimizzate in velocità e tensioni com'è il caso della eLink comunemente impiegata dalla casa costruttrice Adapteva.

L'interfaccia eLink ha lo scopo di convertire le linee seriali veloci dall'I/O nella più lenta interfaccia parallela che poi permetterà la manipolazione dei dati all'interno dell'FPGA.

IL coprocessore matematico Epiphany, costituito da un array scalibile di processori RISC potrà essere programmato in modalità bare metal in C o C++ oppure tramite i normali framework paralleli disponibili quali OpenCL, MPI e OpenMP. La mesh (retinatura o griglia) di core indipendenti sono collegati tra loro tramite una architettura di memoria distribuita.

Il pin out del chip con le sue dimensioni fisiche è visibile nella prossima immagine.

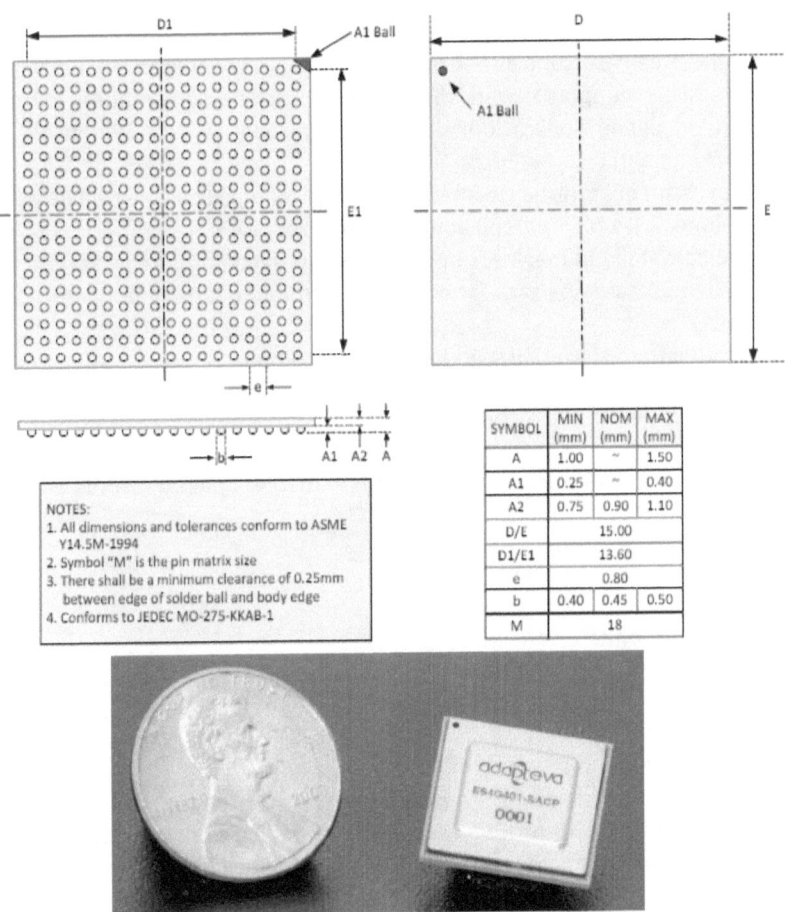

Al sistema che gestisce l'interfacciamento dei due chip l'interfaccia eLink compare come una normale interfaccia di memory mapped.
I punti di GPIO standard sono più di 48 e funzionano a 3v3 come in tutti i sistemi di controllo di nuova generazione.
Per accedere alla scheda potremmo collegarla tramite la porta ethernet alla LAN e accedere via "ssh" alla sua console linux.
Il core Linux UBUNTU ci chiederà le credenziali che per default sono:
User:parallela
Password:parallela

Installazione del sistema operativo.

Come nel caso della RedPitaya, che vedremo nel paragrafo successivo, il funzionamento della scheda è subordinato al caricamento di un sistema operativo, di solito UBUNTU, che viene distribuito come immagine nel sito dei costruttori delle varie board SoC.

Alla data attuale esistono due versioni, la prima per le applicazioni IT ovvero relative allo sviluppo software di applicazioni tipiche da computer, e una embedded per le applicazioni tipiche di controllo per le automazioni e acquisizione dati.

Sono presenti la versione Headless, per il controllo della scheda via RJ45, e la versione "with Display" che abilita il controller HDMI.

In ogni caso il file immagine, opportunamente decompresso, va salvato in una micro-SD card che sarà formattata di sistema, e letta al bootstrap dal sistema.

Per scompattare si userà il seguente comando linux:

```
$ gunzip -d <releasename>.img.gz
```

Nel caso fosse necessario settare la path in maniera più opportuna dare il comando:

```
$ df -h
```

Dovrebbe rispondere con:

```
/dev/mmcblk0p1
```

O qualcosa del genere.

Successivamente si dovrà "masterizzare" il contenuto dell'immagine all'interno della SD. La procedura prevede prima il montaggio del device e poi la copia dell'immagine scompattata in precedenza del disco rigido.

```
$ umount <sd-partition-path>
$ sudo dd bs=4M if=<release-name>.img of=<sd-device-path>
```

Per assicurarsi che l'immagine sia stata scritta correttamente usare il comando:

```
$ sync
```

Ora il sistema è pronto ma si raccomanda di non accendere prima di istallare il dissipatore al chip ZYNQ e al coprocessore matematico.

Installare il dissipatore.

Anche se la dissipazione termica non è così elevata in condizioni normali di funzionamento bisogna tenere presente che in caso di compiti gravosi, ad esempio in caso di esecuzioni di algoritmi pesantemente paralleli e grandi calcoli in virgola mobile, possa salire in maniera da richiedere attenzione.

Il dissipatore mostrato nelle immagine sottostante è studiato delle corrette dimensioni per poter smaltire simultaneamente da entrambi i circuiti integrati.

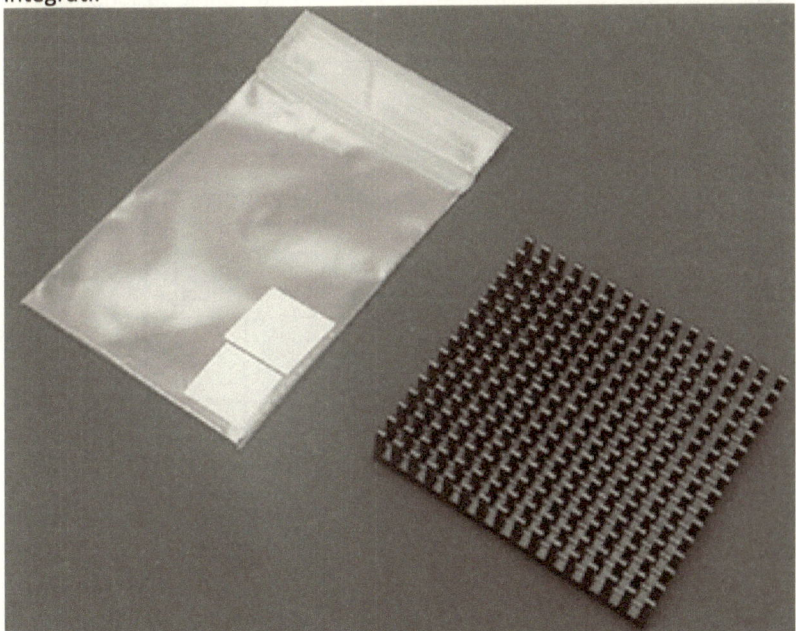

Il nastro adesivo a doppia faccia è di tipo speciale, detto nastro termico, che garantisce la condizione ottimale tra chip e heatsink.

Non deve essere sostituito con nastro adesivo di altro tipo.

Non sarà richiesta una ventola di raffreddamento a patto che la scheda lavori in un ambiente aperto in cui l'aria possa circolare in maniera naturale.

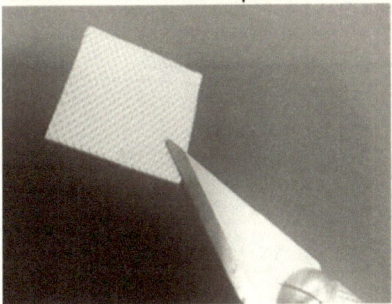 

Decoder HDMI integrato.

Il decoder HDMI integrato fa capo a un connettore micro HDMI che viene convertito in HDMI standard tramite il cavo in dotazione della scheda.
Il collegamento ai monitor di nuova generazione può quindi essere diretto. La gestione è eseguita con due componenti hardware di nuova generazione e altamente performanti.

- ADV7513 (165 MHz High Performance HDMI Transmitter)
- Ncsckjsa

Il chip ADV7513 è un trasmettitore HDMI con la configurazione interna mostrata sotto.

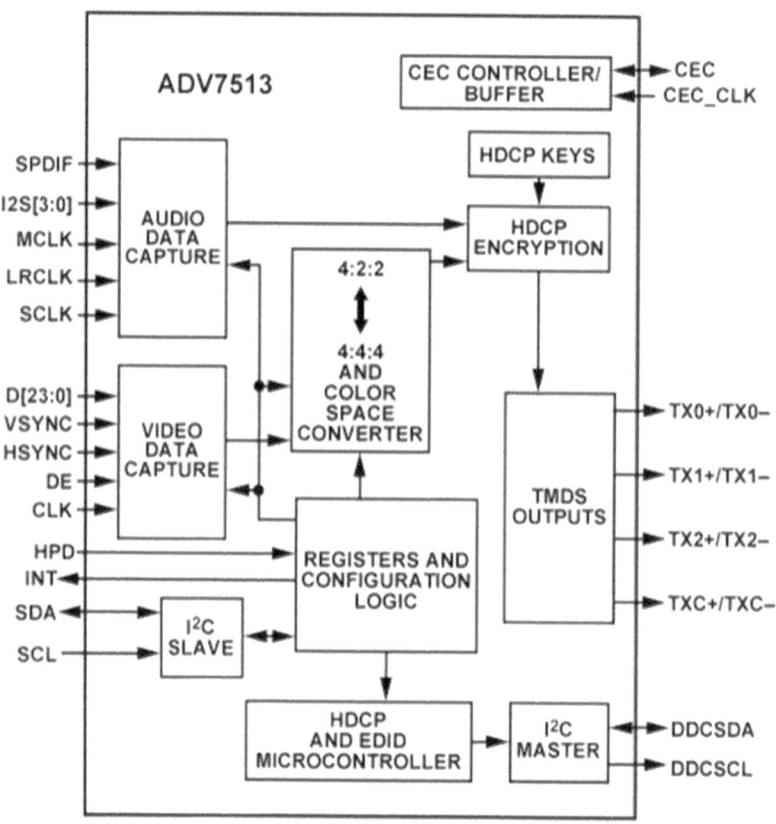

RedPitaya.

La scheda RedPitaya monta un chip ARM Cortex A9 dual core con una potente sezione FPGA basata su Zynq 7000 SoC, capace di controllare 4GB di Ram DDR3.

I circuiti della sezione FPGA controllano due canali analogici di input in grado di campionare a 125Msp con i quali si possono realizzare performanti strumenti di misura e di diagnostica anche nel campo professionale e della ricerca.

La scheda risulta simile ad un altro prodotto commerciale chiamato "parallela" che mostra più potenza di calcolo ma meno efficacia per la creazione di strumentazione perché non dispone della sezione analogia ottimizzata.

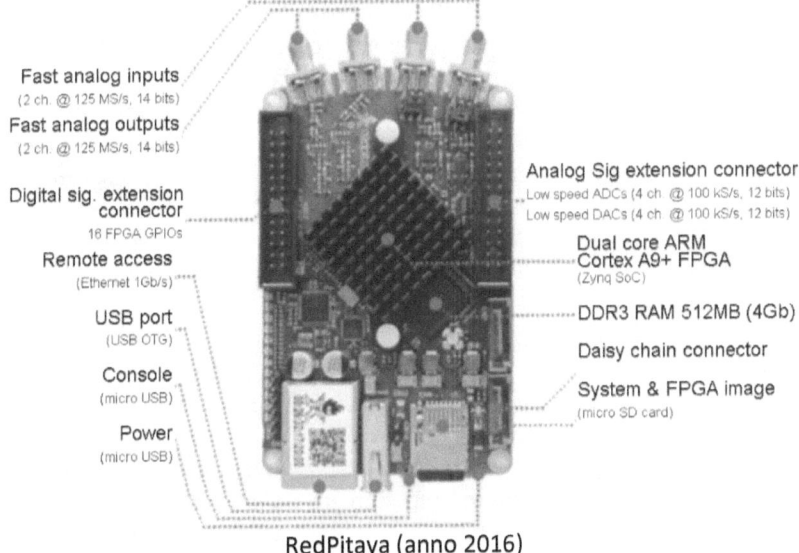

RedPitaya (anno 2016)

Entrambe RedPitaya e Parallela montano lo stesso circuito integrato Zynq processor, ma il frontend analogico è specifico della Pitaya.

Oggi, primi mesi dell'anno 2016, queste piattaforme costituisco il TOP dell'hardware disponibile per fare schede di sviluppo e strumentazione customizzabile.

Entrambe sono in grado di caricare un Sistema operativo, tipicamente Linux ma potrebbe trattarsi di Android in funzione dei gusti e delle capacità del programmatore.

I sistemi sono residenti in SD card e nella fase di boot vengono caricati in un'area protetta della memoria RAM allo scopo di minimizzare gli accessi ai segmenti SD che si deteriorerebbero velocemente.

Quando si accede in modifica a file o parti del sistema va tenuto presente che esistono cartelle che vanno caricate in maniera "cross" e che i programmi sono spesso sviluppati tramite dei "cros compiler" ovvero la compilazione e l'editazione avviene in una postazione PC diversa, ad esempio la workstation o il PC dell'ufficio/laboratorio e poi i file vanno inviati, in ambiente linux, nella cartella di destinazione tramite un trasferimento SCP.

Questo significa che queste schede hanno sicuramente una porta ethernet e gestiscono un servizio web (web server).

L'accesso avviene puntando all'indirizzo IP statico configurato nella scheda.

FPGA I/O Planning.

In questo paragrafo viene esposta la procedura per la configurazione dei pin di input e output, abbreviate I/O dei chip FPGA.

L'esempio è basato su un chip Xilinx tramite i tool grafici distribuiti dalla casa costruttrice e integrati nell'ambiente Vivado design suite.

Le funzioni di pianificazione dell'I/O includono un ambiente di progettazione integrato (IDE) per creare, configurare, assegnare e gestire le Porte di I/O e oggetti di clock da collegare alle logiche che andremo a sviluppare.

Il tool integra anche un programma di verifica della coerenza, comunemente detto nei CAD e altri ambienti integrati di sviluppo DRC da avviare dopo la sintesi delle reti interne.

Innanzitutto rispondiamo alla domanda: Perché i pin di I/O dell'FPGA sono riconfigurabili, ovvero spostabili in posizioni diverse a patto che si rispettino alcuni vincoli (constrain) dovuti alla presenza di pin di alimentazione o di alcune specifiche periferiche?

La risposta si trova nel design del circuito stampato che dovrà gestire in uno spazio estremamente ridotto un numero relativamente levato di connessioni nel caso migliore oltre 300, nel caso più denso un migliaio.

La rimappatura consente di ottimizzare l'orientazione del chip, i collegamenti interpin, le connessioni con le periferiche e altri device esterni.

Il tool grafico permette di mettere in evidenza i pin scollegati (die pads) e altre situazioni imposte dall'architettura interna.

Il tutto è mostrato con un codice formato da colori e da forme, ad esempio pin rotondi o pin poligonali, al cui interno sono riportati dei simboli elettrici quali le masse, e tensioni di alimentazione, il clock logic, ecc.

Normalmente il tool grafico produce automaticamente sia il corrispettivo codice HDL che la netlist dell'architettura customizzata.

Come per i più semplici microcontrollori PIC anche i pin dell'FPGA sono abbinati a multifunzione quindi il fatto che lo specifico possa essere un ingresso o un'uscita digitale è definito proprio in questa fase.

Sempre in questa fase sono definite le zone e i percorsi dei clock domain nonché le posizioni dei transceivers (transrecivers) gigabit ad esempio lo stack ethernet.

Procediamo mostrando come configurare i Port di I/O di un FPGA da studio di media potenza ovvero un chip che potrà essere utilizzato in molti progetti professionali.

Creazione progetto definizione I/O.

Nella pagina iniziale, attivabile dall'icona con il logo di Xilinx presente nel desktop, agiamo su "Create New Project".

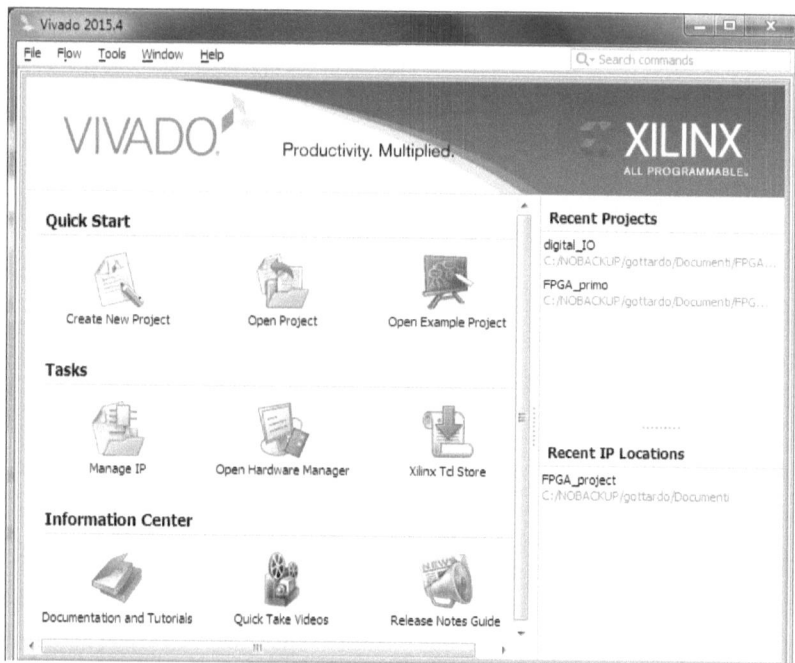

Comparirà la finestra in cui selezioneremo I/O planing project.

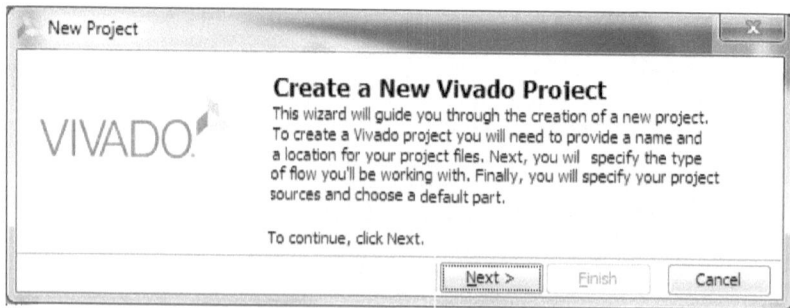

Assegniamo il nome al nuovo progetto, nel nostro caso "Configurazione_pin_IO", verrà indicato il percorso in cui il progetto viene memorizzato.

Conviene creare un subdirectory per ogni nuovo progetto che troveremo nella cartella FPGA_project, in documenti.

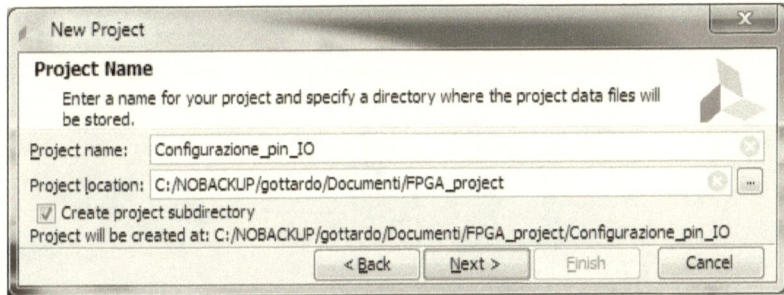

Definiamo il tipo di progetto, una spiegazione breve è definita all'interno della finestra.

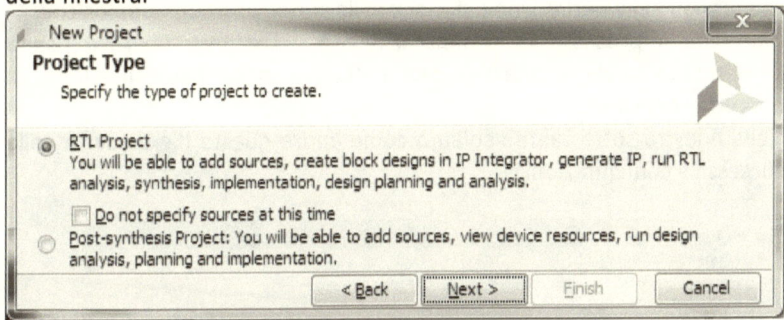

È possibile inserire nel progetto dei template da lavori precedenti e commutare il linguaggio da VHDL o standard Verilog.

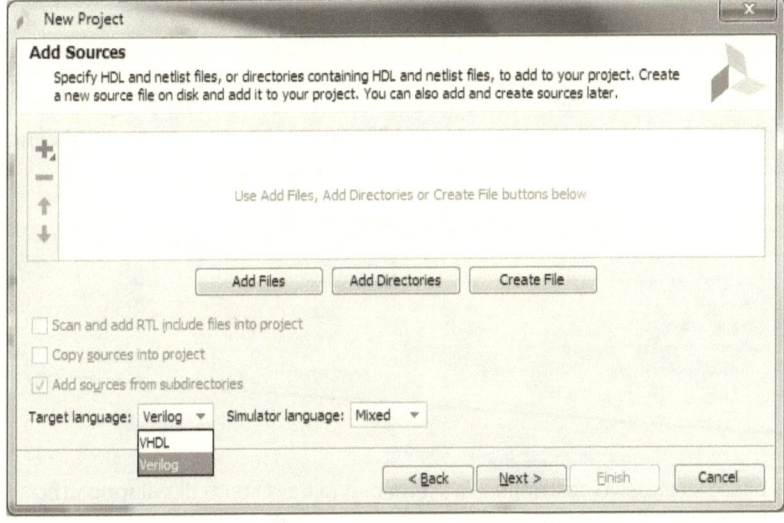

Se disponiamo di preconfigurazioni possiamo integrarle adesso.

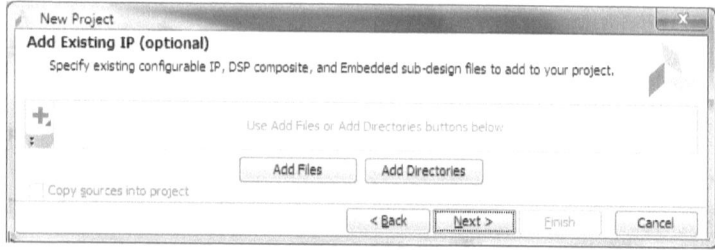

I chip FPGA da utilizzarsi in progetti differenti ma simili potrebbero seguire la stessa configurazione dell'I/O e vincolare i pin di alimentazione, di connessione alle periferiche e di clock nelle stesse posizioni topologiche.

Dato che il processo di configurazione è abbastanza oneroso risulta conveniente salvarne una versione definitiva in un file e usarlo nelle progettazioni successive.

Nella finestra sottostante vediamo come aprire questo file e usarlo nelle successive configurazioni.

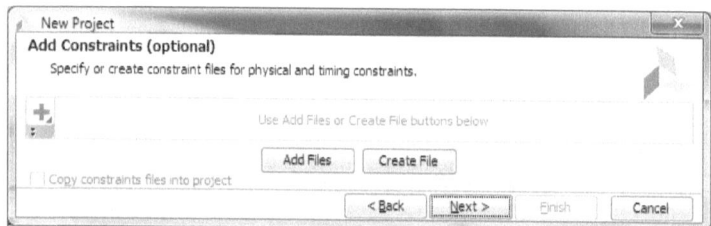

Ora bisogna selezionare il tipo di dispositivo che vogliamo programmare, nel caso della RedPitaya abbiamo un ARM Cortex A9 con sezione FPGA Zynq SoC, della famiglia Zynq-7000. Selezioniamo il package a 676 balls.

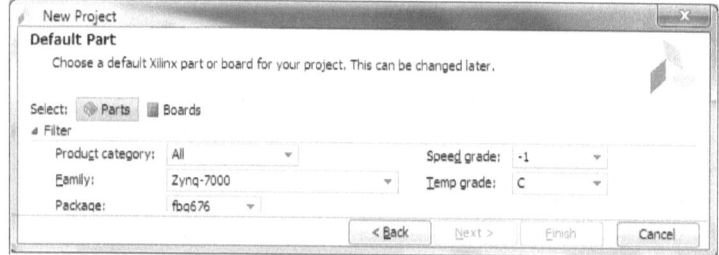

Il passo successivo costringe alla scelta di uno dei sistemi di sviluppo ufficiali allo scopo di poter eseguire il deploy (scaricamento) del compilato all'interno del device di destinazione.

I sistemi di sviluppo contengono anche la circuiteria necessaria per l'implementazione del protocollo JTAG quindi basterà un cavo passivo tra la scheda di sviluppo e la scheda target.

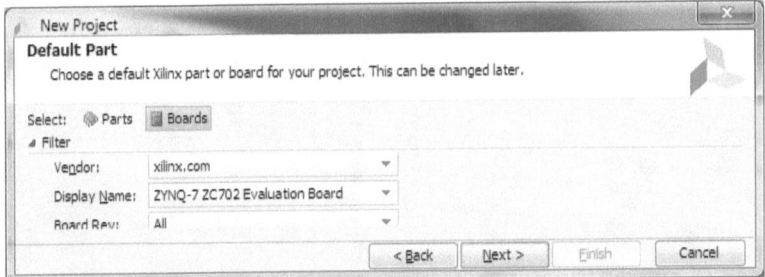

Viene mostrato il sommario del progetto che ci accingiamo a creare, alcuni warning potranno essere ignorati, ad esempio il fatto che non abbiamo incluso alcuni template che riguardano una configurazione favorita del pinout (subordinata ai constrain, vincoli, imposti dal chip).

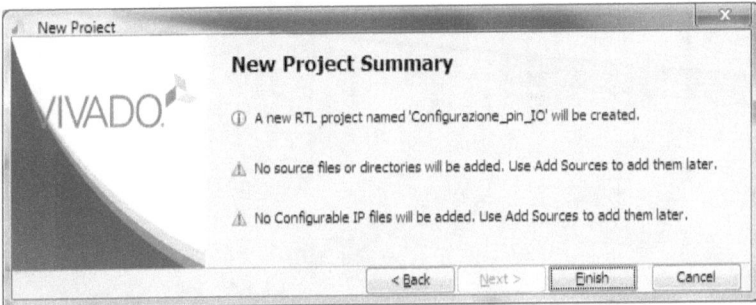

Si avvia la creazione del progetto.

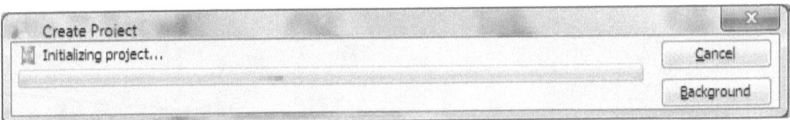

L'ambiente di sviluppo e programmazione si presenta come nella prossima immagine.

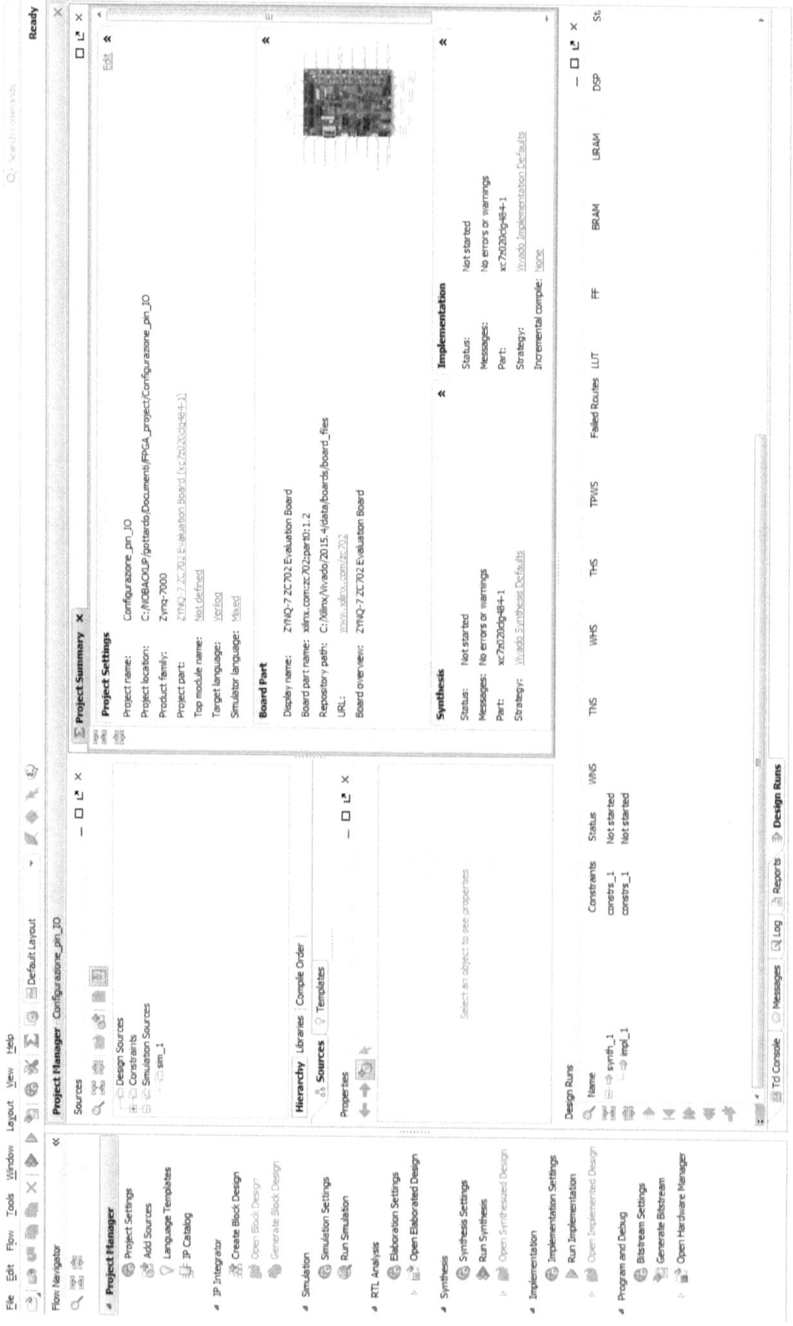
Project Manager - Configurazione_pin_IO
Flow Navigator
Project Manager
Project Settings
Add Sources
Language Templates
IP Catalog
IP Integrator
Create Block Design
Open Block Design
Generate Block Design
Simulation
Simulation Settings
Run Simulation
RTL Analysis
Elaboration Settings
Open Elaborated Design
Synthesis
Synthesis Settings
Run Synthesis
Open Synthesized Design
Implementation
Implementation Settings
Run Implementation
Open Implemented Design
Program and Debug
Bitstream Settings
Generate Bitstream
Open Hardware Manager
Sources
Design Sources
Constraints
Simulation Sources
sim_1
Hierarchy
Libraries
Compile Order
Sources
Templates
Properties
Select an object to see properties
Project Summary
Project Settings
Project name: Configurazione_pin_IO
Project location: C:/NOBACKUP/gottardo/Documenti/FPGA_project/Configurazione_pin_IO
Product family: Zynq-7000
Project part: ZYNQ-7 ZC702 Evaluation Board (xc7z020clg484-1)
Top module name: Not defined
Target language: Verilog
Simulator language: Mixed
Board Part
Display name: ZYNQ-7 ZC702 Evaluation Board
Board part name: xilinx.com:zc702:part0:1.2
Repository path: C:/Xilinx/Vivado/2015.4/data/boards/board_files
URL: www.xilinx.com/zc702
Board overview: ZYNQ-7 ZC702 Evaluation Board
Synthesis
Status: Not started
Messages: No errors or warnings
Part: xc7z020clg484-1
Strategy: Vivado Synthesis Defaults
Implementation
Status: Not started
Messages: No errors or warnings
Part: xc7z020clg484-1
Strategy: Vivado Implementation Defaults
Incremental compile: None
Design Runs
Name
Constraints
Status
WNS
TNS
WHS
THS
TPWS
Failed Routes
LUT
FF
BRAM
URAM
DSP
synth_1
impl_1
constrs_1
Not started
Tcl Console
Messages
Log
Reports
Design Runs
Ready

Selezioniamo il menù I/O planning così che si possa vedere la distribuzione dei pin fisici a cui siamo interessati ad abbinare una funzione logica.
Nel caso del chip XC7k70tfbg676-2 vedremo questa distribuzione, il default è un TOP view ma è possibile commutare sul bottom :

 <- cliccare su questa funzione per il bottom view.

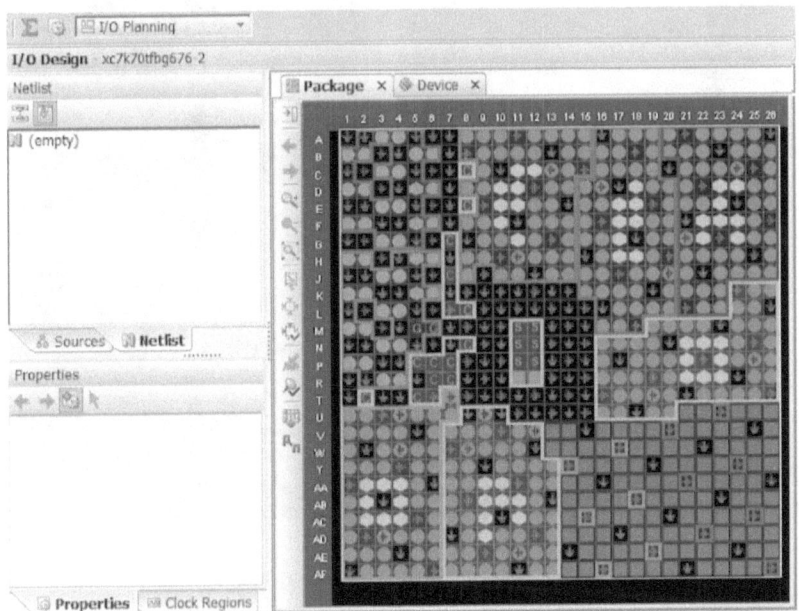

Se disponiamo di un file in formato compatibile Excell, ad esempio con estensione CSV o XDC, contenete i vincoli di posizionamento e funzione dei pin precompilato lo possiamo importare, altrimenti si procede con un empty file.

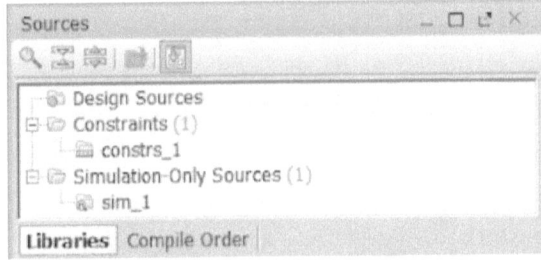

Le aree del layout sono perimetrate con un contorno colorato che rappresenta nella visualizzazione del "device" delle posizioni interne in cui sono situati i componenti interni utili all'implementazione dell'architettura programmata.

La suddivisione in blocchi aiuta lo sviluppatore . I port i I/O solitamente sono posti nelle regioni periferiche.

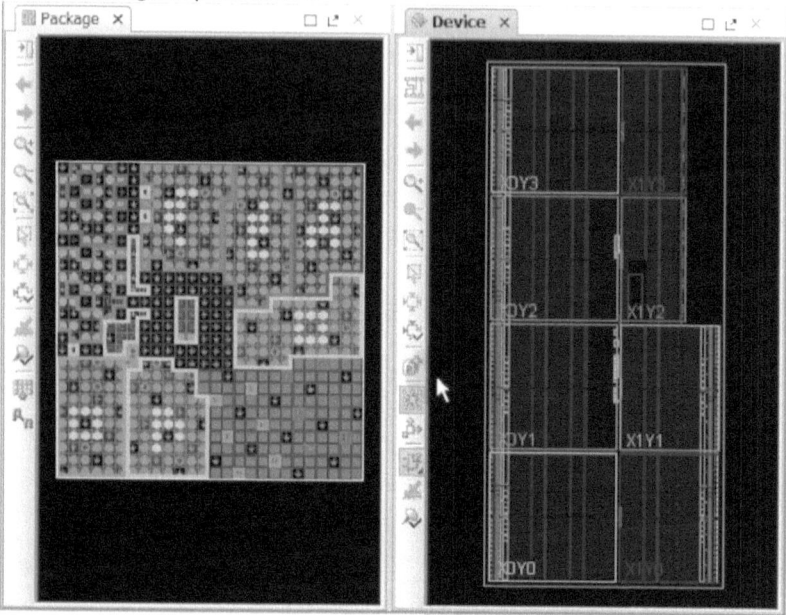

Nella finestra package pin viene mostrata l'assegnazione.

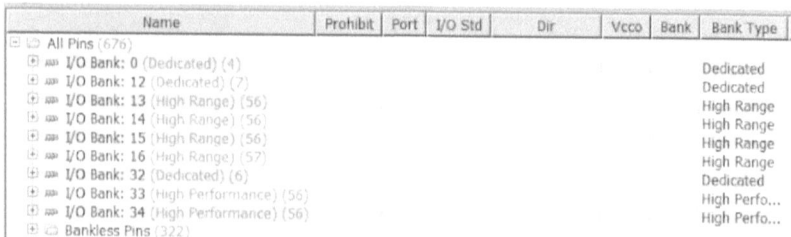

Durante l'assegnazione delle parti dell'architettura programmabile sarà necessario zoomare delle aree allo scopo di poterne stimare le parti componenti.

Nella successiva immagine vediamo lo zoom del clock logic region.

Sarà possibile aumentare ulteriormente il fattore di zoom.

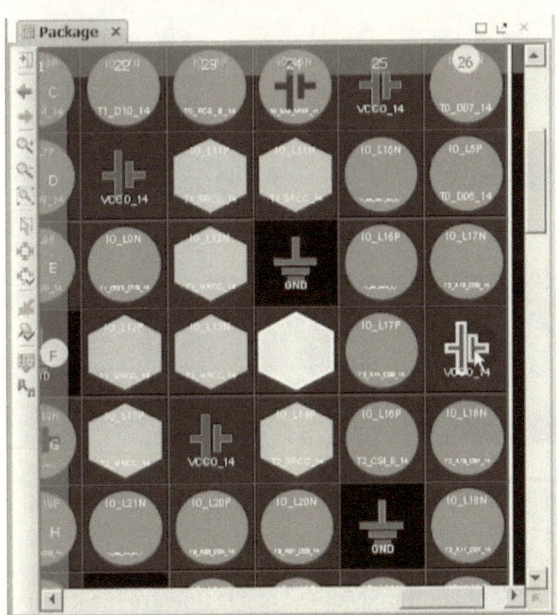

I pin vengono diversificati in shape (forma) e colore allo scopo di poterli identificare più agevolmente.

In questa versione del software i pin con forma rotonda sono assegnati alle normali funzioni di I/O digitale ovvero al collegamento con i sensori e con le interfacce di potenza verso il campo, mentre quelli esagonali sono collegati alle periferiche di comunicazione veloci ad esempio il PCI express, HMI, ecc. I pin di alimentazione, che spesso sono vincolanti ovvero non rimappabili, contengono il simbolo elettrico delle masse, anche separabili, e dei generatori di tensione che sono i pin di alimentazione. Il colore di questi ultimi rappresentano le tensioni diversificate per l'I/O e per i core del chip.

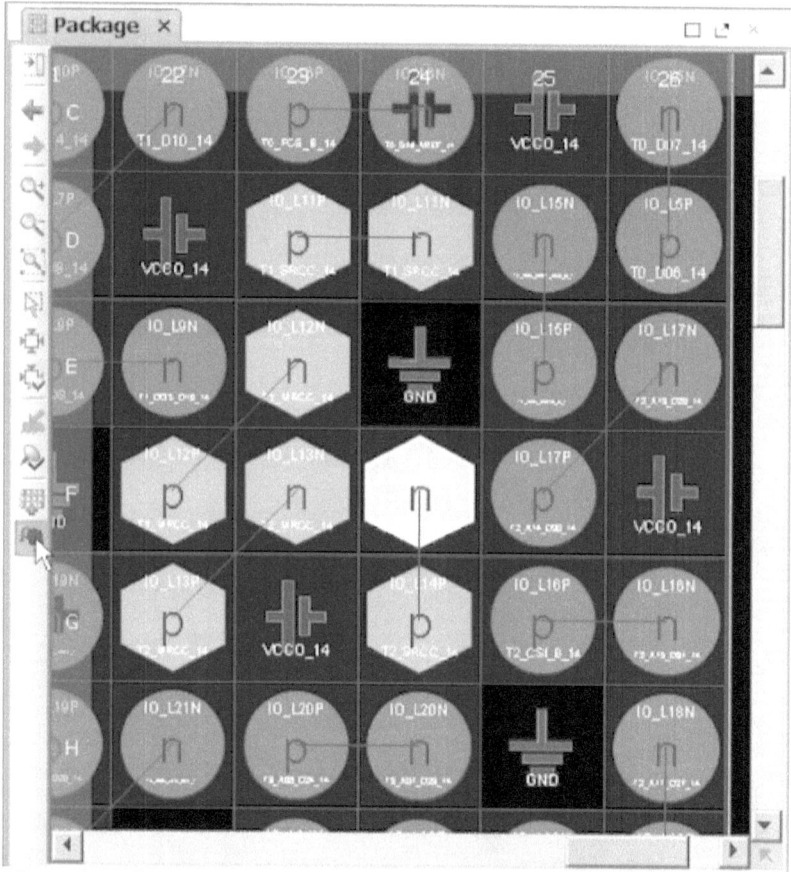

Cliccando sulla funzione P-N si evidenziano i pin differenziali connessi da una barretta rossa.
La configurazione dei pin abbinati alla porta di comunicazione JTAG avviene dal menù "Set Configuration Modes" con la finestra mostrata in figura.

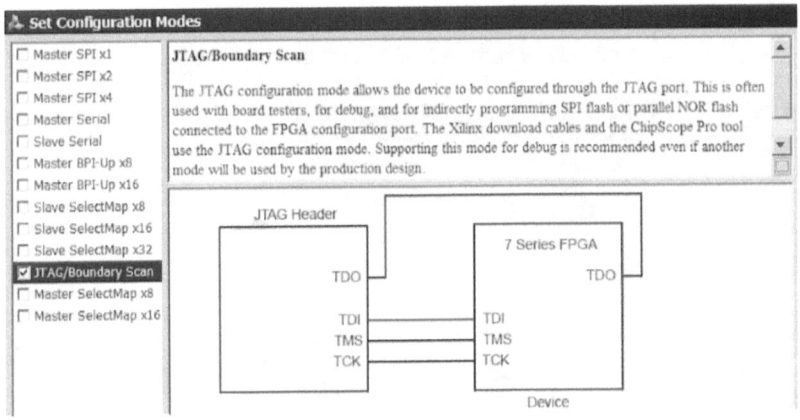

La modalità JTAG/Boundary Scan è più complessa e richiede di fissare più pin, come mostrato nello schema.

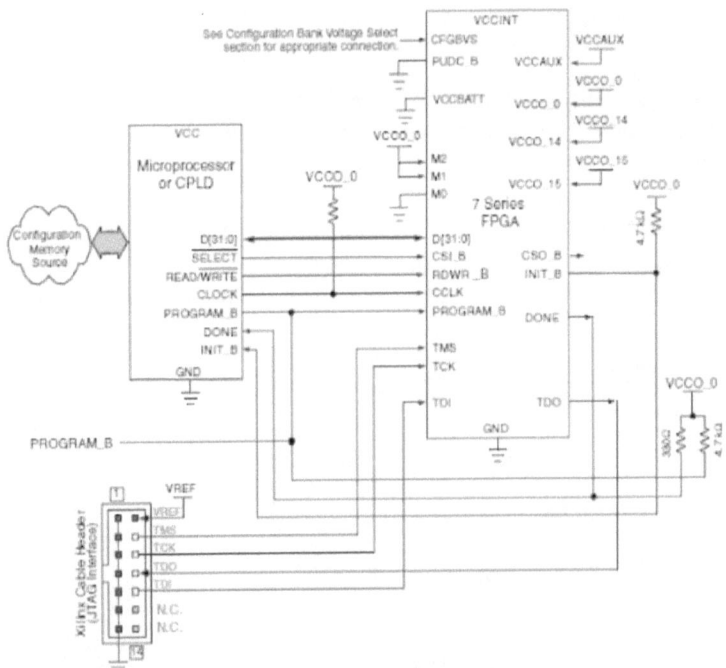

È possibile creare un intero bus definendone il nome, nell'esempio "mybus", la direzione (input o output, in questo esempio input), la dimensione (32 bit), la tensione manipolata in questo caso LVCMOS18.

Si definisce se le linee sono munite internamente di PULL-UP e se sono soggette a particolari slew rate ovvero ritardi in trasmissione.

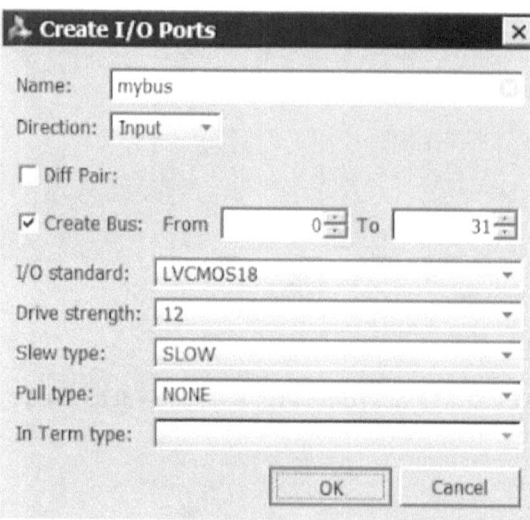

Il progetto va salvato e compilato in modo da poter essere integrato nelle parti successive in cui si comincerà a sviluppare l'architettura e la logica che l'FPGA dovrà eseguire.

La modalità grafica dell'ambiente di sviluppo integrato IDE ci mostra il chip preselezionato con le funzioni base disponibili con questo aspetto. L'accesso avviene dalla voce "Open Block design" nel menù IP integrator.

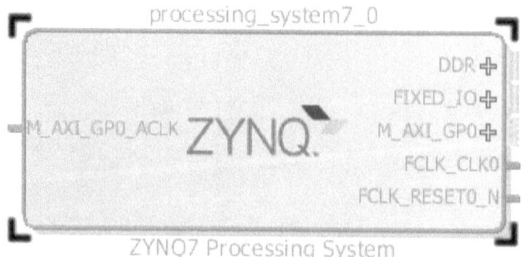

Possiamo espandere i collegamenti indicati con +.
Portiamoci alla voce recustomize IP, che ci permette di agire nell'architettura.

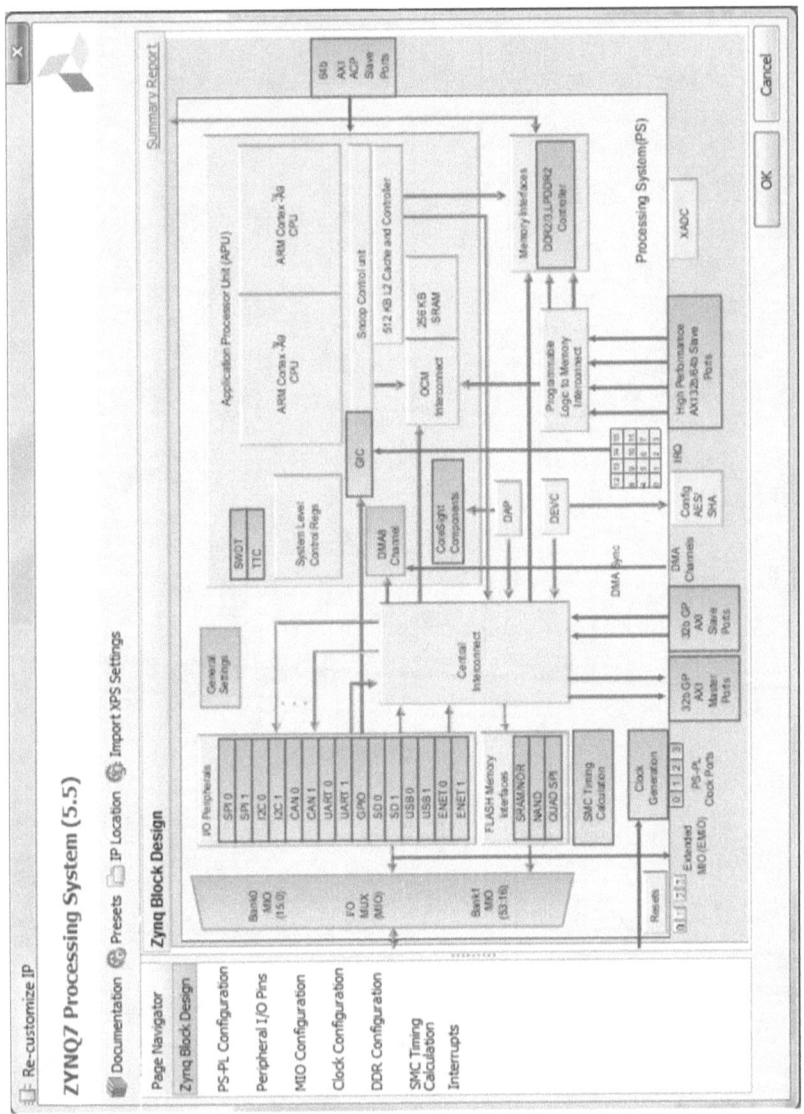

Portandoci sulla voce Peripheral I/O pins vediamo la disposizione interna delle periferiche di comunicazione veloce e alcuni banchi di logiche utili alle interconnessione.

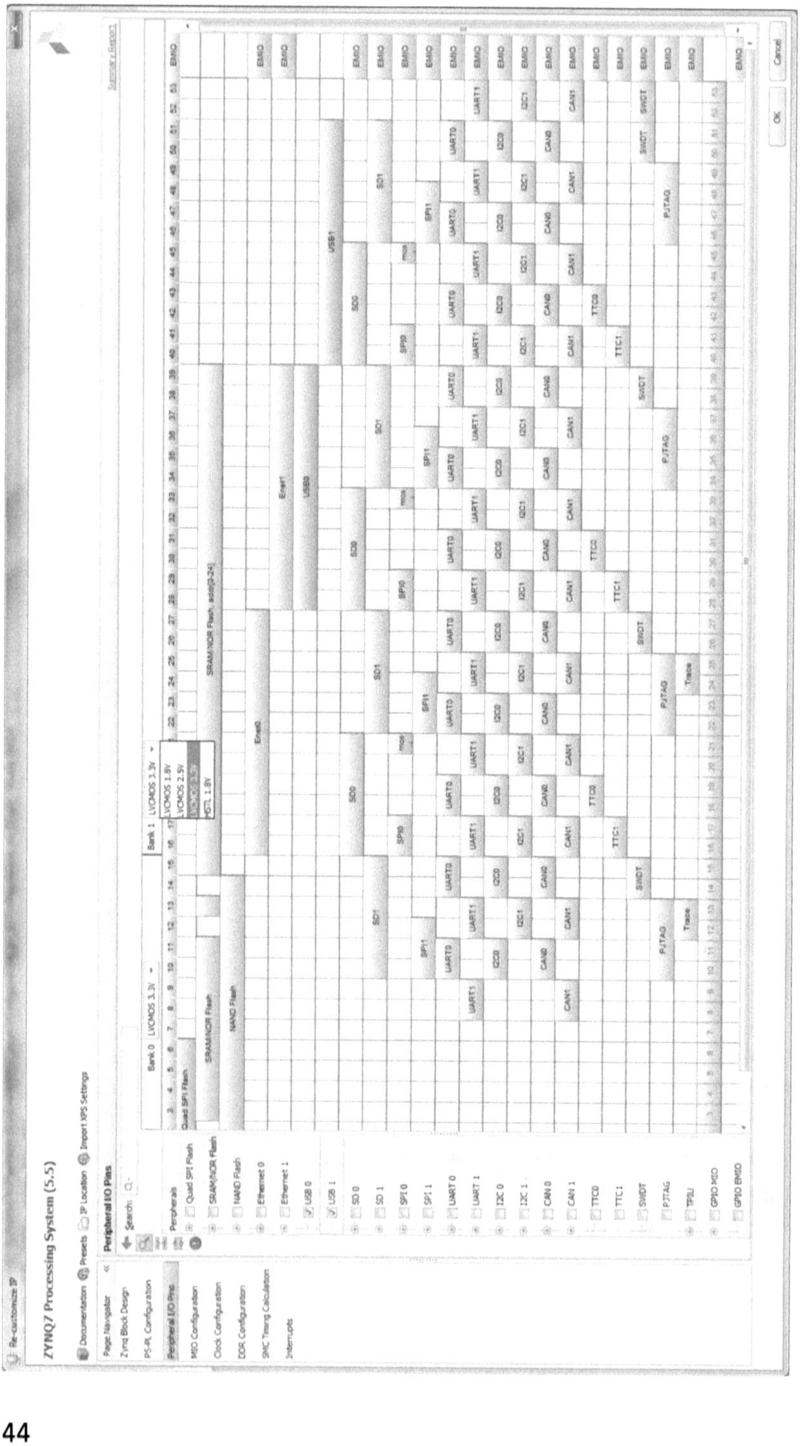

Re-customize IP
ZYNQ7 Processing System (5.5)
Documentation
Presets
IP Location
Import XPS Settings
Page Navigator
Zynq Block Design
PS-PL Configuration
Peripheral I/O Pins
MIO Configuration
Clock Configuration
DDR Configuration
SMC Timing Calculation
Interrupts
Peripheral I/O Pins
Search:
Summary Report
Peripherals
Quad SPI Flash
SRAM/NOR Flash
NAND Flash
Ethernet 0
Ethernet 1
USB 0
USB 1
SD 0
SD 1
SPI 0
SPI 1
UART 0
UART 1
I2C 0
I2C 1
CAN 0
CAN 1
TTC0
TTC1
SWDT
PJTAG
TPIU
GPIO MIO
GPIO EMIO
Bank 0
LVCMOS 3.3V
Bank 1
LVCMOS 1.8V
LVCMOS 2.5V
LVCMOS 3.3V
HSTL 1.8V
EMIO
OK
Cancel

Come si vede nell'immagine è possibile settare le tensioni, anche in maniera separata per il bank 0 e il bank 1.

Per default l'impostazione è a 3v3 per entrambi i banchi ma le voci disponibili sono 2v5, 1v8, e la modalità HSTL 1v8 ovvero hight speed transmission line.

La configurazione del clock è una delle parti più delicate perché richiede notevoli conoscenze dell'hardware impiegato. In questa sezione dovremmo diversificare le velocità delle varie sezioni interne vincolandoci alle caratteristiche della RAM, dei Core, dei Bus delle periferiche ecc.

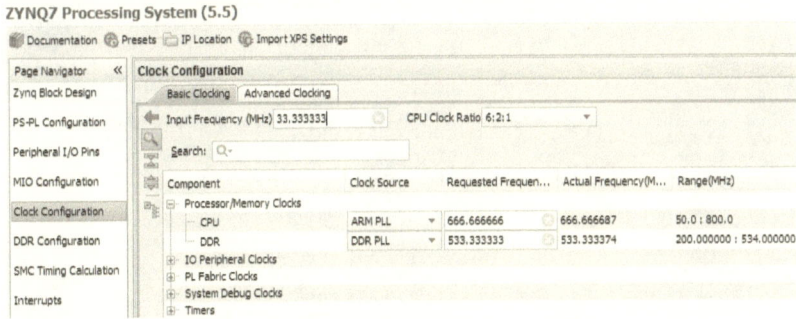

Espandendo la voce "IO Peripheral Clocks" dovremo configurare la porta ethernet, qui indicata con "ENET0" e "ENET1" a 1000Mbps.

SMC -> 100MHz
QSPI -> 200MHz
ENET0 -> 1000Mbps
ENET1-> 1000Mbps
SDIO -> 100MHz
SPI -> 166.6MHz
CAN -> 100MHz

FPGA come controller DDR.

Se stiamo progettando un sistema SoC ovvero con sistema operativo a bordo quale sia la scheda Redpitaya o uno smartphone dovremmo preoccuparci ad abilitare l'accesso della FPGA ai segmenti di DDR ram necessari per eseguire il SO.

Nella finestra di customizzazione dell'IP andiamo a selezionare "DDR Configuration", e come prima azione mettiamo lo spunto su "Enable DDR"

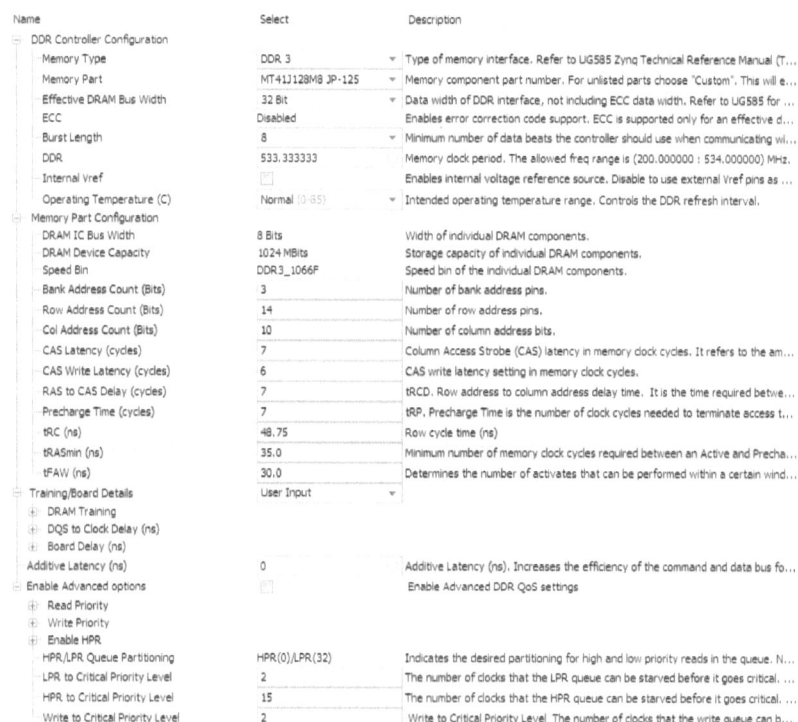

Name	Select	Description
DDR Controller Configuration		
Memory Type	DDR 3	Type of memory interface. Refer to UG585 Zynq Technical Reference Manual (T...
Memory Part	MT41J128M8 JP-125	Memory component part number. For unlisted parts choose "Custom". This will e...
Effective DRAM Bus Width	32 Bit	Data width of DDR interface, not including ECC data width. Refer to UG585 for ...
ECC	Disabled	Enables error correction code support. ECC is supported only for an effective d...
Burst Length	8	Minimum number of data beats the controller should use when communicating wi...
DDR	533.333333	Memory clock period. The allowed freq range is (200.000000 : 534.000000) MHz.
Internal Vref	☑	Enables internal voltage reference source. Disable to use external Vref pins as ...
Operating Temperature (C)	Normal (0-85)	Intended operating temperature range. Controls the DDR refresh interval.
Memory Part Configuration		
DRAM IC Bus Width	8 Bits	Width of individual DRAM components.
DRAM Device Capacity	1024 MBits	Storage capacity of individual DRAM components.
Speed Bin	DDR3_1066F	Speed bin of the individual DRAM components.
Bank Address Count (Bits)	3	Number of bank address pins.
Row Address Count (Bits)	14	Number of row address pins.
Col Address Count (Bits)	10	Number of column address bits.
CAS Latency (cycles)	7	Column Access Strobe (CAS) latency in memory clock cycles. It refers to the am...
CAS Write Latency (cycles)	6	CAS write latency setting in memory clock cycles.
RAS to CAS Delay (cycles)	7	tRCD. Row address to column address delay time. It is the time required betwe...
Precharge Time (cycles)	7	tRP. Precharge Time is the number of clock cycles needed to terminate access t...
tRC (ns)	48.75	Row cycle time (ns)
tRASmin (ns)	35.0	Minimum number of memory clock cycles required between an Active and Precha...
tFAW (ns)	30.0	Determines the number of activates that can be performed within a certain wind...
Training/Board Details	User Input	
DRAM Training		
DQS to Clock Delay (ns)		
Board Delay (ns)		
Additive Latency (ns)	0	Additive Latency (ns). Increases the efficiency of the command and data bus fo...
Enable Advanced options	☐	Enable Advanced DDR QoS settings
Read Priority		
Write Priority		
Enable HPR		
HPR/LPR Queue Partitioning	HPR(0)/LPR(32)	Indicates the desired partitioning for high and low priority reads in the queue. N...
LPR to Critical Priority Level	2	The number of clocks that the LPR queue can be starved before it goes critical. ...
HPR to Critical Priority Level	15	The number of clocks that the HPR queue can be starved before it goes critical. ...
Write to Critical Priority Level	2	Write to Critical Priority Level The number of clocks that the write queue can b...

46

Configurazione interrupt.

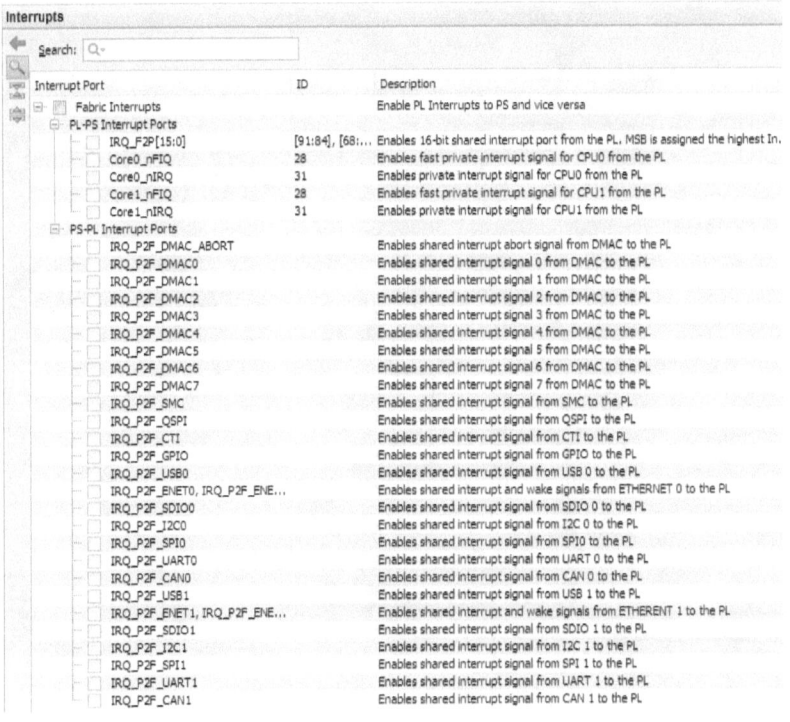

Configurazione con RTL Schematic

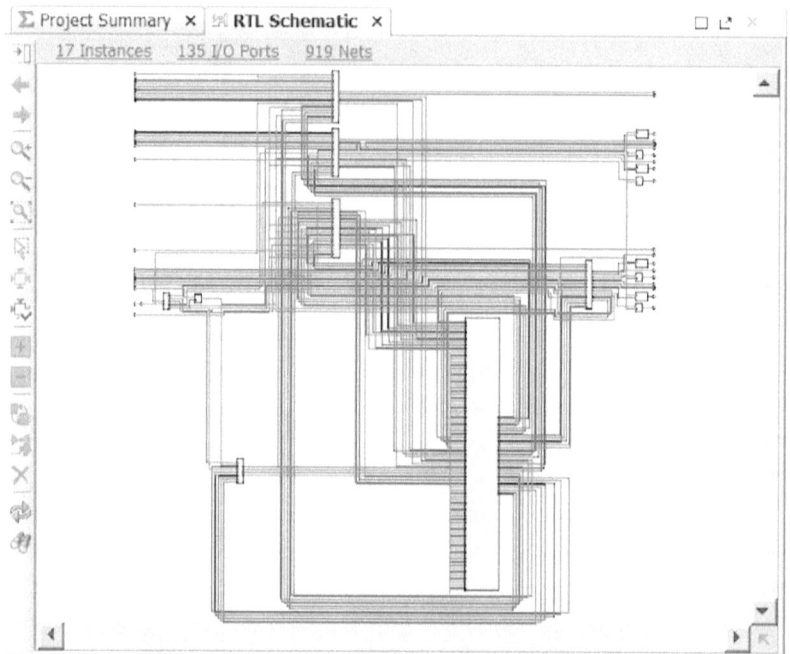

Led blink, Il primo programma FPGA.

Supponiamo di disporre della scheda RedPitaya, o di un prodotto analogo che faccia da supporto al chip della famiglia ZYNQ7000 mettendo disponibili i pin del GPIO.

Come spiegato nei capitoli precedenti il componente integra una sezione ARM Cortex A9 dual core, che potrebbe implementare il lampeggio del LED nei pin digitali dopo l'opportuna programmazione in C tramite il compilatore Linaro Tool chain.

Il nostro obbiettivo non comporta l'uso di questa sezione ma dell'FPGA.

La sezione viene configurata con il linguaggio descrittivo dell'hardware (HDL) accedendo tramite degli specifici registri.

Il sistema operativo, Linux Ubuntu based, dispone del comando "monitor" che ci permette di visualizzare la locazione in memoria di questi registri.

Vediamo un esempio per accedere e modificare la decimazione (asse temporale o ascissa) dell'applicazione oscilloscopio il cui indirizzo base, espresso in esadecimale, è 0x40100014.

```
redpitaya> monitor 0x40100014
0x00000001
redpitaya>
redpitaya> monitor 0x40100014 0x8
redpitaya> monitor 0x40100014
0x00000008
redpitaya>
```

è possibile leggere e scrivere nei registri di configurazione allo scopo di accedere alle applicazioni o usare delle utility con i comandi read e write della utility monitor, un esempio nelle righe sottostanti:

```
redpitaya> monitor
monitor version 0.90-299-1278
Come impostare I registri:
    read addr: address
    write addr: address value
    read analog mixed signals: -ams
    set slow DAC: -sdac AO0 AO1 AO2 AO3 [V]
```

Un esempio di lettura completa dei registri disponibili è fatta con la riga monitor –ams

Il Sistema risponde con:
redpitaya> monitor -ams

#ID	Desc	Raw	Val
0	Temp(0C-85C)	a4f	51.634
1	AI0(0-3.5V)	1	0.002
2	AI1(0-3.5V)	13	0.033
3	AI2(0-3.5V)	1	0.002
4	AI3(0-3.5V)	2	0.003
5	AI4(5V0)	669	4.898
6	VCCPINT(1V0)	55c	1.005
7	VCCPAUX(1V8)	9a9	1.812
8	VCCBRAM(1V0)	55d	1.006
9	VCCINT(1V0)	55b	1.004
10	VCCAUX(1V8)	9ab	1.813
11	VCCDDR(1V5)	809	1.507
12	AO0(0-1.8V)	2b0000	0.496
13	AO1(0-1.8V)	150000	0.242
14	AO2(0-1.8V)	2b0000	0.496
15	AO3(0-1.8V)	220000	0.392

Programmer HW-USB-IIG.

Il cavo JTAG per la programmazione della sezione FPGA è fornito direttamente dalla casa costruttrice dei prodotti Xilinx, tuttavia la connessione dipende da come viene realizzato lo stampato target.

Per usare il cavetto flat è necessario che la progettazione abbia previsto la stessa configurazione dei prodotti ufficiali Xilinx, altrimenti si dovrà usare l'adattatore multi filare visibile nella foto.

La connessione necessita di almeno 6 pin descritti nella sottostante tabella:

descrizione dei pin del connettore JTAG			
Pin	Descrizione	Numero pin nel FPGA	Descrizione pin FPGA
1	3V3		
2	GND		
3	TCK	F9	TCK_0
4	TDO	F6	TDO_0
5	TDI	G6	TDI_0
6	TMS	J6	TMS_0

HW-USB-IIG è un cavo compatibile USB per configurazione in circuito e programmazione di tutti i dispositivi Xilinx. Molto più di un semplice cavo USB, il cavo piattaforma USB II è dotato di firmware integrato (hardware e software) per offrire prestazioni elevate e la configurazione semplice e affidabile dei dispositivi Xilinx. Il cavo piattaforma USB II si connette all'hardware utente per configurare FPGA Xilinx, la programmazione PROM e CPLD Xilinx e programmare direttamente dispositivi flash SPI di terzi. Inoltre, il cavo fornisce una piattaforme di programmazione indiretta di flash XL, di dispositivi di memoria flash SPI di terzi e di dispositivi di memoria flash NOR parallela di terzi via porta JTAG FPGA. Inoltre, il cavo piattaforma USB II è uno strumento conveniente per il debug di software e firmware embedded, quando viene utilizzato con applicazioni come i kit di sviluppo embedded e l'analizzatore Chip Scope pro di Xilinx.

- Programmazione e configurazione FPGA e PROM ad alte prestazioni
- Facile da usare
- Rileva automaticamente e si adatta alla tensione di I/O del target
- Si interfaccia ai dispositivi operanti a 5V (TTL), 3.3V (LVCMOS), 2.5V, 1.8V e 1.5V.
- Marcatura intuitiva da flylead a cavo interfaccia
- Affidabile
- Supporto per la programmazione del dispositivo da parte di terzi PROM
- Ottimizzato per l'uso con strumenti di progettazione Xilinx
- Rileva automaticamente e si adatta alla tensione di I/O del target
- Consigliato solo per prototipazione.

Strumento di collegamento bus.

Procediamo alla creazione del progetto nell'ambiente Xilinx come spiegato nei paragrafi precedenti.
Avviato l'ambiente grafico portiamoci nella voce "Block design" del menù "IP integrator".
Le finestre si presentano come nella successiva immagine.

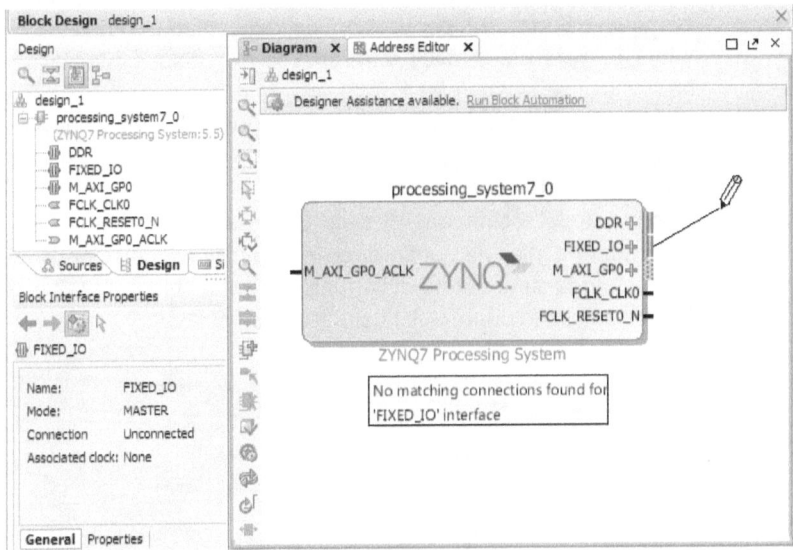

Noteremo che è possibile tracciare delle connessioni, ad esempio da uno dei terminal aperti, nell'esempio Fixed_IO, verso dei blocchi esterni o anche interni del chip.
Nel caso non ci fossero destinazioni disponibili viene segnalata la condizione di "No matching".

Nel caso si volesse usare un template per la realizzazione delle connessioni standard e classiche potremmo aggire su "Run Block Automation".
Se disponibile un file dei constraints comparirà il design che potremo eventualmente customizzare.

Sul sito della RedPitaya è disponibile il file di contraints per la costruzione in automatico dell'omonima scheda.

Linee guida per il design dell'hardware, Il modello gerarchico.

La comprensione del modello gerarchico su cui si basa lo sviluppo di un progetto è prioritaria rispetto alla familiarità con il linguaggio stesso.
I quattro livelli qui descritti sono applicabili in ogni circostanza di progettazione digitale avanzata.
Una buona progettazione digitale deve prevedere:
1. Comprensione del concetto di sviluppo secondo la metodologia top-down e bottom-up per i sistemi digitali evoluti e complessi.
2. Chiara comprensione della differenza tra modulo e istanza del modulo in linguaggio Verilog.
3. Descrizione dei quattro livelli standard di astrazione ovvero behavioral, data flow, gate level, switch level, con cui si può rappresentare il medesimo modulo.
4. Descrizione delle componenti necessarie per la simulazione e la progettazione digitale. Definizione e descrizione dei blocchi di stimolo per la simulazione della funzionalità dei blocchi IP. Per la simulazione sono disponibili due metodologie.

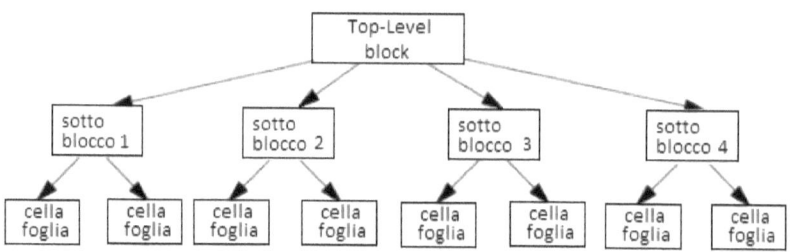

Nello sviluppo TOP-Down è necessario definire il blocco principale, ad esempio lo Zynq processor, e identificare i sottoblocchi necessari per interconnettere, ad esempio via interfacce AXI, le periferiche e i punti di I/O indicati nello schema con "cella foglia".
Ogni cella foglia è caratterizzata dal fatto che non esiste un'uteriore livello descrittivo o parti componenti hardware che la implementano.
Come vedremo nei capitoli successivi una volta definito il blocco principale l'ambiente Vivado è in grado di definire , richiamare e collegare, i sotto blocchi standard utilizzando il tool "run automation".
Questo semplifica notevolmente la creazione della prima bozza del design perché si basa su template predefiniti e ben collaudati.

Consideriamo la metodologia di sviluppo bottom-up, in cui inizialmente si verifica la disponibilità degli IP block nelle librerie del sistema di sviluppo.

Ovviamente le librerie dovranno essere compatibili con gli obbiettivi progettuali che ci siamo posti, ad esempio il blocco DMA se si vuole accedere direttamente alla DDR senza impegnare il processore durante l'acquisizione in streaming dai canali analogici, ecc.

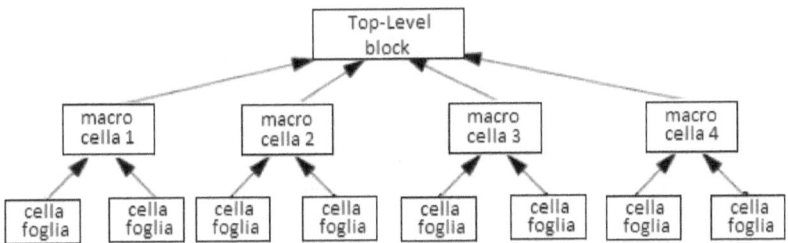

Con questa tecnica partiamo ad esempio da elementi non ulteriormente riducibili, ad esempio i segnali di clock, i GPIO, i porti di input analogici, ecc e con essi cercheremo di creare delle celle più grandi, ad esempio che contengano il clock domain e il bus AXI correttamente configurati.
Risaliremo verso la radice dove ci aggancieremo al processore centrale ad esempio lo ZYNQ7000.
Tipicamente, viene utilizzata una combinazione della tecnica top-down e bottom-up.
Il lavoro di progettazione viene normalmente sviluppato da tre figure professionali, Gli architetti del design e i Logic Designer per i livelli più interni e i circuit designer per il livello i interfacciamento con il mondo esterno.
È compito degli architetti di design (Design architets) definire le specifiche del blocco di livello superiore ovvero come e a quale processore centrale delegare il controllo dei Bus e con che standard.
È compito dei Logic designer il suddividere la funzionalità complessiva del progetto in blocchi e sotto blocchi i quali implementano le interfacce i protocolli tra i vari blocchi interni.
I circuit designers ovvero i progettisti di circuiti sviluppano le reti e i circuiti ottimizzati per le celle a livello foglia.
I lavori delle tre figure professionali si devono intersecare al fine di poter creare flussi di dati in grado di attraversare tutta la rete logica del design complessivo.

Il protocollo AMBA.

AMBA è acronimo di Advanced Microcontroller Bus Architetture ed identifica un tipo di bus di comunicazione, e l'insieme di regole definite per il suo funzionamento (protocollo), inizialmente sviluppato per i sistemi SoC. Lo sviluppo è open source ed è quindi molto diffuso.

Inizialmente sviluppato dalla multinazionale ARM Ltd. A partire dall'anno 1996.

Dal protocollo AMBA si sono sviluppati i seguenti bus e i relativi protocolli:

- Advanced System Bus (ASB).
- Advanced eXtensible Interface (AXI).
- Advanced High-performance Bus (AHB).
- Advanced Peripheral Bus (APB).

Nell'anno 2003 compare la prima versione del protocollo AXI come variante dell'AMBA 3. Questo univa le caratteristiche tecniche del protocollo ATB (Advanced Trace Bus) con le nuove tecnologie di alta inter connettibilità.

Più tardi, nell'anno 2010, dall'AMBA4 vengono derivate le specificazioni per il protocollo AXI4.

Successivamente, tra il 2011 e il 2012 compare la variante ACE di AMBA 4 extending system wide coherency.

Nel marzo 2013 fa la sua comparsa AMBA 5 CHI (Coherent Hub Interface) in cui è stato ridisegnato il sistema chiamato high-speed transport layer con l'obbiettivo di minimizzare la congestione dei dati in transito nei Bus.

Oggi questo protocollo, nella sua ultima evoluzione, risulta essere di fatto lo standard per i processori su sistemi embedded a 32bit anche grazie al fatto che è un sistema aperto che non prevede royalties per il suo utilizzo.

Interfaccia AXI.

AXI è acronimo di **A**dvanced e**X**tensible **I**nterface e deriva dal precedente protocollo AMBA.

La necessità di interfacciare le FPGA con periferiche veloci di nuova generazione impone l'utilizzo della tecnologia impiegata nell'interfaccia AXI, ad esempio per accedere alle attuali DDR3.

Esistono due tipi di interfaccia AXI:

1. AXI stream interface.
2. AXI memory mapped interface.

Vedremo che esiste la versione full AXI, detta semplicemente AXI 4 e la versione AXI lite.

La differenza tra le due non è nel canale di comunicazione usato che in effetti è il medesimo ma nei segnali che si usano all'interno di esso.

Nella versione full della AXI Memory Mapped è un set di 5 segnali che vengono scambiati tra il blocco AXI Master e l'AXI Slave.

I primi due segnali rappresentano la lettura della transizione mentre i rimanenti tre la scrittura o write transaction, all'interno del canale.

La direzione delle frecce indica chi genera e chi riceve il segnale tra il device master e lo slave.

Il protocollo prevede che la parte master prenda il controllo del bus inizializzando le transizioni (in inglese transaction), mentre lo slave e' in attesa di direttive di inizializzazione da questo.

Le transaction potranno essere di tipo read o write ma in ogni caso l'inizializzazione e il controllo del bus e' di competenza dell'AXI master.

In caso di write transaction sarà di competenza del AXI slave la generazione del segnale Write response il quale certifica che i dati sono stati trasferiti con successo e quindi senza errori.

Prendiamo in considerazione il canale **write data** e vediamo com'è conformato e cosa contiene durante le trasmissioni.

Per instaurare la comunicazione bisogna acquisire con il master il **Ready** signal generato dallo slave.

In risposta al segnale Ready il master genera il segnale **Validate** che esprime la necessità di aprire il canale di comunicazione per il trasferimento dei dati. Ora si potranno trasferire i dati ma per fare ciò esistono due modalità, a dati singoli o piccoli gruppi oppure in burst.
Diventa necessario specificare le seguenti cose:
1. Size of data.
2. Burst length.
3. QoS.

Una variante della modalità burst è la **streaming** nel contesto AXI 4 detta streaming connection.
La necessità di usare uno streaming è dovuta al fatto che i dati arrivano dall'esterno ad un blocco AXI, perché' acquisiti da apparati sensoriali o assimilabili. Questo primo blocco esegue una elaborazione del segnale, detto spesso condizionamento, e viene poi passato in AXI al blocco interno che funge da slave.

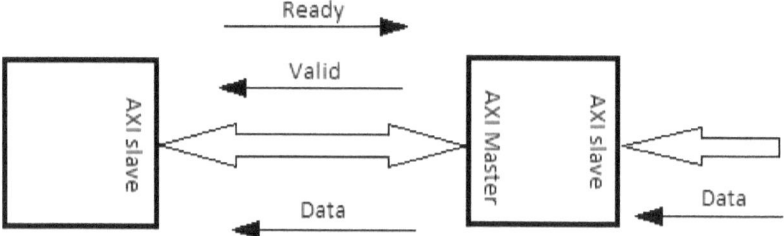

Analizzando l'architettura interna dello Zynq, ed evidenziando la suddivisione logica e fisica delle aree PL e PS notiamo che nel punto di collegamento del bus compaiono dei blocchi HP, high performance, che gestiscono i bus. Questi fungono da slave per il blocco AXI Master all'interno dell'area FPGA.
Sono di fatto l'interfaccia tra la sezione FPGA e la sezione ARM.
Sfortunatamente non esiste una connessione streaming tra la sezione FPGA e la parte ARM diretta attraverso questo canale e nel caso necessitasse sarà necessario implementare la logica DMA usando gli IP di Vivado.
Le porte HP0..3, ciascuna a 16 bit, compongono un bus a 64 bit come richiesto dagli attuali sistemi operativi.
HP = AXI High performance interface

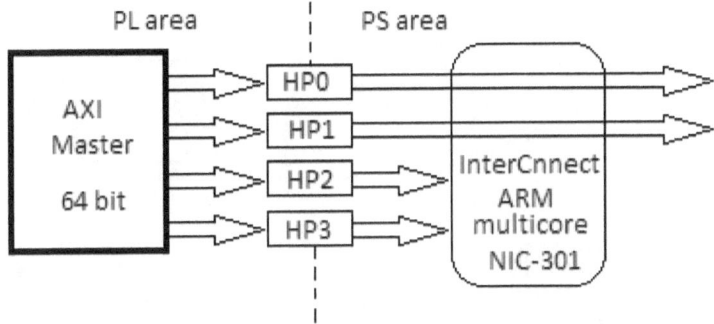

Le eventuali memorie DDR saranno connesse alle frecce passanti mostrate nel disegno tramite HP0 e HP1, ed implementando l'opportuno controller.
Nella versione AXI Lite il numero di segnali è minore e questo riduce anche la complessità di gestione del protocollo.

Nell'immagine che esegue vediamo una rappresentazione a blocchi dei device integrati nell'architettura interna dello Zynq7000.
Si nota una linea di demarcazione che divide a metà la struttura.
Nel lato sinistro vediamo il processing system, abbreviato PS, mentre nel lato destro l'area PL ovvero della rete logica programmabile FPGA.
I device, rappresentati come rettangoli, sono dislocati in maniera realistica, per cui sul lato sinistra vediamo elementi che dalla sezione ARM può uscire tramite il pinout verso l'esterno del chip, genericamente sono i GPIO e le porte di comunicazione.
I blocchi in cui sono implementati gli hardware delle periferiche sono tutti contenuti nel chip, ad esempio possiamo vedere l'SPI.
Sul lato destro vediamo l'interfacciamento della sezione FPGA con il mondo esterno.
Le parti di diretto interesse in questo momento stanno a cavallo tra la parte PS e la parte PL e in gran parte sono l'interfaccia AXI con tutti i suoi sottosistemi.
Sono collocati allo stesso livello a scopo di interconnessione il DMA controller, gestito in AXI, il JTAG per le funzioni di debug e il controller delle interruzioni.

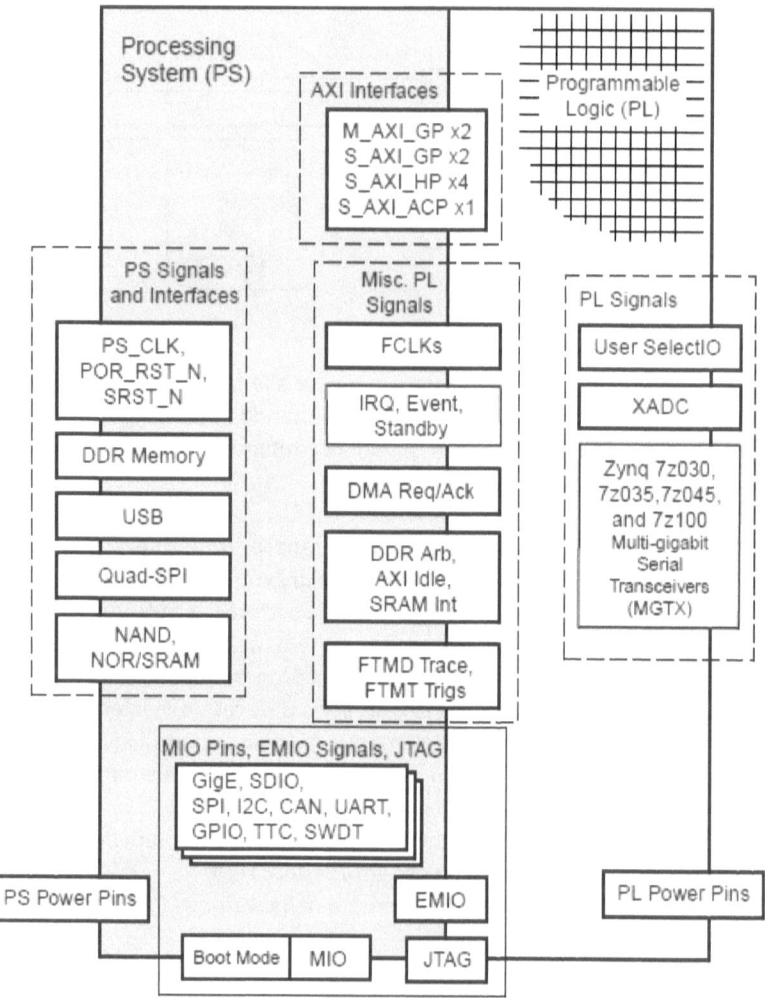

Le interconnessioni interne e i relativi bus sono meglio esposti nello schema a blocchi successivo in cui sono espresse le estensioni dei bus e i punti di partenza e arrivo di questi.

Sono messe in evidenza anche le estensioni delle aree cache.

Notiamo anche che per ogni sezione ARM è disponibile un'unità di coprocessore basate sull'architettura NEON a 128bit.

I controller DMA sono 8, i primi quattro canali sono associati all'unità PS (processors system) per eseguire copie di aree di memoria da e per ogni sezione dello Zynq.

I rimanenti quattro canali serviranno per i trasferimenti dall'unità PL (ovvero la programmable logic quindi la FPGA) alla memoria e viceversa dalla memoria all'unità PL.

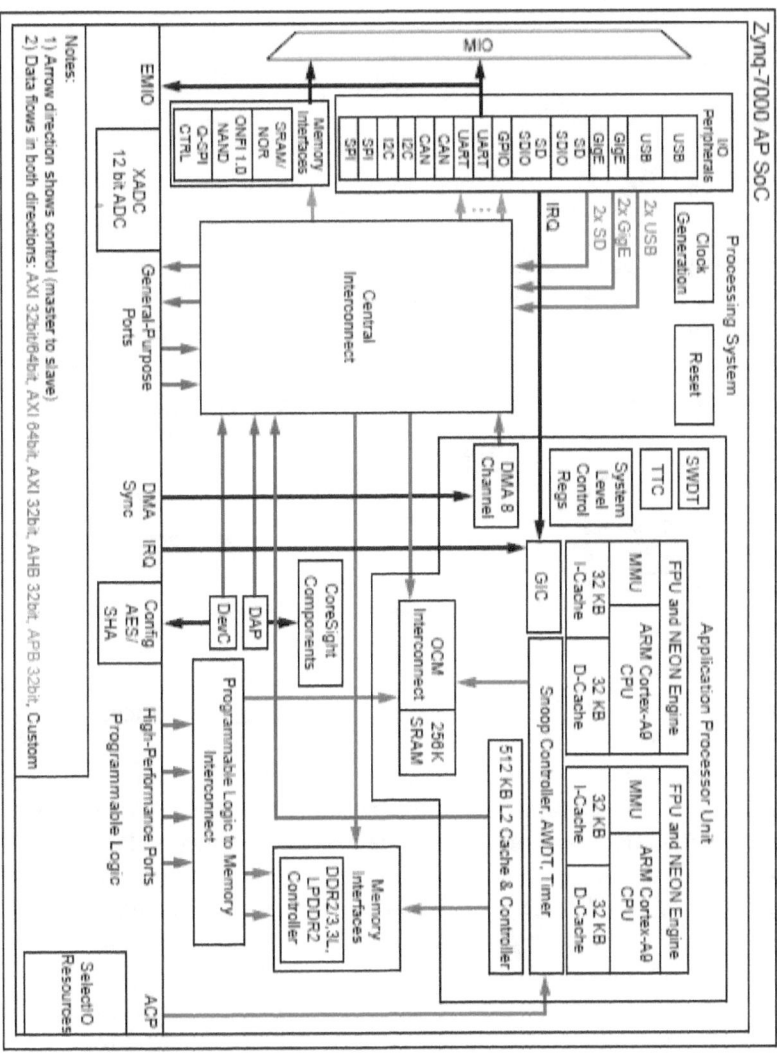

Una delle sezioni più importanti per il funzionamento dell'AXI è l'unità central interconnect di cui faremo degli approfondimenti.

L'interfaccia AXI si divide in:

- Memory Mapped AXI interface
- AXI Master, per la comunicazione con il subsystem ARM, ad esempio una CPU MicroBLaze oppure, come si tende a fare oggi, con la sezione ARM Cortex A9 dual core contenuta negli ZYNQ-7000.
- AXI Slave, suddivisa nelle sezioni:
  - AXI interrupt controller
  - AXI timer
  - AXI UART
  - AXI DRAM controller
  - AXI BRAM controller (block RAM).

I segnali principali da gestire sono mostrati nell'immagine qui sotto.

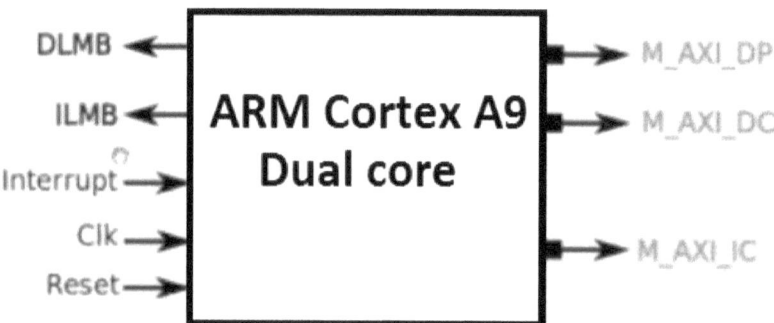

Sul lato sinistro vediamo gli ingressi di clock e reset utili a sincronizzare le funzioni di controllo e supervisione da parte dei core del processore ARM nei confronti della gestione FPGA.

Gli interrupt sono segnali che richiedono attenzione immediata per restituire valori all'interno di registri a cura dell'FPGA, quindi le due sezioni lavorano autonomamente e l'iterazione avviene solo durante lo scambio di comandi e risultati subordinanti al lancio di segnali di interrupt nella linea elettrica indicata. Un banale esempio potrebbe essere il contatore veloce realizzato in form a hardware nella sezione FPGA e connesso a bordo macchina ad un encoder a alta risoluzione. Ogni volta che il registro di conteggio è saturo viene passato alla parte ARM bloccando per un istante l'esecuzione del programma in corso usando appunto l'interrupt.

Se il processore dovesse controllare il contatore degli impulsi dall'encoder lo farebbe a discapito del reale parallelismo dei processi con una grandissima perdita di efficienza.

I segnali **DLMB** e **ILMB** sono data e instruction local memory bus, e costituiscono il controllo, quindi delle uscite, della sezione ARM verso la FPGA in cui andiamo a implementare l'interfaccia AXI. Questi giocano un ruolo fondamentale nella fase di boot del sistema in cui si deve eseguire una sorta di BIOS caricato in forma di blocchi di istruzioni in una memoria flash o simile. La manipolazione del bus usando DLMB e ILMB segue il concetto di fetch e execute ovvero di prelievo e esecuzione del microcodice dalle locazioni in cui è stato allocato.

Le uscite M_AXI_DP e M_AXI_DC sono rispettivamente connesse al Data Bus e al Data clock della sezione ARM, il rimanente M_AXI_IC è collegato all'instruction Bus.

Le sezioni ARM sono sviluppate secondo l'architettura Harward, quindi in linea di principio usano un instruction bus e un data bus, quando ciò che è posto nel databus è in realtà un'istruzione viene demultiplexata e inviata all'area di decodifica altrimenti prosegue verso le le aree di memoria puntate.

Run Block Automation.
Sulla finestra "Block design" alla voce "address editor" è presente in intestazione il "designer assistance" in cui compare un link "Run Block Automation", lanciandolo si avvia la creazione assistita dei blocchi citati nel progetto.

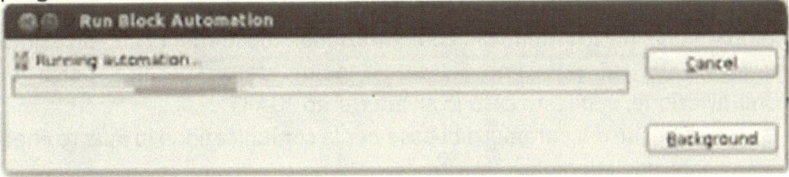

Vengono generati e interconessi i blocchi delle parti dichiarate come componenti dell'AXI in uso.

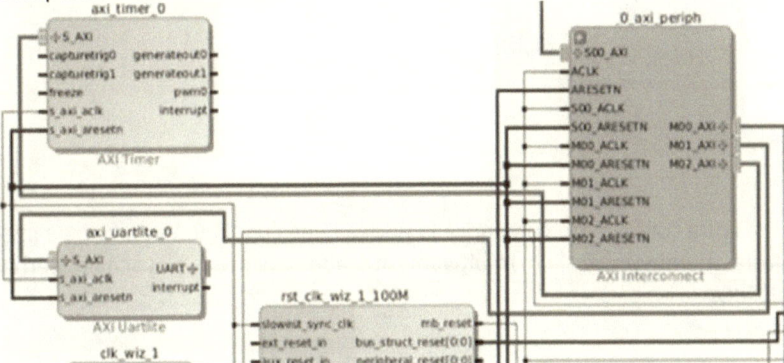

Il blocco concatenatore permette di portare i segnali di interrupt generati ad esempio dal blocco AXI timer in altre sezioni dell'architettura permettendo il funzionamento sincronizzato dei sistemi su evento.

Attraversando questo concatenatore i vari segnali di interrupt giungeranno al blocchetto AXI Interrupt Controller.

Creare una porta seriale.
Supponiamo ora che vogliamo creare una porta di comunicazione verso l'esterno dell'FPGA compatibile con un protocollo seriale.
Vediamo, cliccando sul connettore di uscita del blocco "axi_uartlite_0", dove il blocchetto non espanso ci propone un punto espandibile con un "+" comparire i canali di ingresso e uscita seriale "rx" e "tx":

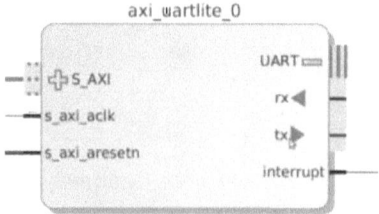

Clicchiamo sul connettore dell'UART, quando il puntatore del mouse mostra una matita, e portiamoci alla voce "Create interface Port".
Compare la mascherina di configurazione mostrata nella prossima immagine in cui possiamo fissare il nome della specifica porta di comunicazione, in questo caso lo chiameremo "UART".
Fisseremo anche dei parametri di base per la comunicazione in queste linee verso l'esterno, il default è "Master"

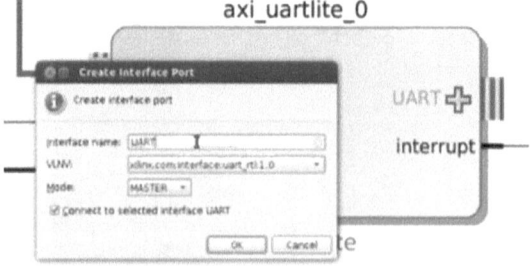

Una volta confermato comparirà la nuova linea con il nuovo terminale che porta il simbolo grafico intuitivamente abbinabile ad un'uscita esterna all'FPGA.

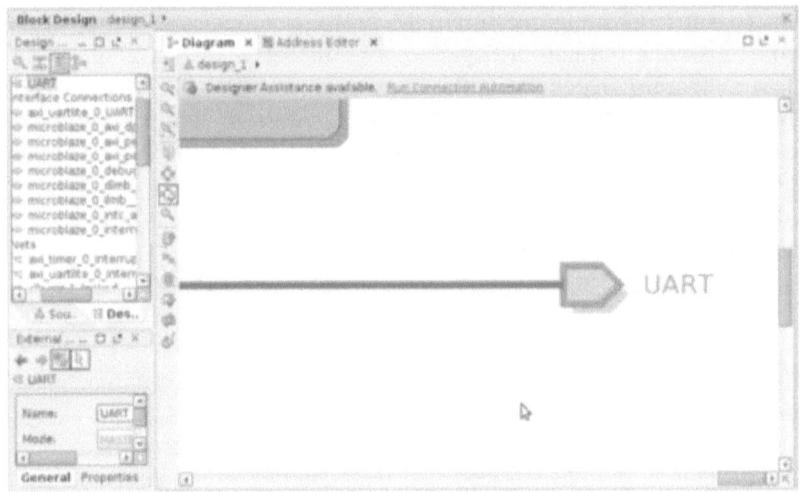

La situazione attuale ottenuta è:

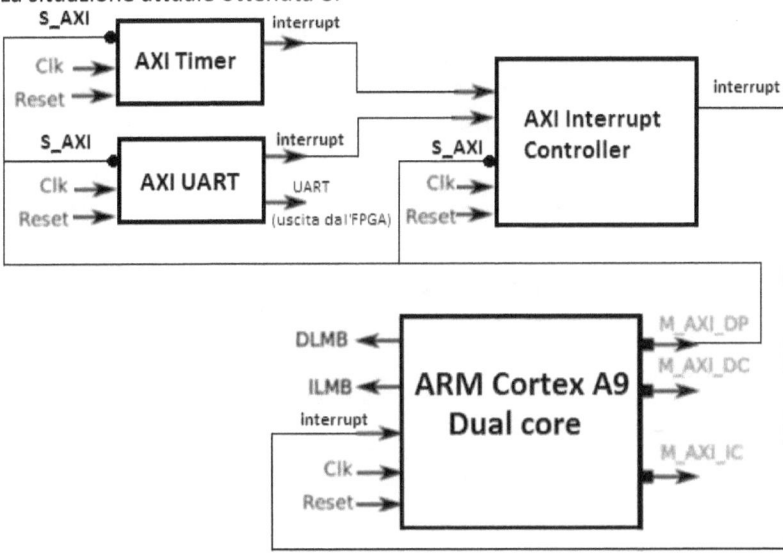

Seguendo le connessioni dall'uscita del blocco ARM nella porta M_AXI_DP si giunge all'ingresso S_AXI dell'interrupt controller, all'S_AXI del TIMER, e all'S_AXI dell'UART, quindi questi fungeranno da slave dell'M_AXI_DP port. Il TIMER e l'UART generano dei segnali di interrupt che sono gestiti dall'AXI_Interrupt_Controller avente lo scopo di deciderne la priorità e produrre un unico segnale da portare ai core dell'ARM.

Ne consegue che i processori ARM sento che qualcuno ha richiesto un'interruzione ma non distinguono la fonte del segnale. È compito del programmatore sviluppando un opportuno codice sul lato ARM in grado di interrogare i registri contenuti nel blocco AXI_Interrupt_Controller al fine di discriminare tra le possibili fonti il richiedente e quindi fornire la routine di servizio.

AXI DRAM Controller (MIG).

MIG= Memory interface generator.

Il componente più importante di un sistema SoC è il DDR RAM controller, senza accedere a questo tipo di memoria non sarebbe possibile eseguire nel modo usuale qualunque sistema operativo attuale.

Il sistema necessita di un blocco di interconnessione detto AXI_interconnect in grado di fungere da buffer per i dati da inviare alla DDR.

Ovviamente se la dimensione dei dati da manipolare è piccola potremmo usare i blocchi di RAM interconnessi nella matrice FPGA, ma un sistema operativo deve per forza trovare spazio all'esterno del chip ed a una velocità sufficiente da renderlo utilizzabile.

Lo schema a blocchi seguente mostra il principio di base.

La linea che collega il blocco AXI Interconnect con l'AXI DRAM controller deve essere in grado di supportare la modalità Burst transaction ovvero il transfert rate tipico dell'accesso alla DDR3 che è dell'ordine delle decine di nano secondi.

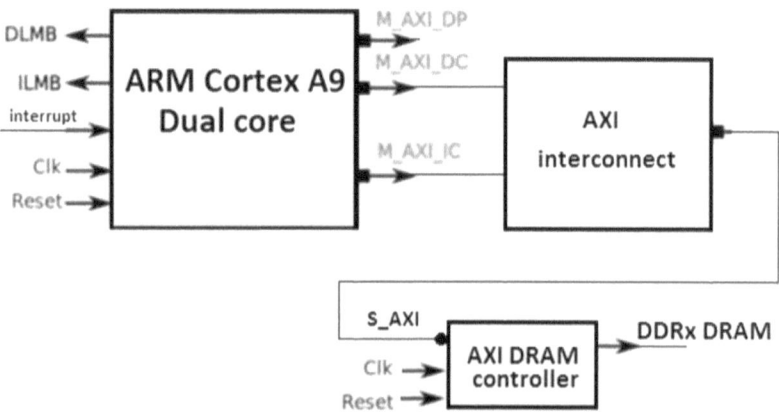

L'inserimento del componente all'interno della nostra architettura avviene agendo con tasto destro all'interno della pagina del block design ovvero dove vediamo l'architettura che stiamo costruendo.

Sul box di ricerca digiteremo search -> "mig" come mostrato nella figura, verrà identifica nelle librerie del Vivado un IP (integrated peripheral) con nome **Memory Interface generator** che confermeremo.

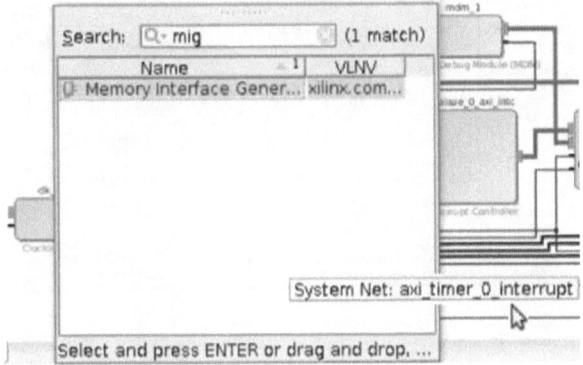

Confermiamo la voce proposta con doppio click.
Vedremo comparire, scollegato dalla rete attuale il blocco MIG serie 7.

Memory Interface Generator (MIG 7 Series)

Il blocchetto mostrato sopra è neutro, ovvero non contiene alcuna interfaccia. Faremo un doppio click per eseguire il customize IP.

Giunti a questo punto dobbiamo fornire il file dei cosntraint, se ne siamo in possesso, per dire all'ambiente di sviluppo quali siano gli eventuali collegamenti già presenti tra i chip nella specifica scheda di sviluppo.

Se possediamo la scheda della Xilinx, ad esempio, potremmo indicare Artix 7 e quindi fornire il corrispondente file di constrain. Verifichiamo se possediamo quello opportuno per la RedPitaya.

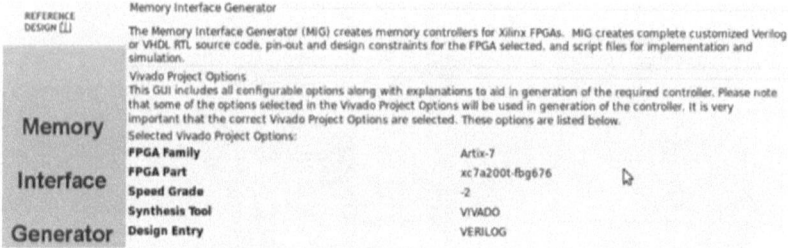

La finestra nell'immagine è l'accesso al tool **"Xilinx Memory Interface generator"** che ci aiuterà notevolmente nella configurazione e collegamento delle parti componenti dell'architettura.

Se vogliamo accettare la configurazione standard dell'interfaccia di connessione alla memoria basterà chiudere la finestra e procedere.

Si consiglia di mantenere il default fino a quando non si avranno nozioni sufficienti a poter intervenire.

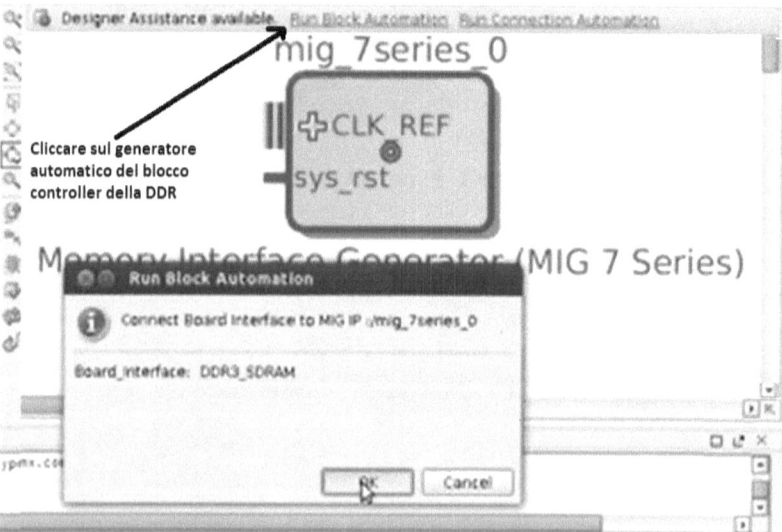

Cliccando su "Run Block Automation" L'IP in questione assume un colore verde e compare la finestra che richiede il consenso. Clicchiamo su OK.

Compare la barra progresso di run che al termine del suo lavoro lascerà spazio al nuovo IP, come vediamo nell'immagine:

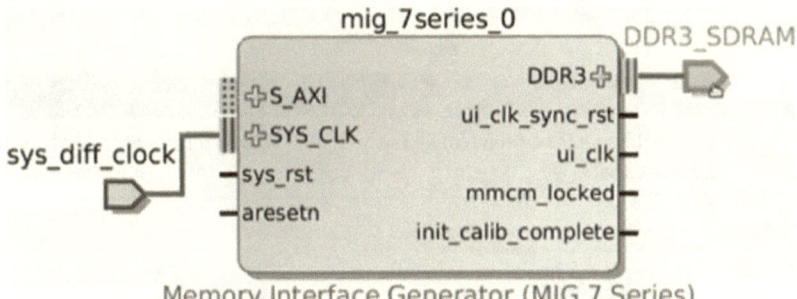

Memory Interface Generator (MIG 7 Series)

Il terminale evidenziato sulla destra dell'immagine mostra la connessione verso le DDR3_SRAM, cosa che avverrà direttamente tramite un'opportuna configurazione dei pin esterni dell'FPGA.

Se usiamo una scheda di sviluppo già assemblata come la artix della xilinx oppure la RedPitaya avremo dei vincoli dovuti a connessioni hardware preesistenti. Fortunatamente esistono, in molti casi, i file dei constraint che, una volta caricati, settano correttamente l'I/O non per magia ma perché il costruttore della scheda target ha fatto questo lavoro per noi.

Ovviamente se lavorate su un prodotto di vostro sviluppo dovrete provvedere alle connessioni specifiche.

Il connettore in alto a sinistra indicato con S_AXI è un terminale Slave dell'interfaccia AXI che dovrà essere collegato alla porta Cache dello Zynq.

La connessione potrà avvenire in maniera guidata agendo su "Run connection Automation".

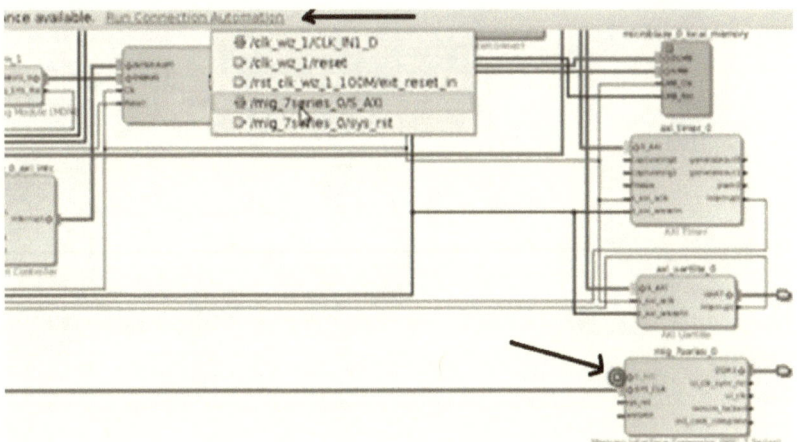

Il passaggio successivo chiederà a quale porta master vorrete collegare la porta slave del memory interface generator ovvero il punto indicato con la freccia e il pallino nella precedente immagine andrà collegata a una porta bus dello Zynq.

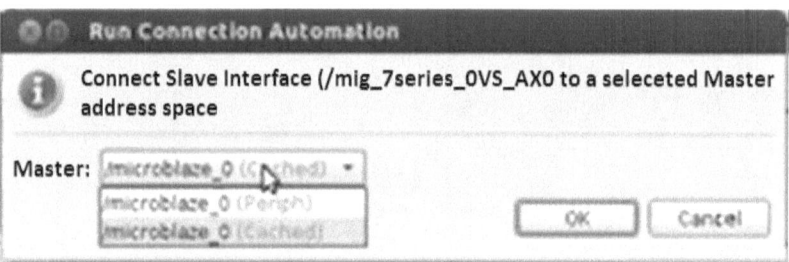

Nella casella "Master" comparirà il nome del chip che avete in uso.
Nel caso della RedPitaya potrà essere Zynq7020 o simile.
Selezioniamo la modalità "Cached".
Confermando con "OK" compariranno le nuove linee sull'editor del IP block design.
Tra le nuove linee noteremo:
1. Data_cached
2. Instructin_cached

Queste non sono compaiono direttamente connesse al blocco mig ma passano attraverso all'AXI_memory_interconnect, come mostrato in figura, ovvero i due bus in alto a sinistra.

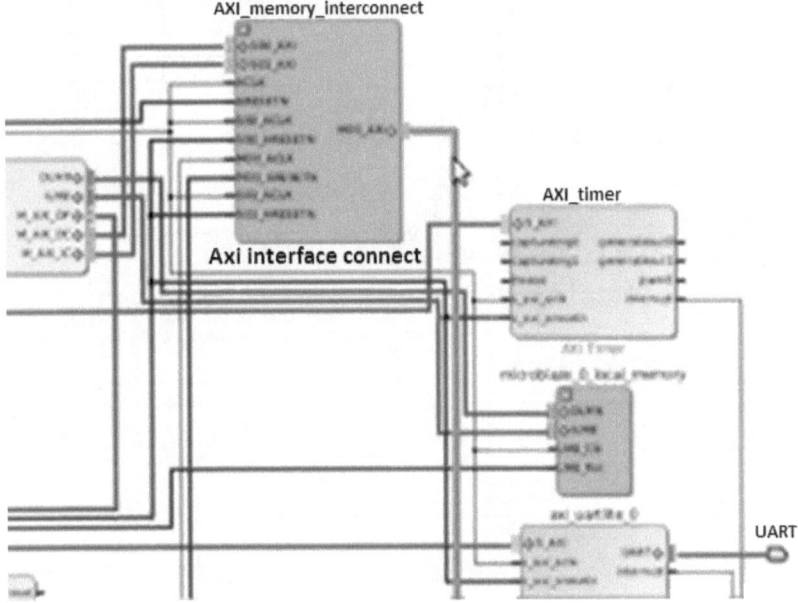

l'uscita del blocco Axi_memory_interconnect si collega alla porta slave del blocco mig.

Vogliamo aggiungere il blocco AXI_BRAM_Controller sul sistema, questo dovrà collegarsi all'uscita del blocco AXI_interconect tramite il segnale S_AXI.

Colleghiamo un bloco di RAM interna all'FPGA che funga da cache.

Il blocco verrà inserito eseguendo una ricerca CTRL+I nell'ambiente Vivado oppure agendo sul tasto Search.

Digitare la stringa di ricerca BRAM.

L'ambiente di sviluppo cercherà questo blocco per noi nell'insieme degli IP disponili.

Nello schema a blocchi vediamo cosa vogliamo ottenere.

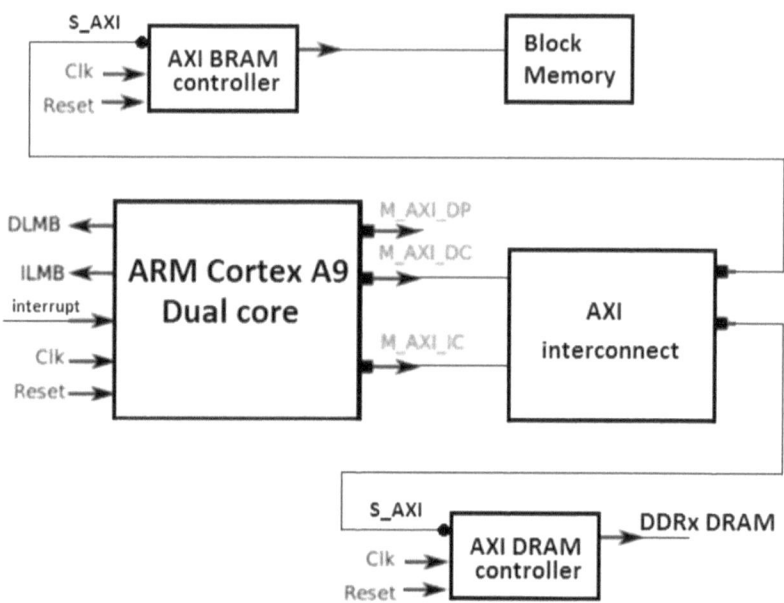

La sequenza di inserimento con CTRL+I è la seguente:

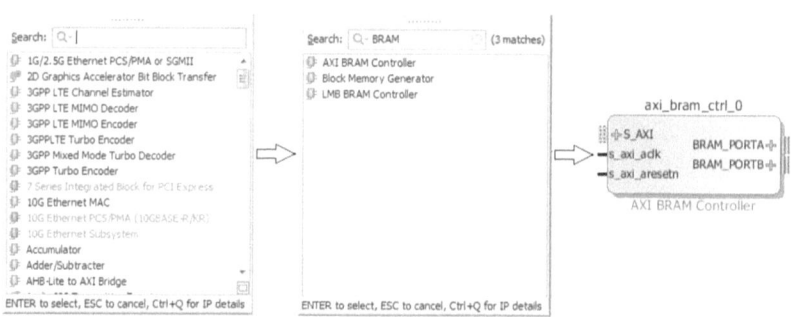

Con la stesso procedura, ovvero CTRL+I eseguiamo una ricerca con successivo inserimento del blocco di memoria.

La voce da cercare è block memory.

Confermiamo con invio e procediamo all'analisi delle funzionalità dei due nuovi blocchi.

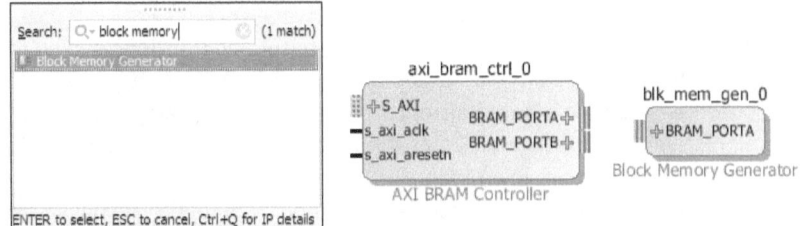

Per eseguire l'interfacciamento (collegamento) dei due blocchi eseguiamo prima un doppio click su axi_bram_ctrl e entriamo nella finestra di recustomizzazione.

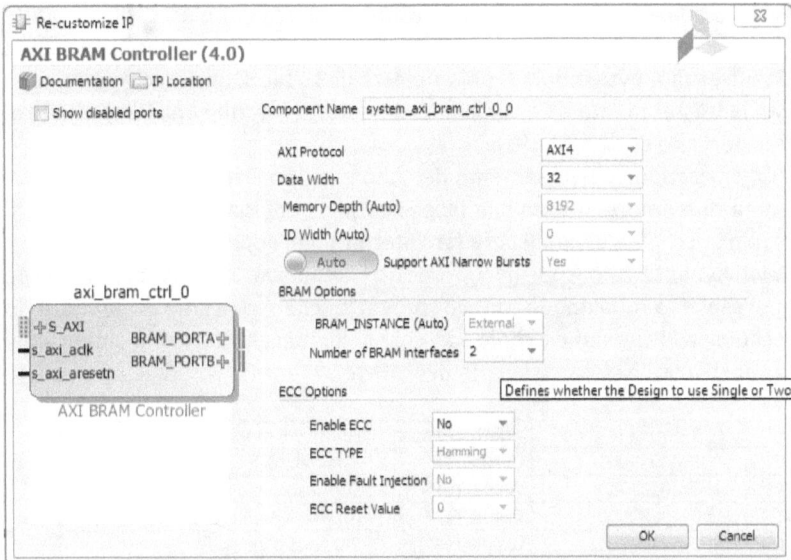

In questo semplice esempio selezioniamo "Number of BRAM interface 1" anche se il sistema è predisposto per collegarsi a due blocchi per ogni AXI _Bram_controller.

Programmare la sezione FPGA di RedPitaya.

La scheda RedPitaya, nata come dispositivo di misura polifunzionale, ovvero in grado di sostituire un oscilloscopio, un generatore di funzione, un analizzatore di spettro e molto altro, con caratteristiche analoghe ai singoli strumenti "veri e professionali", è customizzabile dall'utente finale che sia in grado di programmare in ambiente HDL.

I fabbricanti hanno allocato gli strumenti canonici, quindi disponibili senza modificare la scheda, agli indirizzi di memoria mostrati nella tabella "FPGA memory map".

FPGA Memory Map.

La tabella descrive la suddivisione della sezione FPGA con i relativi indirizzi di inizio e fine in cui sono allocati gli strumenti standard accessibili tramite l'interfaccia AXI GP0 interface. Tutti i registri utilizzati per l'accesso hanno un offset di 4 byte e quindi un'ampiezza di 32 bit. Questo comporta che i dati in trasferimento da e verso le aree indicate avranno una dimensione di transfert size paria a 32 bit.

L'organizzazione del movimento del dato è di tipo **little-endian**.

L'area di memoria disponibile (specifico per RedPitaya) è divisa in 8 parti ognuna occupata da un IP core (architettura dell'applicativo utente).

Relativamente allo specifico prodotto RedPitaya, ma concettualmente applicabile a qualunque nuovo progetto che volessimo sviluppare in tecnologia FPGA (ad esempio con chip della famiglia ZYNQ) la dimensione di ogni IP core è stata assegnata di 4MByte.

	Indirizzo iniziale	Indirizzo finale	Nome del modulo
CS[0]	0x40000000	0x400FFFFF	Riservato alla casa costruttrice
CS[1]	0x40100000	0x401FFFFF	Oscilloscopio a due canali.
CS[2]	0x40200000	0x402FFFFF	Arbitrary signal generator (ASG)
CS[3]	0x40300000	0x403FFFFF	PID controller
CS[4]	0x40400000	0x404FFFFF	Analog mixed signals (AMS)
CS[5]	0x40500000	0x405FFFFF	Daisy chain
CS[6]	0x40600000	0x406FFFFF	FREE
CS[7]	0x40700000	0x407FFFFF	Power test

Osserviamo lo slot CS[6] che inizia all'indirizzo 0x40600000 e si estende per 4Mb. Lo spazio è lasciato libero affinché gli utenti in grado di farlo possano allocare un loro applicativo programmando in HDL.

Gli indirizzi mostrati in tabella sono utilizzabili dall'applicativo sezione ARM, tipicamente sviluppato in "C", ad esempio tramite "Linaro tool chain" seguendo le indicazioni dello sviluppatore originale, ad esempio la sorgente di trigger dell'oscilloscopio (quello originale fornito con la scheda RedPitaya) sarà accessibile con un offset pari a 0x4 a partire dall'indirizzo base 0x40100000.

In definitiva è necessario seguire le indicazioni dello sviluppatore originale per poter utilizzare il prodotto tramite un'interfaccia customizzabile di qualsiasi tipo realizzata in qualsivoglia linguaggio.

La tabella è la sottostante:

offset	description	bits	R/W
0x0	Configuration		
	Reserved	*31:3*	R
	Trigger status before acquire ends (0 – pre trigger, 1 – post trigger)	2	R
	Reset write state machine	1	W
	Start writing data into memory (ARM trigger).	0	W
0x4	**Trigger source**		
	Selects trigger source for data capture. When trigger delay is ended value goes to 0.		
	Reserved	*31:4*	R
	Trigger source: 1-trig immediately 2-ch A threshold positive edge 3-ch A threshold negative edge 4-ch B threshold positive edge 5-ch B threshold negative edge 6-external trigger positive edge - DIO0_P pin 7-external trigger negative edge 8-arbitrary wave generator application positive edge 9-arbitrary wave generator application negative edge	3:0	R/W
0x8	**Ch A threshold**		
	Reserved	*31:14*	R
	Ch A threshold, makes trigger when ADC value cross this value	13:0	R/W
0xC	**Ch B threshold**		
	Reserved	*31:14*	R
	Ch B threshold, makes trigger when ADC value cross this value	13:0	R/W
0x10	**Delay after trigger**		
	Number of decimated data after trigger written into memory	31:0	R/W
0x14	**Data decimation**		
	Decimate input data, uses data average		
	Reserved	*31:17*	R
	Data decimation, supports only this values: 1,8, 64,1024,8192,65536. If other value is written data will NOT be correct.	16:0	R/W
0x18	**Write pointer - current**		
	Reserved	*31:14*	R
	Current write pointer	13:0	R
0x1C	**Write pointer - trigger**		
	Reserved	*31:14*	R
	Write pointer at time when trigger arrived	13:0	R

0x20	Ch A hysteresis		
	Reserved	*31:14*	*R*
	Ch A threshold hysteresis. Value must be outside to enable trigger again.	13:0	R/W
0x24	Ch B hysteresis		
	Reserved	*31:14*	*R*
	Ch B threshold hysteresis. Value must be outside to enable trigger again.	13:0	R/W
0x28	Other		
	Reserved	*31:1*	*R*
	Enable signal average at decimation	0	R/W
0x2C	PreTrigger Counter		
	This unsigned counter holds the number of samples captured between the start of acquire and trigger. The value does not overflow, instead it stops incrementing at 0xffffffff.	31:0	R
0x30	CH A Equalization filter		
	Reserved	*31:18*	*R*
	AA Coefficient	17:0	R/W
0x34	CH A Equalization filter		
	Reserved	*31:25*	*R*
	BB Coefficient	24:0	R/W
0x38	CH A Equalization filter		
	Reserved	*31:25*	*R*
	KK Coefficient	24:0	R/W
0x3C	CH A Equalization filter		
	Reserved	*31:25*	*R*
	PP Coefficient	24:0	R/W
0x40	CH B Equalization filter		
	Reserved	*31:18*	*R*
	AA Coefficient	17:0	R/W
0x44	CH B Equalization filter		
	Reserved	*31:25*	*R*
	BB Coefficient	24:0	R/W
0x48	CH B Equalization filter		
	Reserved	*31:25*	*R*
	KK Coefficient	24:0	R/W
0x4C	CH B Equalization filter		

	Reserved	*31:25*	*R*
	PP Coefficient	24:0	R/W
0x50	CH A AXI lower address		
	Starting writing address	31:0	R/W
0x54	CH A AXI upper address		
	Address where it jumps to lower	31:0	R/W
0x58	CH A AXI delay after trigger		
	Number of decimated data after trigger written into memory	31:0	R/W
0x5C	CH A AXI enable master		
	Reserved	*31:1*	*R*
	Enable AXI master	0	R/W
0x60	CH A AXI write pointer - trigger		
	Write pointer at time when trigger arrived	31:0	R
0x64	CH A AXI write pointer - current		
	Current write pointer	31:0	R
0x70	CH B AXI lower address		
	Starting writing address	31:0	R/W
0x74	CH B AXI upper address		
	Address where it jumps to lower	31:0	R/W
0x78	CH B AXI delay after trigger		
	Number of decimated data after trigger written into memory	31:0	R/W
0x7C	CH B AXI enable master		
	Reserved	*31:1*	*R*
	Enable AXI master	0	R/W
0x80	CH B AXI write pointer - trigger		
	Write pointer at time when trigger arrived	31:0	R
0x84	CH B AXI write pointer - current		
	Current write pointer	31:0	R
0x90	Trigger debouncer time		
	Number of ADC clock periods trigger is disabled after activation reset value is decimal 62500 or equivalent to 0.5ms	19:0	R/W
0xA0	Accumulator data sequence length		
	Reserved	*31:14*	*R*
0xA4	Accumulator data offset corection ChA		
	Reserved	*31:14*	*R*
	signed offset value	13:0	R/W
0xA8	Accumulator data offset corection ChB		
	Reserved	*31:14*	*R*

La memoria utilizzata per allocare i campioni (buffer) va dall'indirizzo 0x10000 all'indirizzo 0x1FFFC ed ha quindi una estensione di 16k sample, come mostrato nella parte finale della tabella nella prossima immagine.

0x10000 to 0x1FFFC	Memory data (16k samples)		
	Reserved	*31:16*	*R*
	Captured data for ch A	15:0	R
0x20000 to 0x2FFFC	Memory data (16k samples)		
	Reserved	*31:16*	*R*
	Captured data for ch B	15:0	R

Uno dei principali problemi per l'applicazione dell'oscilloscopio come transient recorder in ambito della ricerca scientifica è quello di estendere il buffer di campionamento oltre la misura dei 16K impostata di default.

Lo spazio potrebbe essere ricavabile rinunciando agli strumenti che non verranno usati nella specifica applicazione.

Consideriamo la tabella FPGA memory map mostrata all'inizio del paragrafo.

Notiamo che questa è divisa in sezioni riservate a strumenti e applicativi ognuna della dimensione di 4Mb.

Consideriamo il fatto che alcune sezioni sono indispensabili al funzionamento del sistema, come CS[0], riservato alla casa costruttrice probabilmente per gestire la comunicazione con la sezione ARM tramite la configurazione dell'interfaccia AXI.

La sezione CS[5], associata alle comunicazioni in desy chain, e la sezione CS[7] per il controllo delle alimentazioni.

Tenendo attiva la sezione oscilloscopio, che potrà essere modificata, e cancellando le rimanenti sezioni rendendole disponibili per la configurazione di un buffer esteso, almeno in via teorica si avrà:

CS[2]+CS[3]+CS[6] = 12Mbyte

Liberi per la creazione di un buffer esteso.

Il ripristino delle condizioni di fabbrica, una volta manomessa la sezione FPGA originale, potrebbe essere molto difficile o addirittura impossibile, specialmente se la casa costruttrice, pur dichiarando il prodotto open source, non metta a disposizione i sorgenti VHDL degli strumenti integrati.

La manovra va quindi effettuata con estrema cautela.

Esempio configurazione del System Bus.

Vediamo un esempio di configurazione minimale di un chip della famiglia Zynq affinché possa accedere agli I/O digitali, normalmente indicati con GPIO, alle DDR Ram esterne usando le potenzialità della periferica AXI.

Ricordiamo che la visualizzazione dello schema a blocchi, del device che stiamo configurando è accessibile dal menù "**Open Block Design**" in "IP Integrator". Questo è accessibile sulla colonna di sinistra nominata "Flow Navigator".

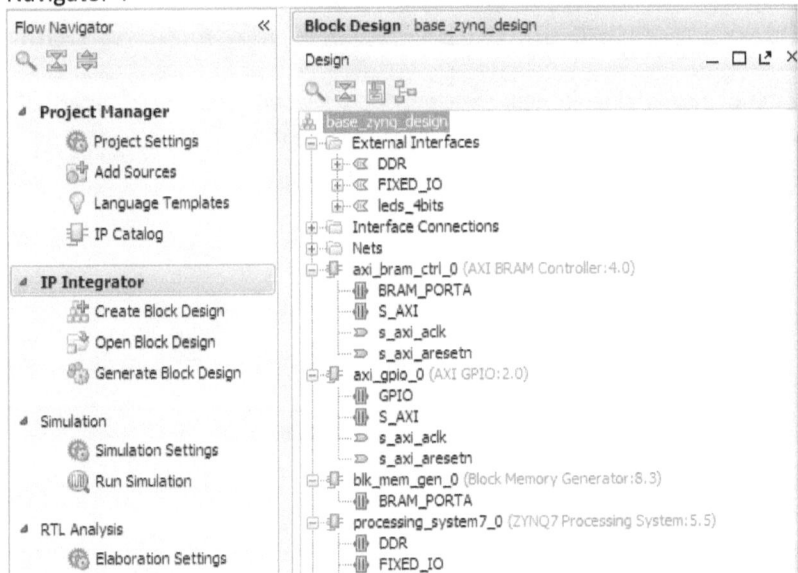

Il termine **IP**, nello specifico argomento FPGA non ha nulla a che fare con il protocollo internet, ma si tratta di una funzionalità accessibile dal menù "Flow navigator" dell'IDE di XILINX Vivado. Gli **IP** sono i macroblocchi che implementano una regione hardware configurabile della FPGA, ad esempio AXI_GPIO che implementa la gestione del collegamento tra l'interfaccia AXI e i PORT digitali esterni, AXI_bram_ctrl_0 che implementa il controller del blocco RAM tramite interfaccia AXI, BLK_mem_gen_0 che implementa il generatore di blocchi di memoria RAM.

In sostanza, ogni elemento interno a cui sia assegnata una funzione è identificato dal compilatore Vivado come un IP.

Una volta selezionato il Chip su cui siamo interessati a lavorare, ad esempio Zynq 7020, l'ambiente di programmazione mette a disposizione uno specifico "**IP Catalog**" (vedi immagine precedente), sotto alla voce Project manager. Da qui possiamo selezionare le sole periferiche integrate e configurabili nel modello su cui stiamo lavorando.

Quanto segue è nel menù "Design" mostrato sotto:

Nel progetto in esame vediamo che sono state configurate tre principali Interfacce:

```
base_zynq_design
  External Interfaces
    DDR
    FIXED_IO
    leds_4bits
```

Estendendo le singole voci si ottengono i segnali e le funzionalità delle singole interfacce, ad esempio, per la DDR vedremo:

```
base_zynq_design
  External Interfaces
    DDR
        DDR_cas_n
        DDR_cke
        DDR_ck_n
        DDR_ck_p
        DDR_cs_n
        DDR_reset_n
        DDR_odt
        DDR_ras_n
        DDR_we_n
        DDR_ba
        DDR_addr
        DDR_dm
        DDR_dq
        DDR_dqs_n
        DDR_dqs_p
```

Notiamo la presenza dei segnali differenziali P e N per le varie funzioni ad esempio il clock "ck", l'indirizzamento "addre", il reset, ecc.

Per quanto riguarda la configurazione e la disposizione del fixed I/O troviamo la situazione mostrata sotto:

```
FIXED_IO
    FIXED_IO_mio
    FIXED_IO_ddr_vrn
    FIXED_IO_ddr_vrp
    FIXED_IO_ps_srstb
    FIXED_IO_ps_clk
    FIXED_IO_ps_porb
```

Il pinout dedicato al collegamento dei 4 LED previsti in questo programma è mostrato così:

```
leds_4bits
    leds_4bits_tri_o
```

Cliccando sui rispettivi terminali , ad esempio "leds_4bits" mostrato sotto, sulla rappresentazione a blocchi, viene illuminata la parte corrispondete sull'albero External interface. Questo ci aiuta a trovare il punto in cui dobbiamo lavorare per ottenere le volute modifiche in programmazione.

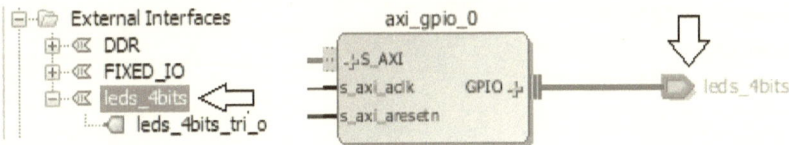

Considerando l'insieme dei blocchi nell'editor HDL, se clicchiamo su uno specifico blocco verrà evidenziata nella colonna "Block Design" il punto in cui dobbiamo intervenire:

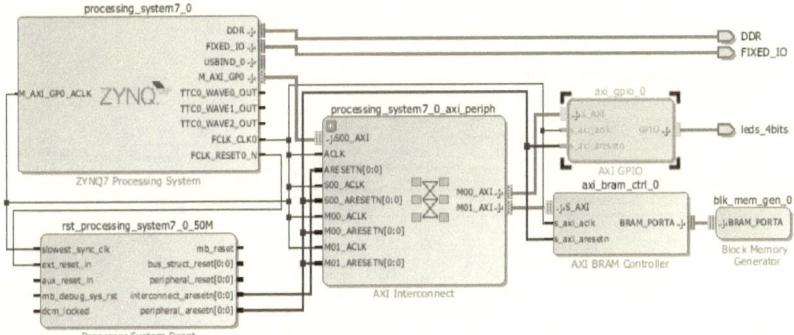

Nell'immagine abbiamo cliccato sull'IP chiamato "axi_gpio_0" quindi sull'albero del Block Design si è evidenziata la parte interessata.

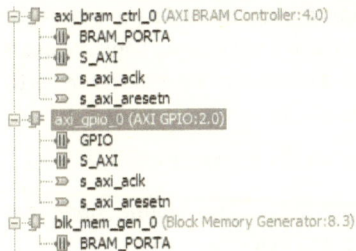

Quando un "IP" (Integrated Peripheral) nella sua rappresentazione come blocco HDL mostra nell'angolo in alto a sinistra un pulsante contenente "+" significa che è espandibile per mostrare a sua configurazione più interna:

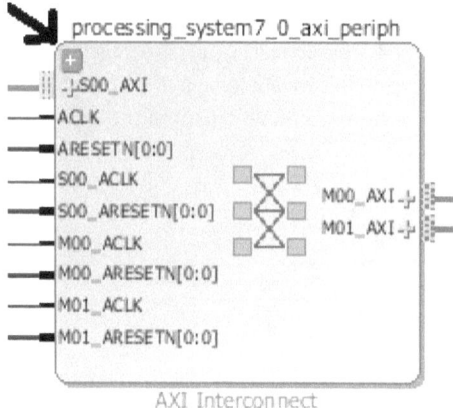

AXI Interconnect

Agendo sul tasto di espansione potremmo lavorare nell'architettura dell'IP.

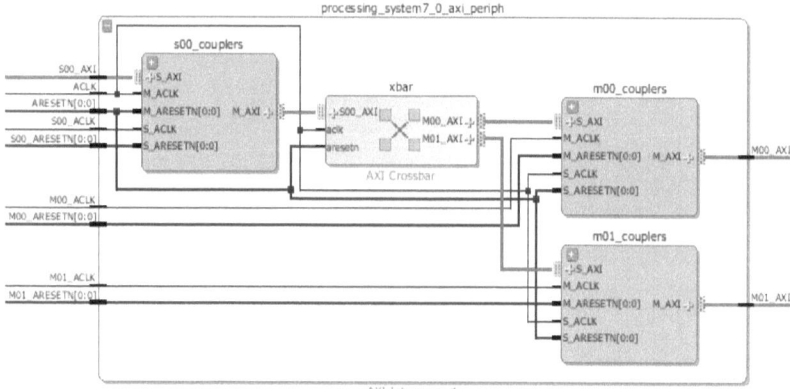

AXI Interconnect

Notiamo che il sistema di interfacciamento dell'I/O tramite AXI con le periferiche esterne è gestito da due interfacce implementate nei blocchi di accoppiamento (couplers) m00 e m01, mentre la parti interne sono collegati al blocco s00, che a parte la posizione interna piuttosto che esterna rispetto all'unità centrale ha concettualmente la stessa funzione.

In ognuno di questi blocchi esiste la possibilità di un'ulteriore espansione.

Il blocco centrale, denominato "xbar" permette l'interconnessione del system bus e il multiplexaggio dei segnali a alta velocità.

Espandendo xbar vediamo, nel lato "interno" ovvero verso l'unità di processo centrale, e quindi S00_AXI vediamo la lista di segnali come nell'immagine sotto:

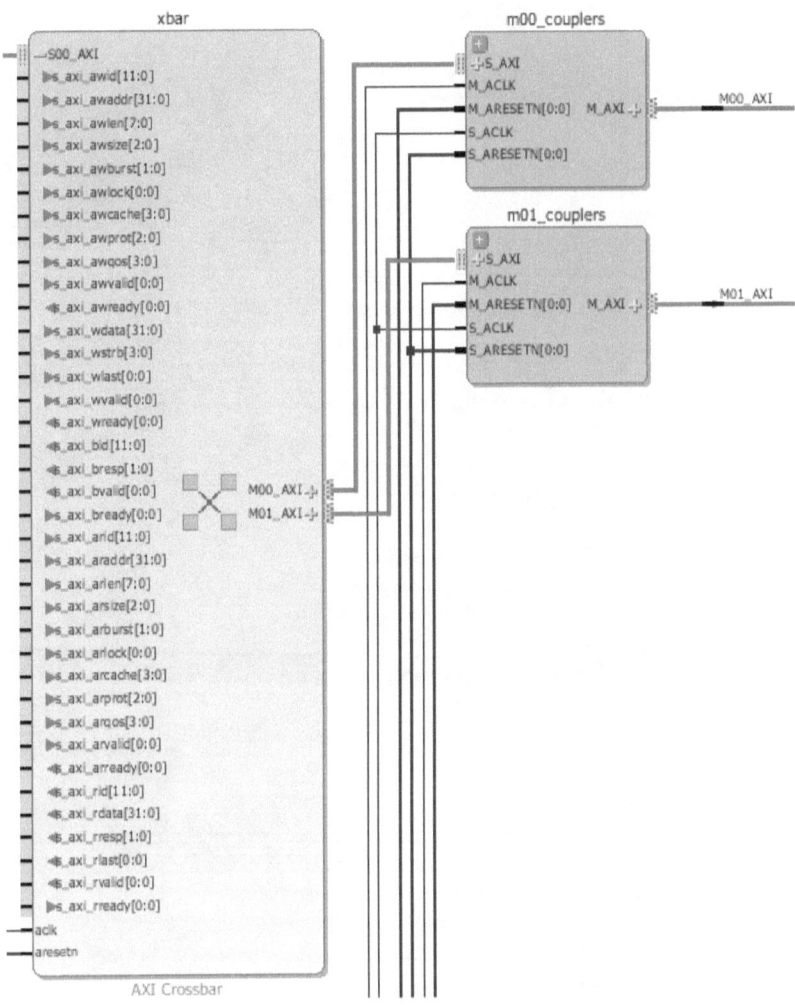

Analogamente possiamo espandere i segnali nel lato esterno M00_AXI e M01_AXI.

Continuando ad espandere le connessioni e i blocchi IP vediamo:

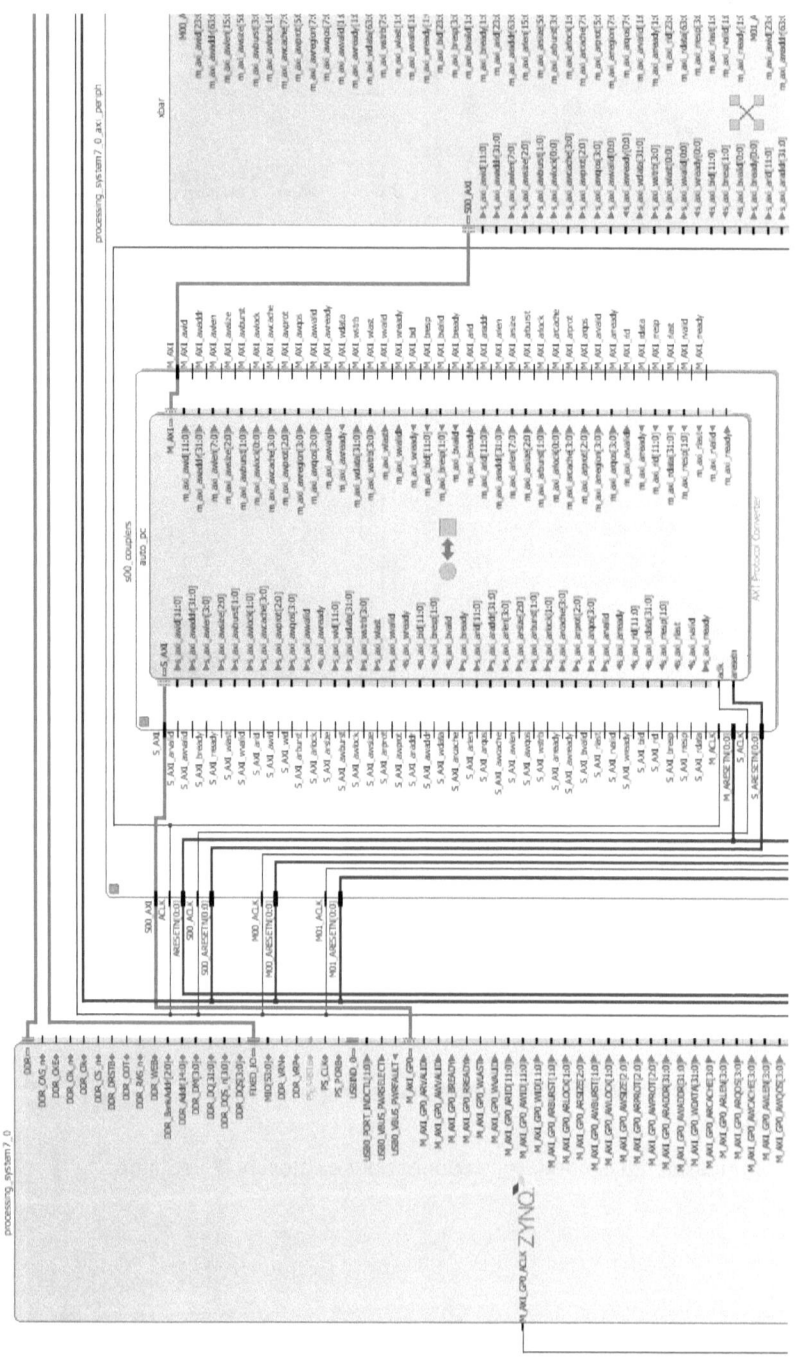

Generatore di blocchi di memoria.

Sul lato destro dell'architettura in esame, appena sotto ai terminali di GPIO, figura il generatore di blocchi di memoria.

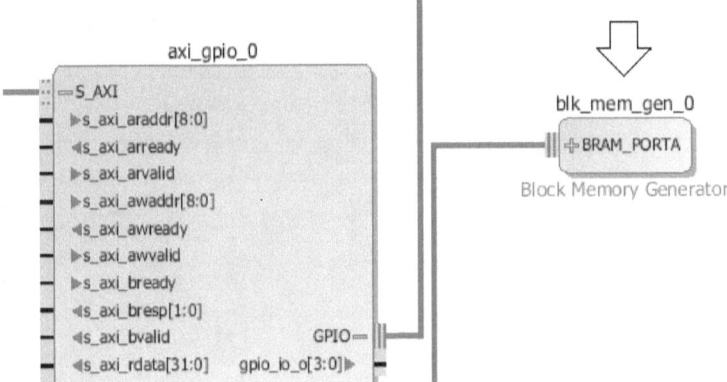

Espandiamo il blocco per evidenziarne la struttura:

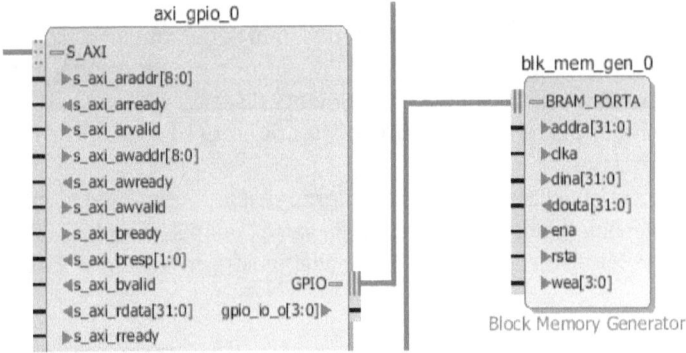

Agendo con doppio click sul solo blocco blk_mem_gen viene evidenziato e si accede alla modalità configurazione.

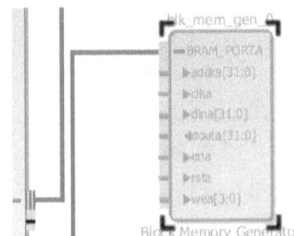

All'interno del blocco si notano alcuni vincoli in direzione delle linee bus, ad esempio addra[31..0] è un bus di ingresso a 32 bit, mentre douta[31..0] è un bus di uscita a 32 bit.

Risulta evidente quali segnali sono a singolo bit.

Per quanto riguarda il segnale wea[3..0] si tratta di un controllo a 4 linee.

85

Eseguendo un doppio click sull'etichetta del nome del blocco ovvero su blk_mem_gen si accede alla finestra principale di configurazione avente questo aspetto:

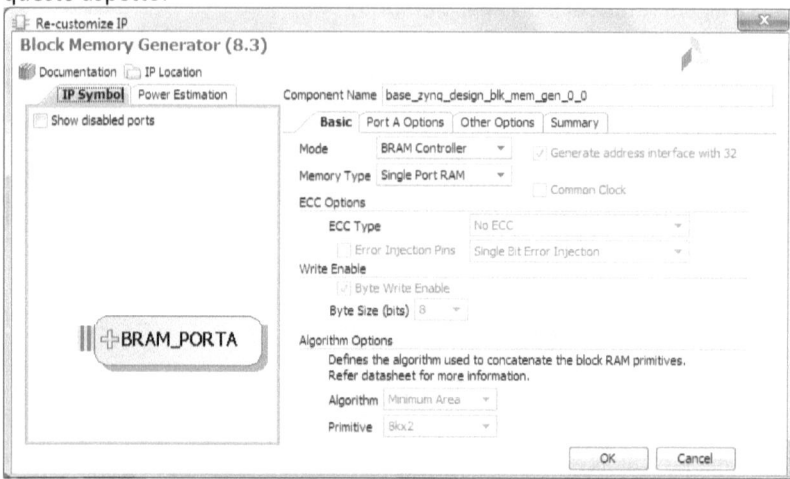

Nelle impostazioni di base, visualizzate nell'immagine, notiamo che è possibile definire i segmenti di RAM come ECC, Error correction code, vedi voce a glossario. Questa modalità è normalmente disabilitata.
Esistono due modi per entrare nella configurazione del BRAM oltre alle impostazioni di base.
La prima consiste nel cliccare sul "+" all'interno dell'anteprima del blocco. Così facendo verranno mostrati i segnali della parte minimale del block RAM di base ovvero solo ciò che è accessibile dalla finestra sovrastante. Esiste molto di più.

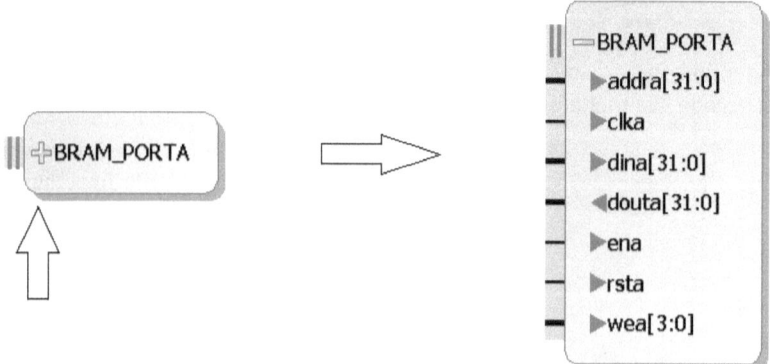

Notiamo i bus a 32 bit in input e output del blocco "a" in configurazione, e i segnali di strobe, quindi consenso e abilitazione, per le azioni di utilizzo della RAM, quindi enable->a abbreviato ena, che attiva le funzioni del blocco, comando di scrittura alla locazione, utilizzando 4 linee, wea[3..0], richiesta di lettura della riga dal blocco di ram a con il segnale rsta.

Accesso alle word in RAM.
Per accedere in lettura o in scrittura delle locazioni disponibili nel BRAM è necessario predisporre un core design che abiliti le funzioni AXI Endpoint slave all'iterazione con la user interface.
Come di consueto ci si dovrà collegare all'AXI interconnect che fungerà da controller con l'AXI master per il collegamento al blocco locale di RAM.
I BRAM potranno essere configurati in modalità 32, 64, 128, 256, 512, 1024 bit (non byte) di lunghezza che dovrà corrispondere all'ampiezza del AXI slave Port data width size.
La dimensione del BRAM è tipicamente di 2MegaByte organizzati in stringhe di 8 oppure 9 bit.
La modalità ECC potrà essere attivata quando si operi a 32, 64, 128 bit.

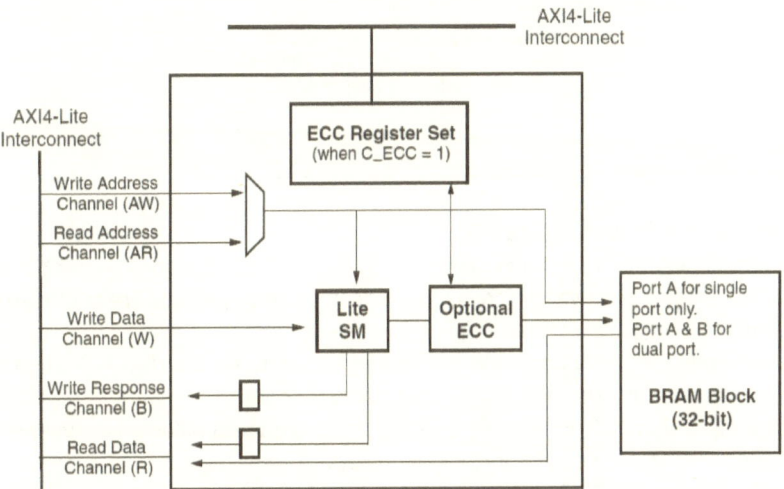

Nella figura sopra vediamo lo schema a blocchi della modalità di accesso ai BRAM tramite l'interfaccia AXI4-Lite, notevolmente semplificata rispetto alla versione AXI4 completa dell'immagine successiva.
Notiamo la presenza della modalità Pipeline e l'interfacciamento alle ECC a 32, 62, 128 bit in scrittura.

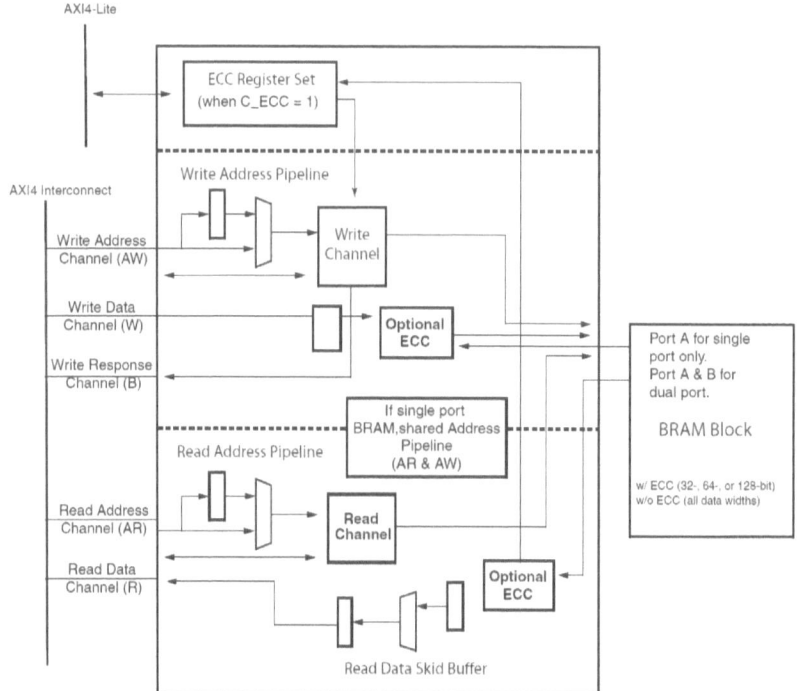

Descrizione della modalità ECC.

E' possibile abilitare le funzionalità ECC nei core IP allo scopo di permettere all'AXI master di rilevare e correggere errori su bit singoli oppure di rilevare senza correggere errori su doppi bit del BRAM.

Lo stato ECC e il suo controllo è accessibile tramite un'interfaccia AXI4-lite aggiuntiva all'interno dell'AXI BRAM Controller core.

La funzionalità ECC può essere abilitata senza curarsi che l'accesso avvenga in modalità dual or single port BRAM access.

L'abilitazione dell'ECC avviene configurando il design parameter:
C_ECC = 1.

L'ECC è disponibile solo quando il BRAM è configurato a 32, 64, o 128bit e il codice di protocollo sarà basato sugli algoritmi Hamming e HSIAO nelle modalità 32 e 64 bit mentre quando si opera a 128bit sarà disponibile solo l'algoritmo HSIAO.

Proseguire ->

88

Architettura della RedPitaya.

Il design interno della RedPitaya è realizzato in VHDL ed è accessibile con il sistema di sviluppo di Xilinx, Vivado v2015.4 (64-bit).

L'archivio RedPitaya-master contiene il file di progetto salvato con il nome redpitaya.xpr.

Superate alcune problematiche di aggiornamento dei blocchi IP contenuti nel design è possibile visualizzare quanto segue alla voce "Open Block Design" della sezione "Flow Navigator".

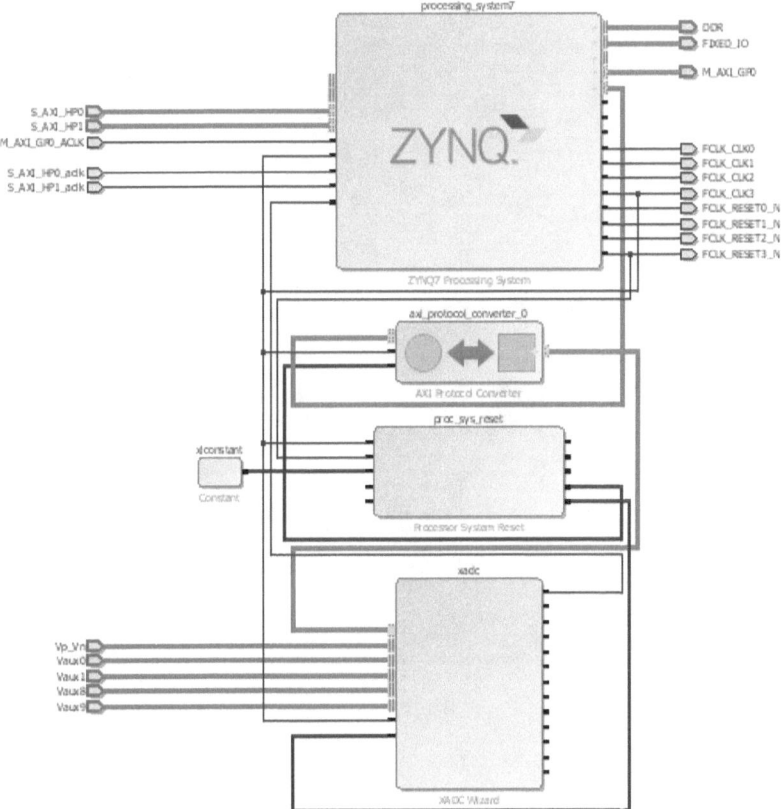

Come possiamo vedere il progetto si risolve con 5 blocchi "IP" di cui uno ha solo lo scopo di fissare un consenso al sistema di Reset degli apparati processori. Oltre al blocco principale della famiglia Zynq 7000 figurano un convertitore di protocollo per l'interfaccia AXI, un generatore/gestore del reset e un complesso blocco per l'implementazione degli analogici.

Il setup del progetto RedPitaya. .

La parte del progetto di maggior interesse per lo sviluppo di nuovi sistemi di acquisizioni dati è il blocchetto che rappresenta il core IP "xadc", che implementa gli ingressi analogici ad alta velocità.

La scelta iniziale del chip centrale ricade sullo Zynq7020 attorno a cui è costruita la RedPitaya.

Nelle impostazioni generali del progetto, in ambiente Vivado selezioneremo il device XC7z010clg400-1 come mostrato in figura

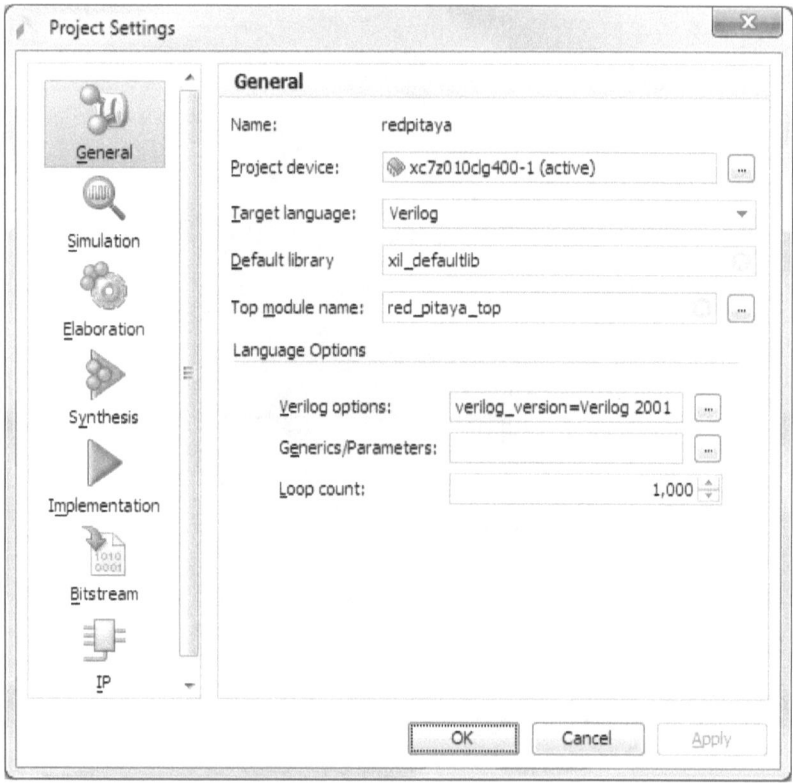

Nota bene: se l'inesperienza portasse a inserire nel progetto un chip non in grado di sostenere l'IP core xadc la sua selezione è resa impossibile direttamente dall'albero del catalogo degli IP core.

Quelli incompatibili sono disabilitati e mostrati in grigetto.

Carichiamo come opzioni per il compilatore le verilog options mostrate in figura. Il ".bit" generato sarà il VHDL.

Chip Zynq 7000 della RedPytaya

Questo blocco IP è già predisposto per potersi collegare a:
1. Gigabit Ethernet PHY.
2. USB PHY.
3. SD card.
4. UART port GPIO.

Di conseguenza è il componente più adatta su cui basare un Sistema SoC.

La cosa è anche agevolata dalla presenza di un potente ARM dual core integrato, come vedremo di agevole programmazione tramite il compilatore Linaro toolchain.

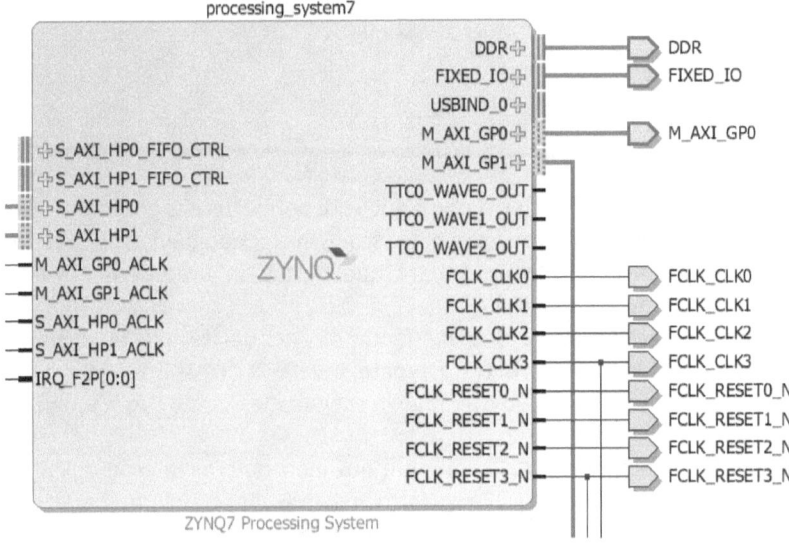

Una volta creato un nuovo design è possibile sviluppare applicativi in C in ambiente Linaro e lanciarli in esecuzione anche senza dovere operare in HDL.

Questo è particolarmente utile quando si ha un un prodotto commerciale già completo come la RedPitaya.

Blocco AXI_Protocol_converter.

Questo blocco, inserito nell'architettura della RedPitaya, è supportato dalla famiglia di dispositivi UltraScale+™ Families,UltraScale™ Architecture, 7 Series FPGAs.

L'implementazione originale da la compatibilità con il linguaggio Verilog e VHDL.

Il file di constrain è fornito dalla casa madre in formato Xilinx Design Constraints (XDC).

Il blocco oltre a definire i protocolli di comunicazione con le varie periferiche interne ed esterne determina se il nostro sistema comunicherà in un bus a 32 o a 64 bit.

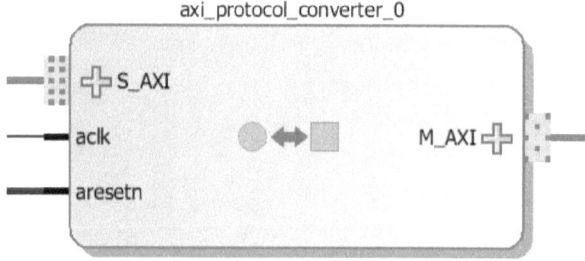

AXI Protocol Converter

Una delle principali caratteristiche è quella di permettere la gestione di più protocolli affini ma differenti che differiscano in clock domain, ampiezza del bus dati e sotto protocollo AXI tra quelli citati in precedenza ovvero AXI4,AXI3, oppure AXI4-Lite).

Quando le caratteristiche dell'interfaccia di ogni device, master o slave, connessa al blocco differisca tra monte e valle il "cross bar" interno è automaticamente connesso e abilitato a eseguire le dovute conversioni.

Il crossbar è rappresentato tramite un bus incrociato all'interno dell'IP di interconnessione, il protocollo corretto viene rilevato e abilitato.

Facendo doppio click sul blocco si accede alle proprietà.

La voce "Address Width" si imposta la lunghezza del Bus, in questo caso si vede che la RedPitaya è preimpostata a 32bit.

Il blocco è di proprietà intellettuale della Xilinx "IP=intellectual property" ed è citata nella manualistica ufficiale come "Xilinx® LogiCORE™ IP AXI Interconnect" e la sua funzione è di interconnettere uno o più dispositivi AXI master memory mapped a uno o più AXI memory mapped slave.

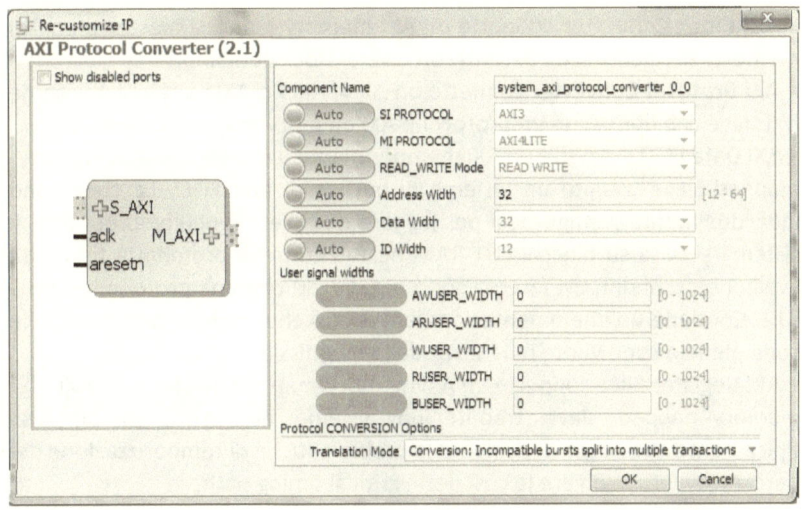

Questo blocco è in grado di eseguire solo trasferimenti di tipo memory mapped quindi per realizzare uno stream andrebbe sostituito con il blocco AXI4-Stream trasfers.

Questo IP potrà essere configurato per eseguire:

- AXI protocol compliant. Configurabile per supportare i protocolli AXI3, AXI4, e AXI4-Lite.
- Ampiezza del bus interfacciabile:
  AXI4 e AXI3: 32, 64, 128, 256, 512, oppure1,024 bits.
  AXI4-Lite: 32 oppure 64 bits.
- Ampiezza del registro indirizzi anche maggiore di 64 bits.
- Ampiezza USER (per canale): maggiore di 1,024 bits.
- Ampiezza ID: anche maggiore di 32 bits
- Supporto per Read-only e Write-only masters e slaves, che comportano una riduzione delle risorse impegnate.

AXI Infrastructure Cores.

L'AXI Infrastructure Cores contenuta in questo blocco IP permette l'inclusione delle seguenti istanze in funzione della configurazione dell'IP integrator block a cui va interconnesso.

• **AXI Crossbar** connette uno o più master memory-mapped a uno o più slave memory-mapped purché affini in architettura.

• **AXI Data Width Converter** connette un master AXI memory-mapped a uno slave AXI memory-mapped avente un data-path più ampio o più stretto.

• **AXI Clock Converter** connette un AXI memory-mapped master a un AXI memory-mapped slave operanti con diversi clock domain.

• **AXI Protocol Converter** connette un AXI4, AXI3 o AXI4-Lite master a une AXI slave che opera con un protocollo AXI memory-mapped diverso.

• **AXI Data FIFO** connette un AXI memory-mapped master a un AXI memory-mapped slave tramite un insieme di buffers di tipo FIFO. Le code sono individualmente configurabili per leggere e scrivere il percorso dei dati. Il sistema si basa su blocchi LUT-RAM nestati con una profondità fino a 32 livelli. I blocchi di RAM interna sono organizzati con una profondità fino a 512. Contiene un'implementazione anti stallo che risolve i problemi delle code piene o code vuote nel mezzo della trasmissione di un burst.

• **AXI Register Slice** connette un AXI memory-mapped master a un AXI memory-mapped slave tramite un insieme di registri in pipeline, tipicamente allo scopo di risolvere le problematiche di temporizzazione dei percorsi ovvero risolvere le così dette critical timing path.

• **AXI MMU** fornisce un servizio di decodifica e remapping per un range di indirizzi per il blocco AXI Interconnect. Definisce un range di oltre 256 indirizzi allo scopo di rappresentare lo spazio a cui può accedere un terminale master.

AXI Crossbar.

Ogni istanza (per istanza si intende chiamata o evocazione o esecuzione) dell'IP AXI Interconnect core contiene una istanza di AXI Crossbar la quale è predisposta con più di una interfaccia SI (Slave Interface) o più di una interfaccia MI (Master Interface).

L'interfaccia Slave (SI) dell'istanza del AXI Crossbar core può essere configurata per manipolare da 1 a 16 SI slot (Slave Interface slot) allo scopo di accettare trasferimenti e connessioni anche da 16 dispositivi master.

Ne consegue che anche l'interfaccia MI (master Interface) può essere configurata allo scopo di rispondere alle richieste di 16 dispositivi Slave.

La caratteristica di selezionabilità dell'architettura monte/valle del blocco ottimizza le performance tramite alcune modalità implementate hardware tra cui:

Crossbar mode per l'ottimizzazione delle performance:
1. Shared-Address, Multiple-Data (SAMD) crossbar architecture.
2. Parallel crossbar pathways per scrivere e leggere dai canali dati. Quando una o più sorgenti di dati in lettura o scrittura sono pronti a inviare/ricevere da e verso sorgenti e destinazioni differenti le istanze si avviano in maniera indipendente e concorrente. Il tutto seguirà le regole imposte dall'interfaccia AXI.

3. Sparse crossbar datapaths, in accordo con il design della connettività progettata detta connectivity map, questo comporta un alleggerimento dell'uso delle risorse del sistema.
4. Modalità "One shared Write address arbiter, plus one shared Read address arbiter". I tempi di latenza dovuti all'arbitraggio ovvero decisioni che riguardano il traffico non influiscono sul "data throughput" ovvero la velocità di trasferimento dei dati quando viene eseguita una media su tre azioni di trasferimento.
5. La modalità Crossbar è disponibile solo quando l'AXI Crossbar è configurato per il protocollo AXI3 o AXI4.

Shared access mode per l'ottimizzazione dell'area.
1. Shared write data, shared read data, e singolo indirizzo a instradamento condiviso.
2. Soluzione di una chiamata in sospeso alla volta.
3. Minimizzazione delle risorse utilizzate.

Supporto per le transizione in sospeso multiple (crossbar mode).
1. Supporto per i masetr connessi con profondita di riordino multipla (ID threads).
2. Supporto per i segnali ID di ampiezza maggiore di 32 bit, con varie ampiezze di ID per ogni master connesso.
3. Supporto per write data response –re-ordering, read data re-ordering, e Read data interleaving.
4. Configurabilità per le dimensioni e i limiti delle transizioni in lettura e scrittura per ogni _master_ connesso.
5. Configurabilità per le dimensioni e i limiti delle transizioni in lettura e scrittura per ogni _slave_ connesso.
6. Opzionale single-thread mode per ogni master connesso. Riduce thread control logic permettendo a una o più transizioni in attesa da un solo thread ID alla volta.

"Single-Slave per ID" metodo risolutivo dipendenza ciclica (deadlock avoidance).

Per ogni ID thread richiamato da un master connesso, l'interconnesso permette una o più transizioni in sospeso verso un solo dispositivo slave in scrittura e uno solo in lettura alla volta.

Priorità fissa e arbitraggio tipo round-robin.
1. Possono essere impostati 16 livelli di priorità statica.
2. L'arbitraggio round-robin è usato tra tutti i dispositivi master collegati configurati con il più basso livello di priorità (priority 0), quando non ci sono richieste da parte di master configurati con una priorità maggiore.
3. Si applica a ogni slot di SI (slave interface) che ha raggiunto il suo limite di accettazione, o si rivolge a uno slot MI (master interface) che ha raggiunto il suo limite di emissione. Un altro caso di applicazione è quando si rischia lo stallo del bus a causa di richieste da qualche master. Lo standard interviene ritirando temporaneamente la patente di arbitrato a chi sta causando il blocco. In questo modo altri slot SI possono soddisfare l'arbitrato.

Supporto "TrustZone security" per ogni slave connesso.
1. Se il device è collegato come slave sicuro allora solo un accesso AXI sicuro è permesso.
2. Qualsiasi accesso "non sicuro" viene rifiutato e il core del blocco AXI Interconnect restituisce il messaggio di errore decerr al master collegato.

AXI Data Width Converter.

Le interfacce slave (SI) con bus dati a 32,64,128,256,512 o 1024 bits sono supportate come i medesimi valori per le interfacce master interface (MI), ma ovviamente avrà senso abilitare il blocco di conversione se queste estensioni di bus sono diverse tra master e slave. Se fossero uguali la connessione sarebbe diretta.

Quando vengono impacchettati dati di misura superiore alla destinazione (merged) e ciò è permesso dal sistema address channel control signals.

Quando la misura della destinazione è inferiore rispetto alla destinazione la transizione è splitatta in transizioni multiple ciascuna della massima ampiezza accettata dalla destinazione.

Quando la misura della destinazione è maggiore l'IP core potrà eseguire un caricamento FIFO di un buffer sfruttando un clock disponibile tramite un'operazione di adattamento della frequenza in modo da mantere l'efficienza.

AXI Clock Converter.

Opera in modalità sia sincrona che asincrona. Nel modo sincrono opera le conversioni tra monte e valle con un rapporto N:1 e 1:N del Clock per N compreso tra 2 e 16.

Nel modo asincrono i rapporti rimangono invariati ma diminuisce l'efficienza dato che aumentano i tempi di latenza e contestualmente anche lo spazio necessario per i dati in transito.

AXI Protocol Converter.

Esistono più modalità ovvero le conversioni da AXI3 oppure AXI5 vero il protocollo AXI4 Lite, oppure una cross conversione da AXI4 a AXI3.

Nel primo caso ovvero quando un protocollo completo va trasposto in un Lite i valori AWID e ARID in ricezione vengono memorizzati nella slave interface SI e successivamente restituiti come BID/RID durante la fase di response transfers. Nel caso di invio di pacchetti multipli, burst transaction, la conversione operata consiste nella generazioni di una serie di trasferimenti singoli di tipo AXI4-Lite.

La conversione da AXI4 a AXI3 consiste in una suddivisione degli invii maggiori di 16 transizioni dai master AXI4 collegati in trasmissioni ancora multiple ma di dimensioni non maggiori di 16 transizioni.

Durante questo tipo di conversione ogni transizione ridotta diviene di tipo single-threaded allo scopo di migliorare la risposta alle richieste di trasferimento.

Il sistema riconosce alcune situazioni in cui non è necessario intervenire con la conversione e elimina questi pacchetti dalle code automaticamente.

AXI Register Slice.

Esistono 5 canali AXI e questi possono essere configurati in maniera individuale e indipendente.

Permette di facilitare le operazioni di timing in base all'arbitraggio tra la così detta frequenza di trading-off e la latenza.

Il tutto opera imponendo, nella modalità AXI handshake, un solo ciclo di Latency per register-slice senza perdita di trasferenza dei dati "throughput".

Blocco Processor System Reset

Questo blocco IP manipola numerose condizioni di reset che si presentano in input per generare un opportuno insieme di segnali di reset in output.

Consente la distribuzione di segnali di reset personalizzati per l'intero process system, compreso il processore e i vari core in esso contenuti, l'interconnessione e le periferiche.

Permette l'impostazione di parametri per abilitare/disabilitare funzionalità correlate alla sincronia attraverso i vari clock domain.

Si cura del necessario segnale di reset per l'avvio sicuro dopo la fase di accensione generando il Power ON reset.

È un elemento fondamentale nel design di sistemi SoC come la RedPitaya ed è implementato in linguaggio Verilog Hardware Language Description VHDL.

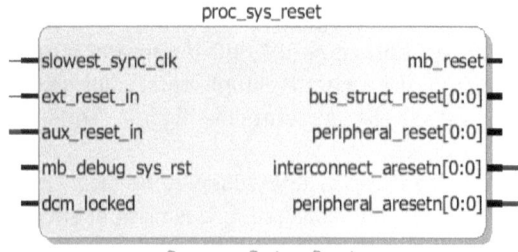

Processor System Reset

Come si nota osservando il blocco IP (intellectual property) proc_sys_reset dispone di ingressi per il reset asincrono proveniente da device esterni che però agisce in modo sincronizzato con il clock interno.

Le fonti di reset esterna oppure ausiliare sono selezionabili tramite un booleano attivo basso.

La lunghezza minima dell'impulso al fine di riconoscere il comando di reset è impostabile.

Al presentarsi di un comando di reset il blocco lancia una sequenza di segnali correlati che comportano l'effettivo reset di tutto il sistema con i vari blocchi interconnessi.

L'uscita dallo stato di reset si compone di 3 azioni, A,B,C:

A: Ripristino dal reset del system Bus con relativa "interconnect and bridge".

B: Ripristino dallo stato di reset delle periferiche in 16 cicli di clock, segue il ripristino un po' più lento dell'UART, SPI,IIC.

C: Le unità di processo, tra cui la Microblaze, uscirà dallo stato di reset 16 cicli di clock dopo le periferiche sopracitate.

La documentazione ufficiale presenta questa schematizzazione a blocchi in cui i 5 input sono uguali alla rappresentazione IP core in Vivado HDL, mentre le uscite presentano delle differenze.

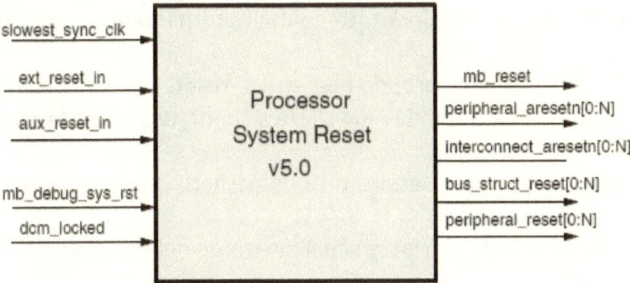

Il numero delle uscite è conforme ma il nome dei segnali presentano delle discrepanze.

Delle uscite aggiuntive possono essere generate tramite il normale uso delle generiche.

- **No. of Bus Reset (active-High)**.
- **No. of Peripheral Reset (active-High)**.
- **No. of Interconnect Reset (active-Low)**.
- **No. of Peripheral Reset (active-Low)**.

I due parametri in input External Reset Active Windows Width e Auxiliary Reset Active Window width sono utilizzati per impostare la larghezza minima del segnale esterno di reset in funzione del più lento dei segnali di clock presenti nel progetto.

Ad esempio, se External Reset Active Windows Width è impostato a 5 allora il *ext_reset_in* deve diventare attivo e rimanerci per almeno 5 cicli di clock prima che l'effettivo reset abbia effetto.

Importante: Il modulo External Reset Active Window Width imposta il numero di cicli di clock. La variazione in aux_reset_in deve prima essere rilevata dal blocco di processo di ripristino.

Il modulo aux_reset_in esegue esattamente la stessa funzione di ext_reset_in.

Ci sono delle problematiche dovute alla latenza causata dalla così detta meta-stability dei circuiti, quindi si assegnano non meno di 2 cicli prima di ottenere l'effetto. Ciò avviene perché il segnale "ext_reset_in" non possiede una sincronia hardware con il segnale di clock in input, quindi non è possibile determinare il reale numero di cicli di clock.

Il reset diviene effettivo sicuramente dopo sei o sette cicli di clock dopo che la richiesta in input si presenta, e permane attivo per cinque cicli di clock.

Dopo che il segnale ext_reset_in è cessato per 5 cicli di clock può avviarsi la sequenza di ripristino dal reset. Se durante questa sequenza ext_reset_in diviene attiva per 5 o più cicli di clock tutte le uscite tornano nuovamente attive.

In generale ogni bus possiede un proprio bus_struct_reset.

Se un sistema contiene un'interfaccia AXI4 allora il No-of_Bus_reset (attivo alto) può essere settato a 1.

Il bus_struct_reset output può resettare tutti i blocchetti bridges e arbitri che siano implementati nel bus.

Ciò vale per tutte le istanze di interfacce simili disegnate nel sistema.

I segnali necessari sono:

External Reset Active Polarity usato per impostare il livello logico per quei segnali dall'esterno (ext_reset_in) che causano il reset.

Viene inizializzata una procedura di reset se i segnali generici sono impostati a 1, quando ext_reset_in è alto sul fronte di salita del clock.

Auxiliary Reset Active Polarity è usato per impostare il livello logico per quei segnali aux_reset_in che causano un reset.

Quando uno di questi è impostato a 0. Se un aux_reset_in va basso parte la procedura di reset.

No. of Bus Reset (active-High) e **No. of Interconnect Reset (active-Low)**
Sono usati per generare un insieme di segnali addizionali di reset per i bus_struct_reset e interconnette la struttura di segnali di reset.

Questo insieme di segnali aiutano nel caricamento e instradamento dei segnali di reset.

Il segnale di clock più lento, "slowest_sync_clk", dovrà essere collegato al sistema di clock sincrono più lento disponibile nel sistema. Normalmente questo avviene in presenza della versione lite dell'interfaccia AXI4, ma potrebbe avvenire anche a causa dell'interfacciamento con il clock della CPU e/o il bus di questa.

Vediamo, nell'immagine, come lo Zynq può gestire segnali di clock provenienti da domain diversi.

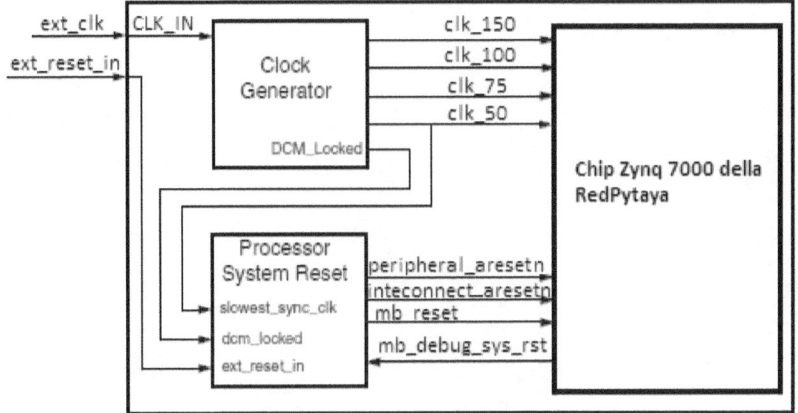

Il grafico mostra i segnali di timing al blocco Processor System Reset quando un segnale esterno di reset arriva all'input ext_reset_in.

La temporizzazione è la stessa per i segnali No. of Bus Reset (active-High).

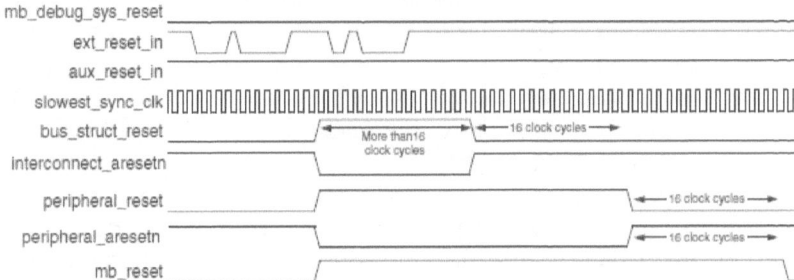

In questo esempio il segnale No. of Bus Reset (active-High) è impostato a 5 mentre il External Reset Active Polarity è impostato a 0, attivo basso ovvero "active-Low".

Eseguendo il doppio click sul blocco è possibile accedere alla finestra di riconfigurazione che mette a disposizione anche la voce "Documentation" in cui è presente il pdf che funge da manuale utente.

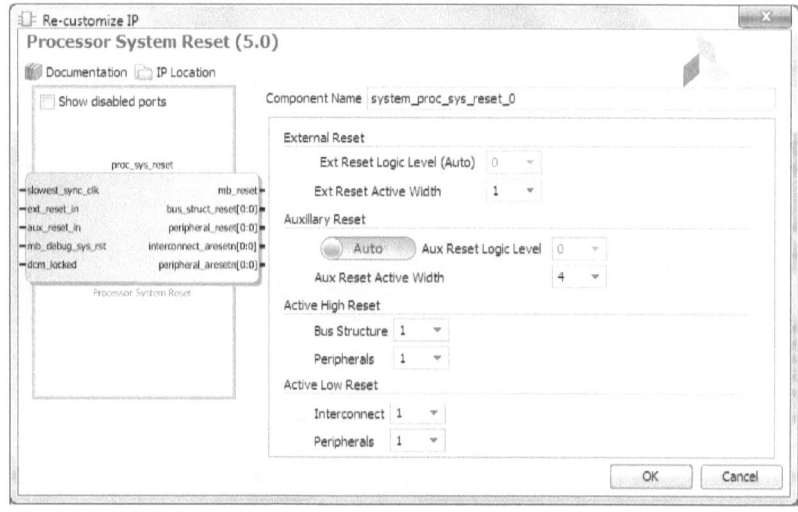

Il Vivado IDE, per questo IP core, fornisce le seguenti opzioni.

- Segnale di reset proveniente dall'esterno per il quale è possibile impostare il livello logico ovvero se sarà attivo a livello basso oppure alto.

- Ampiezza del segnale di reset impostabile in funzione di numero di impulsi di clock per la velocità presente nel sistema. Questo va stimato in funzione del fatto che non solo questo IP core deve resettare ma anche molti altri blocchi che potrebbero essere più o meno lenti in risposta. Ogni altro blocco connesso dispone di propri pin di reset a cui deve pervenire il segnale. Gli altri segnali di Reset per questo IP sono:

  - **Auxiliary Reset Active Width,** che ha lo scopo di determinare se il pin auxiliary reset sarà attivo alto o basso.

  - **Auxiliary Reset Active Width,** ha lo scopo di assicurare che il pin auxiliary reset sarà attivo per una durata temporale impostata. Quando il Core riconosce questo segnale come valido allora genera i reset per gli altri reset pin.

Inserire un Valore di controllo costante.

In alcune circostanze risulta utile e a volte necessario poter inserire valori numerici o semplici stati booleani, sotto forma di costanti, all'interno della trama del design dell'FPGA.

La scheda RedPitaya, ad esempio, necessita di uno stato logico alto/basso costante allo scopo di abilitare il system reset.

Nella porzione di architettura mostrata sotto vediamo il segnale **aux_reset_in** mantenuto alto e quindi attivo, nell'IP CORE proc_sys_reset, spiegato nel paragrafo precedente.

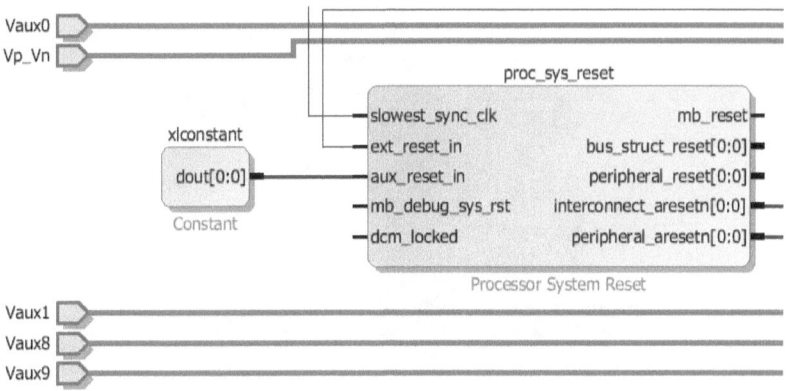

L'IP core che si cura del forzamento di valori costanti, denominato xlconstant, può essere configurato in modo da poter gestire tipi di dato di estensione diversa, come vediamo facendo doppio click.

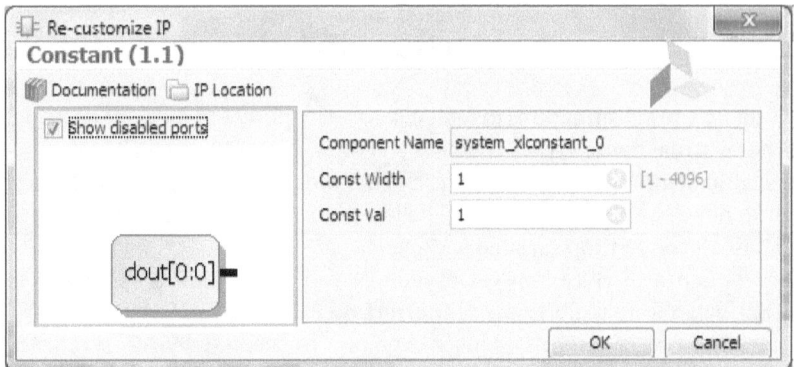

Blocco Analogici a Radiofrequenza.

In questo capitolo vedremo come customizzare e generare un IP core, per gli ingressi analogici, basato sulla versione fornita dal catalogo IP chiamato xadc.

Vedremo anche come gestire i constrain (vincoli), come sintetizzare un nuovo design, effettuare la sintesi (synthesis) per ottenere un .bit da caricare nello Zynq.

Il Vivado design suite, incluso nella versione di IDE considerata in questo testo, contiene un Wizard che permette in maniera guidata di generare il sorgente Verilog hardware description Language, VHDL, che integra l'implementazione hardware dei canali analogici a radio frequenza.

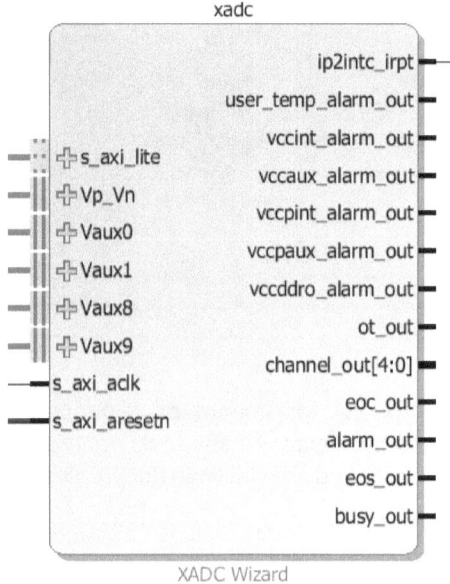

XADC Wizard

Notiamo che l'interfaccia di default è la AXI_Lite perché la maggior parte dei sistemi attualmente esistenti si basa sull'AXI4, compatibile con il lite.

Facendo semplicemente doppio click , nel blocchetto IP sopra mostrato si entra nelle sue caratteristiche e si ha la possibilità di modificare i parametri di base. I convertitori saranno a 12bit.

La frequenza di clock con cui eseguire i campionamenti è selezionabile proprio in questa sezione che supporterà da 8MHz a ben 250MHz.

Dipenderà dalla propria applicazione se il clock dell'ADC sia diviso internamente, tramite la primitiva XADC per corrispondere all'esigenze dell'applicazione.

La finestra si chiama Re-customize IP, come mostrato nella seguente immagine.

Cliccando sul primo gate in alto a sinistra, indicato con "s_axi_lite" si espandono i punti di I/O disponibili rendendo accessibili i parametri modificabili. La cosa è fattibile per ognuno dei gate mostrati nell'anteprima abbinati a "+".

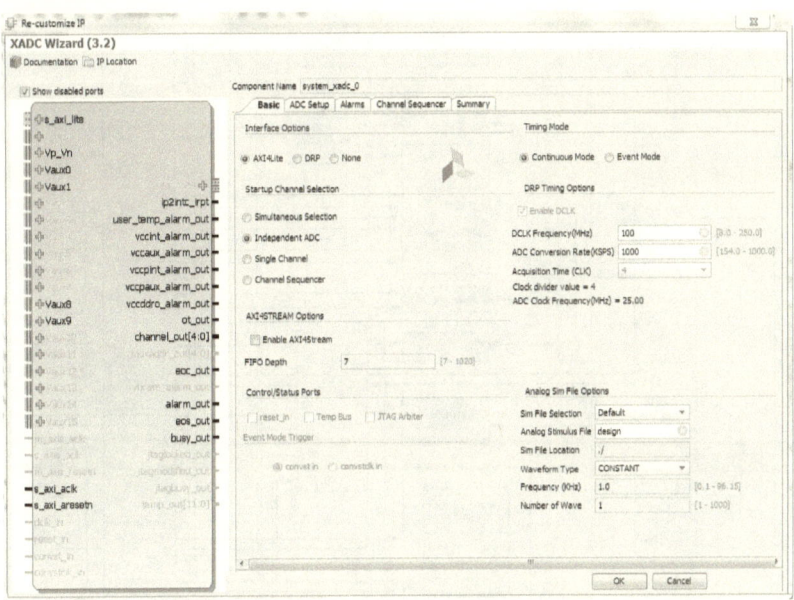

Analizzando l'IP core ci si rende conto che sono supportate molte altre funzioni oltre alla normale acquisizione dal campo tra cui:

1. Controllo della temperatura interna dell'FPGA.
2. Generazione di segnali di allarme customizzabili su eventi di interesse all'utente.
3. Interfaccia di comunicazione AXI4-Lite che rispetta le specifiche della più performante AXI4.
4. Possibilità di integrare l'interfaccia AXI4-Stream.
5. Possibilità di generare semplici interfacce di selezione dei canali e delle varie modalità di funzionamento per ciascuno di questi.
6. Possibilità di abilitare e disabilitare le uscite allarmi ed anche impostare delle soglie e dei limiti per questi.
7. L'interfaccia Re-Customize IP, nell'ambiente Vivado, permette di impostare agevolmente i parametri e i valori dei vari registri.
8. La rete finale viene creata dal tool integrato Vivado Synthesis.

L'hardware dell'IP block si presenta verso l'ARM Cortex A9 integrato, del chip Zynq usato per realizzare la RedPitaya tramite l'interfaccia AXI-Lite a 32 bit come possiamo vedere sullo schema funzionale mostrato sotto, sul lato sinistro dello schema.

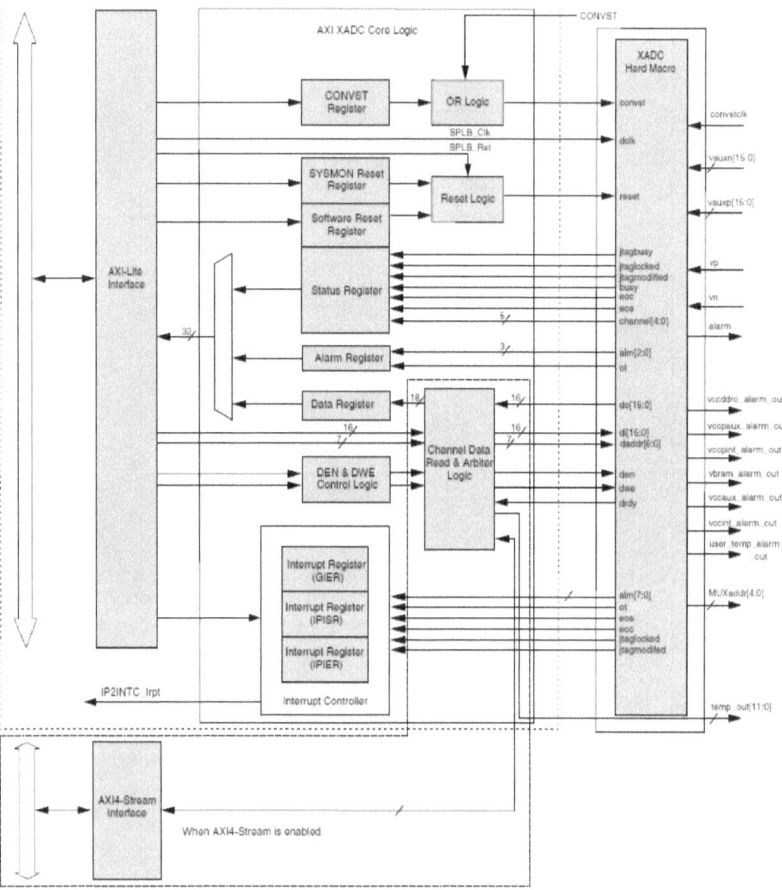

Sul lato destro vediamo l'implementazione dell'hard macro che permette di implementare ben 5 canali ad altissima velocità. Questo si può notare osservando circa a metà del lato destro il segnale indicato con channel[4:0] che viene portato al registro di stato tramite 5 linee separate.

Questo tipo di Hardware si applica in maniera ottimale alla gestione di sistemi particolarmente veloci e che necessitano di manipolare grandi flussi di dati, ad esempio Video camere digitali SLR, inverter per controllo vettoriale di motori, conversione statica dell'energia, sistemi real time ecc. **Matrici touchscreen, cenni.**

Una delle applicazioni più in voga oggi, grazie all'avvento dei diffusissimi SmartPhone, è la gestione in real time delle membrane tattili.
Accenniamo solo che ne esistono due tipi principali, capacitive e resistive.
Quelle più adatte e rapide in risposta sono le resistive e sono quelle adottate nei telefoni allo scopo di dare l'impressione di una risposta simultanea al tocco.
Lo schema di principio del funzionamento è questo:

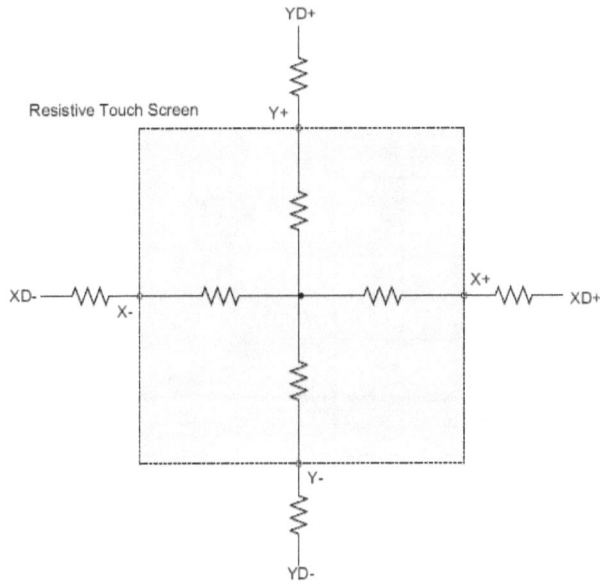

La matrice deve essere acquisita in analogico tramite dei valori differenziali di tensione XD+,XD- e YD+,YD- da un'interfaccia la cui soluzione più efficace è un'implementazione hardware su supporto FPGA.

L'implementazione dell'interfaccia potrà avvenire usando il Wizard (XADC Wizard) disponibile nel catalogo di Vivado IDE IP. L'evocazione inizializza un'istanza di XADC permettendo la configurazione e impostando le interfacce verso il resto del design.

Le matrici resistive possono essere soggette a rumore elettrico di varia natura ma principalmente dovuto alla matrice TFT nelle immediate vicinanze dato che ci opera appoggiata sopra.
Spesso la matrice resistiva è semplicemente incollata con del nastro biadesivo sopra alla matrice TFT.

Sarà compito di filtri attivi notch di eliminare tali disturbi prima di generare i segnali differenziali analogici che rappresentano le coordinate del tocco. Il sistema di filtraggio classico, a media sui campioni, è abilitabile dalla voce "averanging" ma rallenta la risposta del sistema.

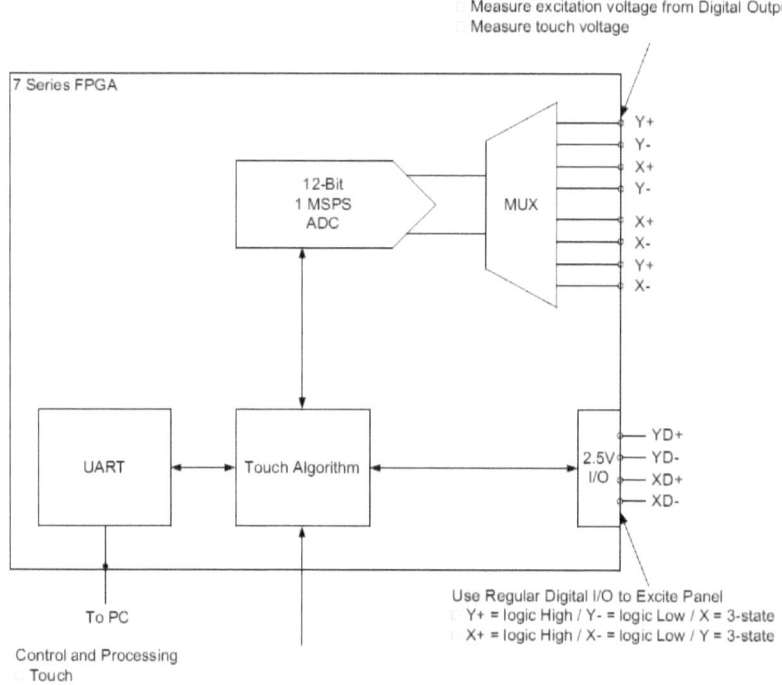

I protocolli utilizzabili saranno:

- AXI4-Lite
- Dynamic Reconfigurable Port (DRP)
- AXI4-Stream

Le interfacce AXI4-Lite e AXI4-Stream sono basate sul protocollo AMBA AXI4.

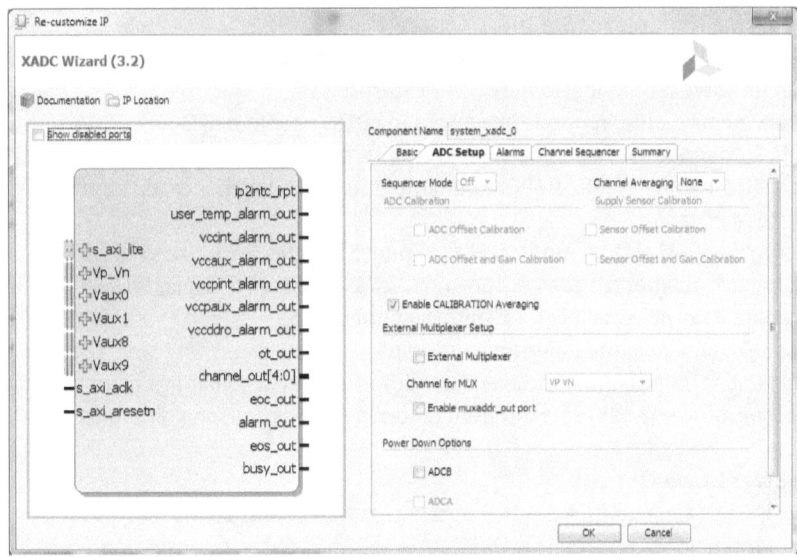

ADC Setup

Se il blocco XADC è configurato per multiplexare automaticamente i canali (Channel Sequencer), come campionatore simultaneo (Simultaneous Sampling) oppure in modalità ADC a canali indipendenti (Indipendent ADC mode) sarà abilitata la possibilità di selezionare il tipo di sequencer necessario.

Le modalità disponibili sono:
1. Continua (Continuous).
2. Passaggio singolo (One-pass)
3. Default mode.

La selezione della media sui campioni avviene tramite il menù a tendina "Cannel Averanging" e valori selezionabili saranno None, 16, 64, oppure 256.

È possibile selezionare il tipo di calibrazione per l'ADC e anche la calibrazione dell'alimentazione del sensore collegabile.

Nell'immagine vediamo che la calibrazione dell'averaging è attivata di default, dobbiamo togliere la spunta dal checkbox se siamo interessati a disabilitare l'opzione.

External Multiplexer Setup

L'ip XADC supporta una nuova modalità di timing che permette l'utilizzo di un multiplexer analogico hardware esterno.

Può tornare utile in quelle situazioni in cui le risorse di I/O dell'FPGA siano già impegnate in altro oppure si voglia estendere il numero dei canali usando risorse di altre FPGA per implementare interfacce da campo più estese in canali.

La funzione si abilita impostando lo spunto nel checkbox External MUX.

Quando abilitiamo questa funzione sarà necessario esplicitare anche il canale esterno a cui il MUX risulterà connesso.

La selezione avviene dal menù a tendina.

È necessario attivare l'opzione muxaddr_out port per abilitare ma modalità a multiplexer (MUX) esterno utilizzando la riconfigurazione dinamica.

Power Down Options

I canali analogici ADCA e ADCB possono essere spenti quando non usati con il vantaggio di una minore dissipazione energetica e conseguentemente minore dissipazione di calore e allungamento della durata delle eventuali batterie.

È possibile spegnere ADCB e mantenere in uso ADCA, mentre si può spegnere ADCA solo se anche ADCB è spento.

Lo spegnimento è comunque possibile solo se i canali analogici non stanno al momento generando segnali di controllo verso il resto della rete.

Xadc_Sequencer.

La serie 7 degli Zynq permettono l'acquisizione simultanea di più canali analogici.

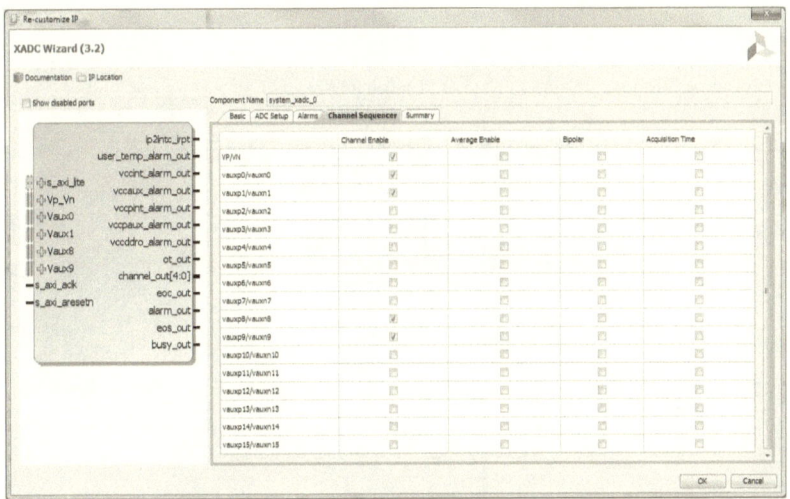

L'opzione Channel Sequencer è usata per configurare i registri XADC omonimi quando l'IP core è settato in modalità Channel Sequencer, Simultaneous sampling, oppure Independent ADC.

Tutti i canali includibili nel sequencer sono mostrati nella figura sovrastante e accessibili dal configuratore wizard.

• Usare il Channel Sequencer Setup screen per selezionare i canali di acquisizione e monitoring, abilitare la media sui campioni "Averaging", per selezionare i canali, abilitare la modalità bipolare per i segnali esterni e per incrementare la durata del tempo di campionamento.

• In caso di funzionamento in modalità "Simultaneous sampling mode", la selezione canale tipo Vauxp[0]/Vauxn[0] comporterà la selezione automatica dei canali Vauxp[8]/Vauxn[8]. Per analogia la selezione dei canali Vauxp[1]/Vauxn[1] comporterà la selezione Vauxp[9]/Vauxn[9], ecc.

• In caso di selezione della modalità a canali ADC indipendente, solo i canali esterni saranno acquisiti e selezionabili dall'utente.

Xadc_summary.

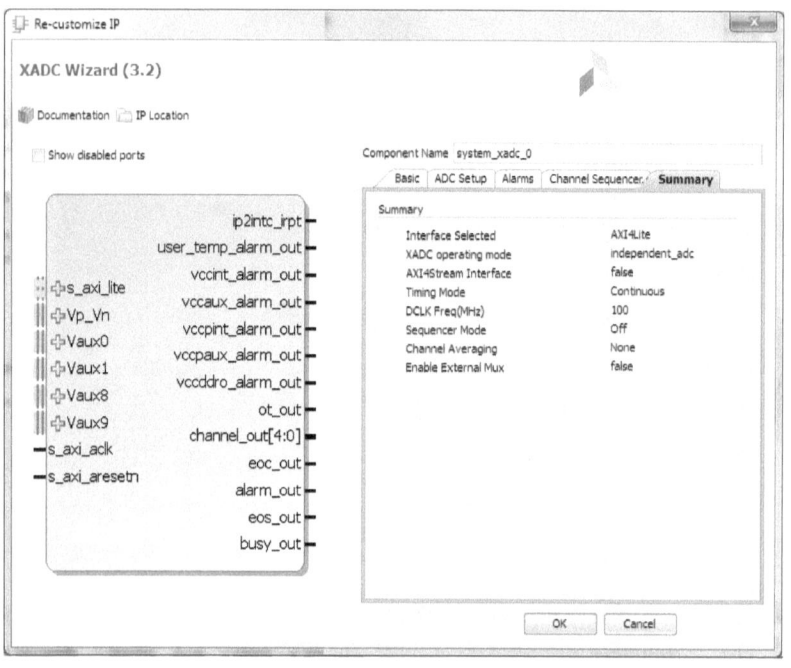

Slice della RedPitaya.

CLBLM_R_X29Y92

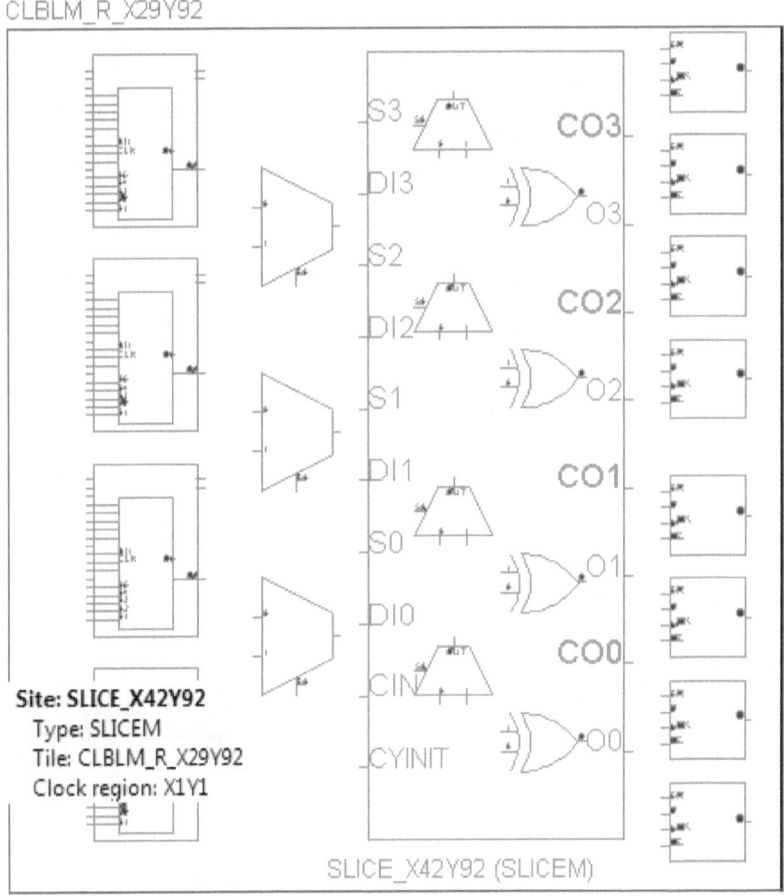

Site: **SLICE_X42Y92**
 Type: SLICEM
 Tile: CLBLM_R_X29Y92
 Clock region: X1Y1

SLICE_X42Y92 (SLICEM)

LedBlinking in RedPitaya.

Il codice FPGA sviluppato per RedPitaya e distribuito come template si compone di 4 parti, i sorgenti HDL (hardware description lenguage), l'editor dei blocchi IP (integrated peripherals), il file dei vincoli (constraints) e i sorgenti per la simulazione.

I primi tre elementi contribuiscono alla creazione della struttura logica mentre il quarto pur essendo importante durante la fase di design dell'architettura non ne ha una diretta influenza per quanto riguarda la creazione del file .bit ovvero il prodotto finale.

Le prime tre voci si trovano nel **"Project Manager"** nei menù HDL sources e blcok design nella sezione **"Design Sources"** e i vicoli nella sezione **"Constraints"**.

I sorgenti HDL sono indicati tramite il "nome istanza" oppure "nome del modulo" seguito con un certo numero che rappresenta le istanze. Il tutto viene poi rappresentato in una struttura a albero che rappresenta in ordine gerarchico le istanze (chiamate) del builder.

Il nodo **"red_pitaya_top"** non è un nome di istanza infatti rappresenta il punto di accesso al progetto, la radice dell'albero, da parte del compilatore.

La voce **Constraints** descrive i vincoli fisici che lo sviluppo dell'architettura in costruzione dovrà rispettare, ad esempio la configurazione dei PORT di I/O, la direzione dei PORT o dei singoli GPIO, i valori di tensione a cui si dovranno usare i pin di I/O secondo gli standard 3.3V CMOS, 1.5V high speed differential, e altri. Per un corretto funzionamento ci si dovrà adattare al pinout scelto per la redpitaya ovvero utilizzare i connettori presenti dato che il PCB è un disegno fatto da una terza persona (non noi che ci accingiamo a fare l'architettura intera dell'FPGA).

Nell'immagine il template del progetto lampeggio_led.

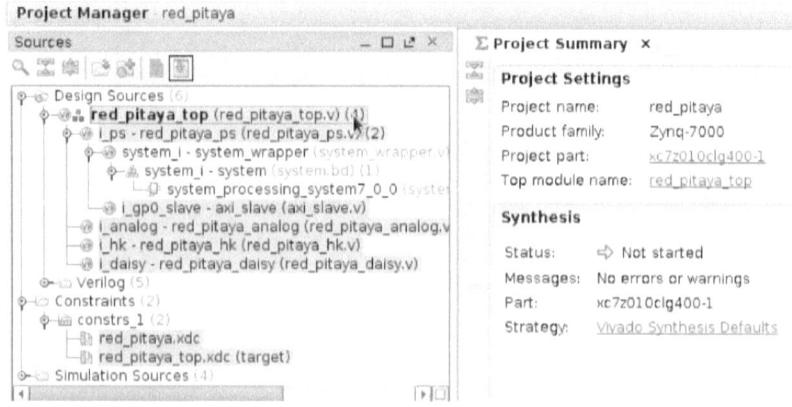

Lo sviluppo dell'architettura avviene da **IP block design** accessibile sia dalla struttura ad albero del **"Design Sources"**, ma ci si accede anche dalla sezione **"IP Integrator"** alla voce **"Flow Navigator"**.

Possiamo aprire con doppio click ed accedere all'architettura preprogrammata del template visualizzando lo schema a blocchi avente aspetto simile a quanto descritto nei precedenti paragrafi.

Se in questa fase si presentano degli errori probabilmente sul PC è settato un linguaggio nativo diverso ad esempio java o altro. Potrà succedere a utenti programmatori.

Compilare il file .bit.

Le prime esperienze di programmazione delle FPGA con HDL potrebbero risultare piuttosto complesse si consiglia quindi di provare a compilare questo template distribuito nel forum della scheda RedPitaya allo scopo di costruire la propria preparazione tecnica accumulando piccole certezze che costituiscano solide fondamenta per le applicazioni prossime future. Si ricorda che questo ambito non è propriamente hobbistico ma più professionale e potrà darci anche una solida posizione lavorativa.

Proviamo quindi a compilare il progetto template senza apportare nessuna modifica, se andrà a buon fine significa che almeno la postazione di lavoro è stata settata correttamente.

La procedura ci farà famigliarizzare con il processo di sintesi e implementazione usando i tool di xilinx.

Eseguiamo i seguenti passi:

- **Click su Run Synthesis**
- **Click su Run Implementation**
- **Click su Generate Bitstream**

Ognuno di questi passi dovrà, in alcuni casi "potrà" essere eseguito separatamente ma con il vincolo che il precedente sia andato a buon fine ovvero che sia rispettata la gerarchia in modo che l'output precedente sa disponibile come input per il successivo step.

In alcuni casi l'IDE della Vivado potrà cercare di risolvere automaticamente chiedendo quale potranno essere le azioni da intraprendere in modo automatico.

La compilazione, con un PC di buone performance attuali (gennaio 2016), durerà circa 3 minuti.

Se si effettua qualche modifica sul sorgente HDL la sintesi della rete "Syntesis" verrà invalidata e bisognerà eseguire nuovamente la compilazione.

Analogamente una modifica nella sezione block design invalida la precedente compilazione (invalida la precedente sintesi) e quindi si deve rieseguire il processo.

Se tutto va a buon fine avremo disponibile il file "red_pitaya_top.bit" nella cartella red_pitay/red_pitaya.runs/impl_1.

Va tenuto a mente che se per la generazione totale del bitstream useremo "Generate Bitstream" questo riesegue la sintesi dell'FPGA completamente quindi se una rete precedente era corretta questa va persa.

Una scappatoia per tornare indietro potrebbe essere il run manuale tramite click destro su "Synthesis" e successiva selezione di "Reset Synthesis Run".

Preparare il file bitstream per il deploy in RedPItaya.

Attenzione, durante la fase di caricamento di nuove applicazioni la scheda Redpitaya smetterà il normale funzionamento ovvero non risponderanno più le utility standard come l'oscilloscopio, il generatore di funzioi, ecc.
Questo è normale perché andremmo a sovrascrivere nei registri 0x40100000-0x407fffff in cui si configurano e tali locazioni saranno poste tutte a "0". Nella sostanza caricare il caricare la bozza vuota "template" del progetto proposto ci darà l'impressione di avere "rotto" la scheda.
Questo è dovuto al fatto che nella prima fase predisponiamo l'architettura ma non è ancora realizzato il sistema di lampeggio del LED.
Nei paragrafi successive spiegheremo come ricaricare le funzionalità nel dispositivo.

Nella fase di apprendimento e di sviluppo di architetture che vanno soggette spesso a modifiche si usa una maniera più agevole di caricamento dei file .bit, piuttosto che tramite il cavo JTAG, ma che necessita una fase di preprocessing ovvero di adattamento, in modo che sia la sezione ARM a gestire il flusso.
La maniera più semplice per caricare il bitstream nello ZYNQ è tramite lo strumento software di riconfigurazione lanciabile da console di comando tramite:

/dev/xdevcfg

Tuttavia la RedPitaya non può eseguire direttamente il caricamento del file "red_pitaya_top.bit", ma deve essere prima convertito in "prom file" tramite la utility promgen disponibile nel Lab Tools. Lo strumento si trova nel sistema operativo della scheda oppure nella communty RedPitaya.
Le seguenti istruzioni, assunto che nel PC sia istallato il LABTools a 64 bit, lanciate da riga di comando della console ci permettono di iniziare la procedura.
Da una console Linux lanciare:

source /opt/Xilinx/14.6/LabTools/settings64.sh

Ora dobbiamo sportarci nella directory red_pitaya/red_pitaya.runs/impl_1 folder

cd /home/...scrivere la path verso red_pitaya folder, quindi il resto del percorso sarà..../red_pitaya/red_pitaya.runs/impl_1

Ora daremo il comnado di costruzione del file caricabile, il prom file, "fpga.bin" in questo modo:

promgen -w -b -p bin -o fpga.bin -u 0 red_pitaya_top.bit -data_width 32

Apriamo un nuovo terminale e colleghiamoci alla redpitaya tramite SSH per abilitare l'acesso in scrittura.

ssh root@your Red Pitaya IP
redpitaya> rw

Torniamo nella redpitaya in red_pitaya/red_pitaya.runs/impl_1 folder e copiamo il file "fpga.bin" nella cartella temporanea del sistema operativo ecosystem /tmp folder usando:

scp fpga.bin root@your Red Pitaya IP:/tmp

Il default IP della redpittaya è 192.168.1.1, ma potrebbe essere stato cambiato, da voi, per questioni di disponibilità di indirizzi nella vostra rete LAN. Effettuiamo un controllo con i comandi linux per verificare che il file sia stato effettivamente copiato nella cartella di destinazione.

redpitaya> cd /tmp
redpitaya>ls

Ora caricheremo il file fpga.bin verso xdevcfg usando il comando

redpitaya> cat /tmp/fpga.bin >/dev/xdevcfg

La nuova rete logica sarà immediatamente attiva ma sarà persa dopo il reboot. Questa maniera di operare, benché sia una forzatura concettuale, è l'ideale per operare in modalità di "prova" e di "apprendimento" del disegno di nuove architetture.
Se qualcosa dovesse andare storto e si perdesse l'accesso alla scheda quindi ci trovassimo impossibilitati a caricare nuovi file .bit sarà sufficiente riavviare il sistema resettando la scheda Redpitaya.
Durante il caricamento del nuovo bitstream il LED giallo smette di lampeggiare.
Come messo in evidenza nel riquadro ombreggiato a inizio capitolo la scheda in questo momento smetterà di funzionare nelle applicazioni standard, oscilloscopio, generatore di funzione, ecc.

Il led lampeggiante, "hello world in FPGA".

Dopo avere compilato ed eseguito in progetto come indicato nei paragrafi precedenti, ed avere costatato di avere ammutolito la scheda, ovvero che non fa praticamente nulla, procediamo sviluppando l'architettura del nostro "ciao mondo" che eseguirà il lampeggio di uno dei LED 0-7. Una volta sintetizzata la rete eseguiremo il deploy "scaricamento" del file .bit in modo che l'hardware della Pitaya lo possa eseguire.

Il funzionamento richiederà un segnale di clock, un segnale di reset, alcune interfacce che fungano da buffer tra l'architettura interna e le uscite dei LED.
Metteremo la nuova logica nel modulo red_pitaya_hk perché è qui dove gestiremo i LED.
Vedremo che anche un progetto così semplice richiede uno skill professionale non indifferente.

Il modulo **red_pitaya_hk** contiene qualche bozza di implementazione del controllo dei LED, essendo quanto più si avvicina al nostro obbiettivo cercheremo di basarci su di esso.
L'accesso avviene da "design Source", estendo il nodo "red_pitaya_top".
Come mostrato nelle immagini successive.

Si ricorda che quanto mostrato sopra è riferito al Vivado 2013.3 istallato in ambiente Linux UBUNTU. Il file in esame è il red_pitaya.xpr, aperto con compilatore Type "Verilog".
A desta della finestra sopra indicate l'IDE vi mostrerà l'editor di programmazione fortemente assomigliante a un linguaggio "C".

Nella scheda ci sono 8 registri che contengono lo stato dei LED e le connessioni di questi verso I punti di I/O sono già implementati, dato che così è fornita la scheda al pubblico.
Le connessioni sono indicate con **led_o.**
Il primo passo è quello di generare il segnale di clock per fare lampeggiare il LED, ci servirà una frequenza e un duty cycle impostabile dal disegnatore dell'architettura (programmatore o anche sviluppatore).
Ovviamente dovrà essere in un range che l'occhio umano potrà risolvere, ad esempio 2Hz.

120

Esiste un generatore di clock perimpostato ed operante a livello di Sistema nella sezione FPGA indicato con 'sys_clk_i' utilizzato nei progetti Redpitaya nel modulo red_pitaya_hk che oscilla a frequenza di 125MHz.

Si tratta di quello usato come base di campionamento dell'oscilloscopio.

Se poniamo questo segnale all'ingresso di un contatore a 26 bit il più significativo risolverà una frequenza di circa 1,9Hz, adatta al nostro scopo.

Affinché il **LED 3**, così indicato nella documentazione e layout standard della scheda, lampeggi a 1.9Hz, tutto quello che dovremmo fare sarà di collegare led_o[3] al led_counter[25] invece che al led_reg[3].

Se abbiamo scaricato il codice del template dal sito ufficiale della RedPitaya possiamo intervenire sul codice cancellando dalla riga 78 fino alla linea 85, per sostituire con quanto segue:

```
reg [8-1:0] led_reg;
 reg [25:0] led_counter;
 always @(posedge sys_clk_i) begin
 if (!sys_rstn_i) begin led_counter <= 26'h0; end else begin led_counter <=
led_counter   +   26'h1;   end   end   assign   led_o   =
{led_reg[7:4],led_counter[25],led_reg[2:0]};
```

Salviamo le modifiche e ricompiliamo. Se la compilazione va a buon fine carichiamo nella scheda e dovremmo vedere l'effetto del lampeggio.

Questo è solo un primo passo che nulla ha detto su come operare con l'architettura interna nella vera modalità di programmazione delle FPGA che andiamo ad affrontare nelle prossime pagine.

Continua ->

L'accesso all'editor e particolarmente alla sezione del IP_block_design ci mostra la configurazione:

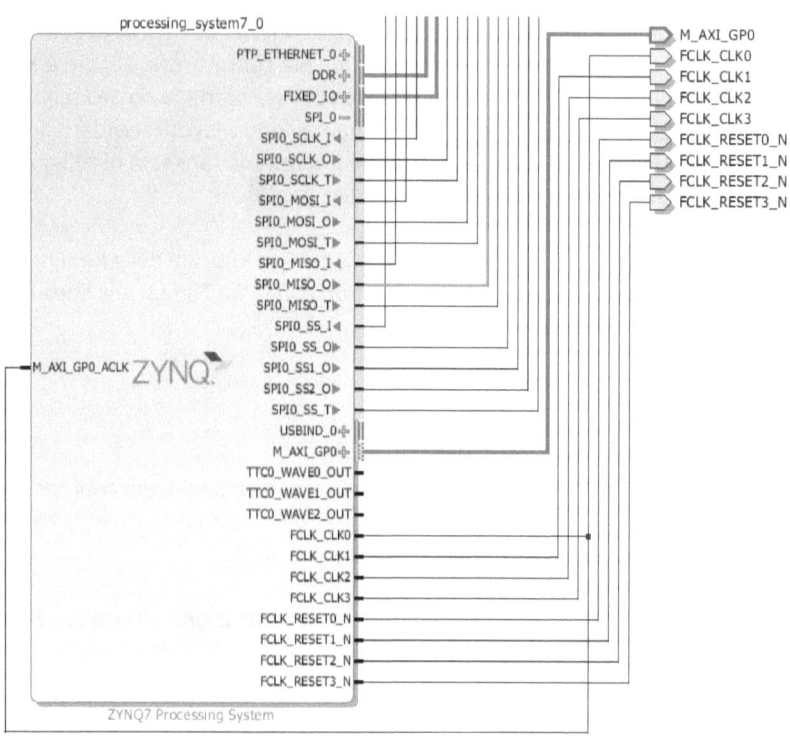

Questo è il miglior template da cui iniziare lo sviluppo di qualsiasi altro lavoro sull'FPGA della scheda RedPitaya, infatti il blocco processing_system7_0.

La sintesi della rete FPGA è molto complessa ed intricata al punto che la sola ricerca degli elementi che voi stessi avrete creato risulterà ostica. Esiste uno strumento automatico di ricerca delle sezioni aventi questo aspetto:

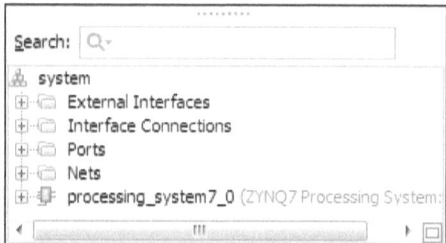

Se estendiamo la ricerca a una delle voci presenti nell'albero, ad esempio External Interfaces, compariranno le tre voci usate in questo specifico progetto:

- 📁 External Interfaces
- ⊞ ◁ DDR
- ⊞ ◁ FIXED_IO
- ⊞ ◁ M_AXI_GP0

Se evidenziamo l'ultima, "M_AXI_GP0" la zona viene richiamata nell'IP design. Nel prossimo disegno si mette in evidenza la situazione in cui il terminale nello schematico è illuminato.

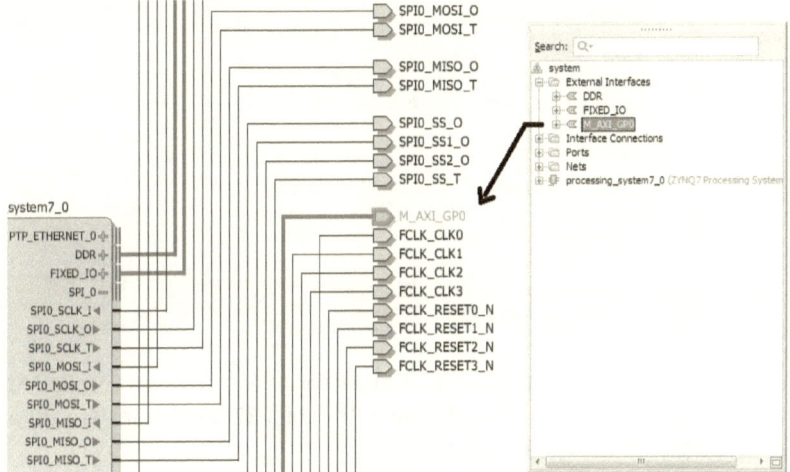

Eseguiamo il doppio click sul terminale illuminato per accedere alle proprietà ed eventualmente cambiarne la configurazione.

Continua -> blink della Pitaya

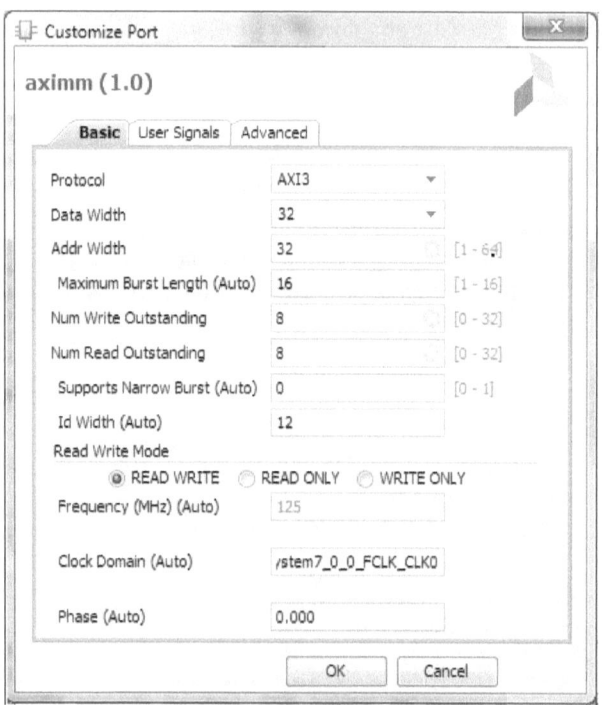

Vediamo che si tratta di un terminale di periferica basata su protocollo AXI di cui il bus dati e il bus indirizzi sono entrambi a 32 bit. Il transfer rate è settato a pacchetti di 16 double word.

I Pacchetti accettati dall'esterno saranno formati da 8 double word e l'identificativo della periferica nel bus è 12.

Il tutto è settato per accessi in lettura e scrittura.

Il clock domain è impostato automaticamente.

RTL analysis tool.

La visualizzazione a blocchi dell'architettura a volte potrebbe essere non completamente efficiente, in special modo quando la rete logica si complica, inoltre alcuni collegamenti potrebbero risultare in corto circuito (interno al chip) o mal connessi ovvero vicini ma non elettricamente collegati.

Il tool "Report DRC" segnala tutte le incongruenze dell'architettura progettata, alcune potranno essere di semplice soluzione altre molto ostiche non solo da correggere ma anche da capire.

Gli errori vengono mostrati suddivisi in famiglie, affianco alla categoria di appartenenza il numero rilevato dallo strumento DRC.

Nell'immagine seguente vediamo che relativamente alla progettazione dei pin di I/O sono state rilevate 64 incongruenze.

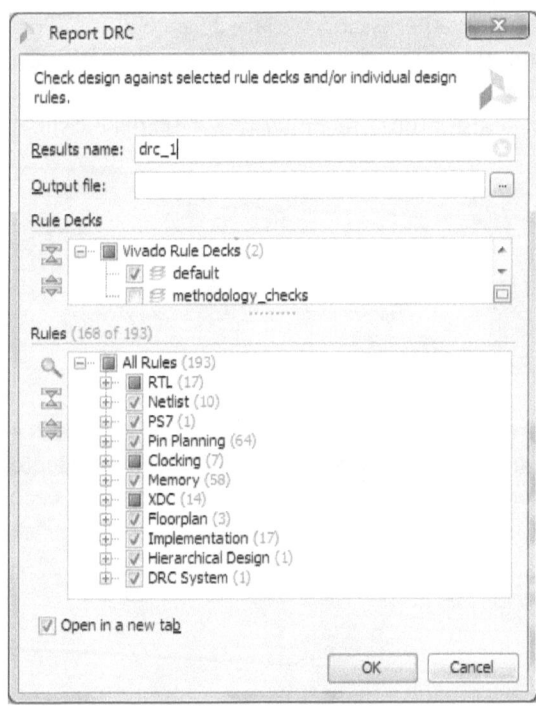

Estendendo la voce "Pin Planning" notiamo che alcune di queste sono dovute ai conflitti con i constraint ovvero i vincoli che impongono l'assegnazione di un pin a una delle tensioni presenti nelle varie aree dell'architettura interna oppure esterna.

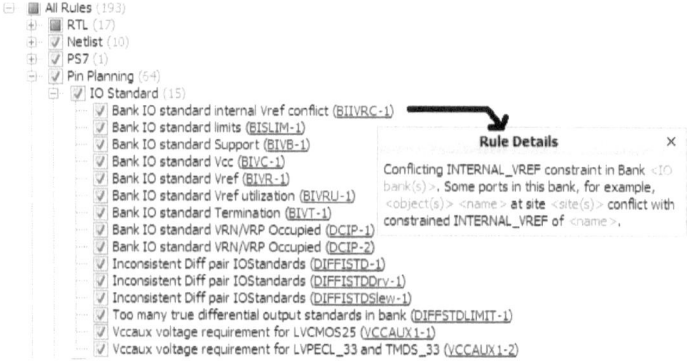

Quando più oggetti simili sono collegati alle medesime linee di alimentazione oppure una sequenza detta "cascata" rappresenta il percorso di un segnale, a meno che non sia necessario traslare il livello di tensione, cosa abbastanza comune, tale percorso è per default indicato alla medesima tensione. Se tra i blocchi risultano connessi punti a tensioni diverse, generando un conflitto interno, la situazione è segnalata come nell'immagine:

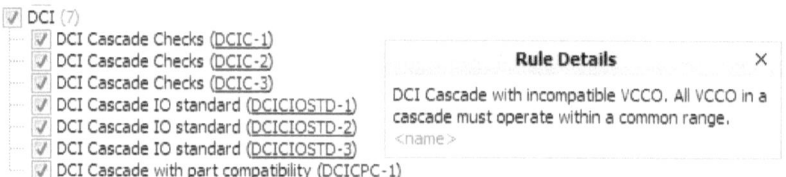

Continuando ad estendere scoprirete una matrioska infinita di voci e possibilità praticamente impossibili da correggere tutte, fortunatamente non sarà necessario dato che alcuni "warning" e "error" di minore peso potranno essere ignorati al fine del funzionamento della specifica applicazione.

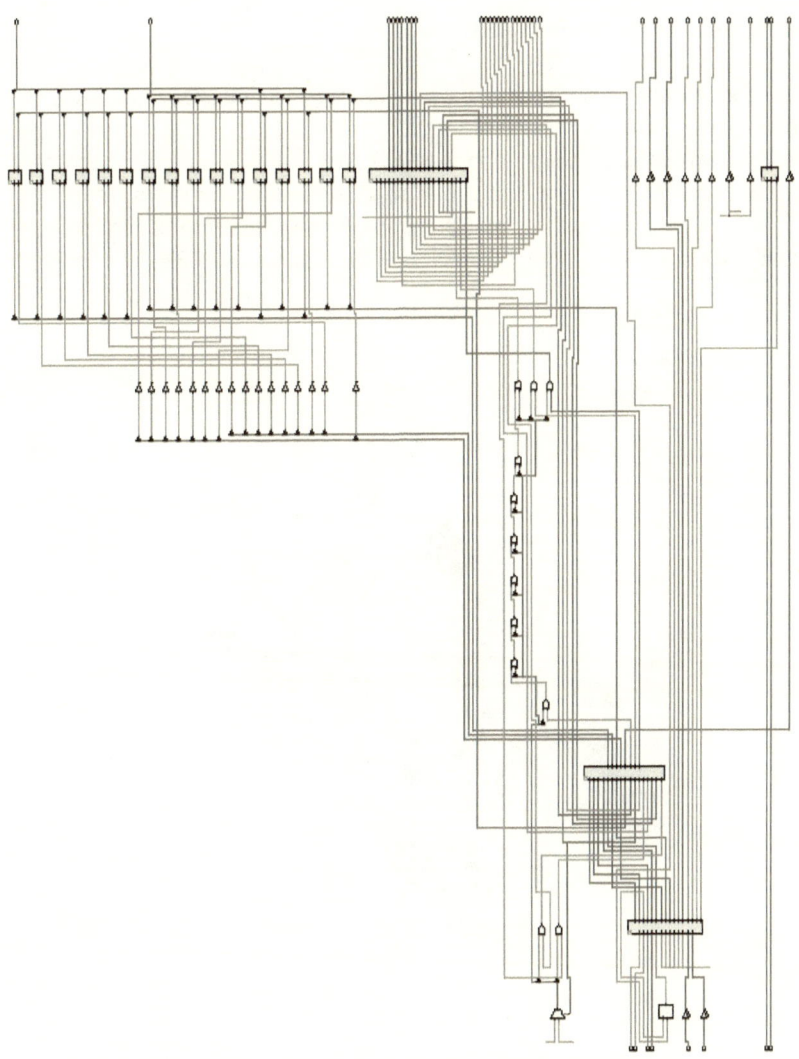

127

Gli ingressi analogici della RedPitaya.

La scheda RedPitaya dispone di canali analogici sia nella sezione ARM che nella parte FPGA del chip Zynq 7000.
I canali analogici standard, connessi all'ARM, si trovano nel connettore di espansione indicato con "E2", mentre quelli indicati "a radio frequenza" ovvero a alta velocità e quindi connessi direttamente all'architettura dell'FPGA sono vincolati ai connettori BNC presenti nel PCB.

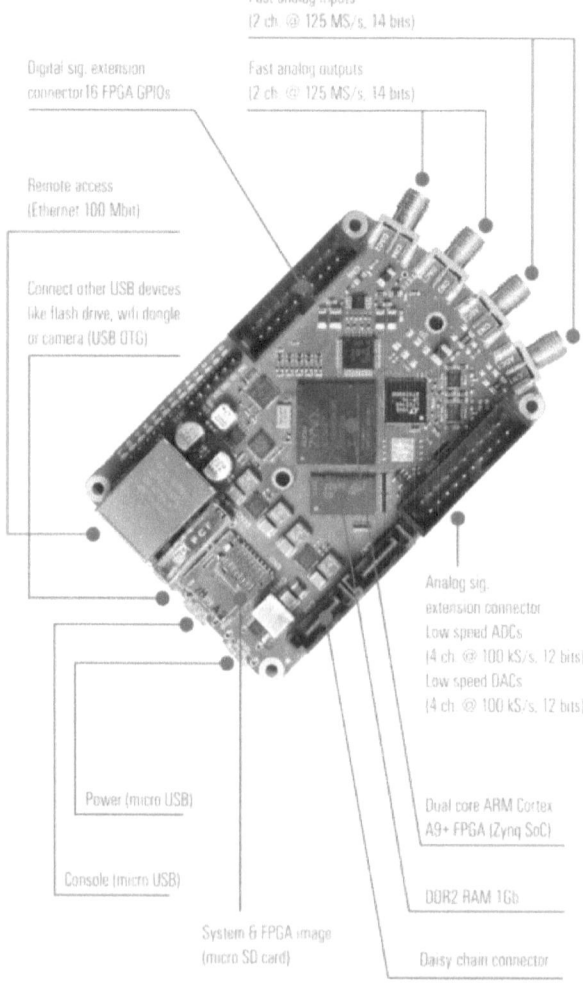

I connettori strip header maschi, indicati nella documentazione ufficiale come **Extension connectors**, che circondano il processore Zynq sono in gran parte connessi alla sezione ARM, sono indicati con le sigle E1,E2, ed hanno questi terminali.

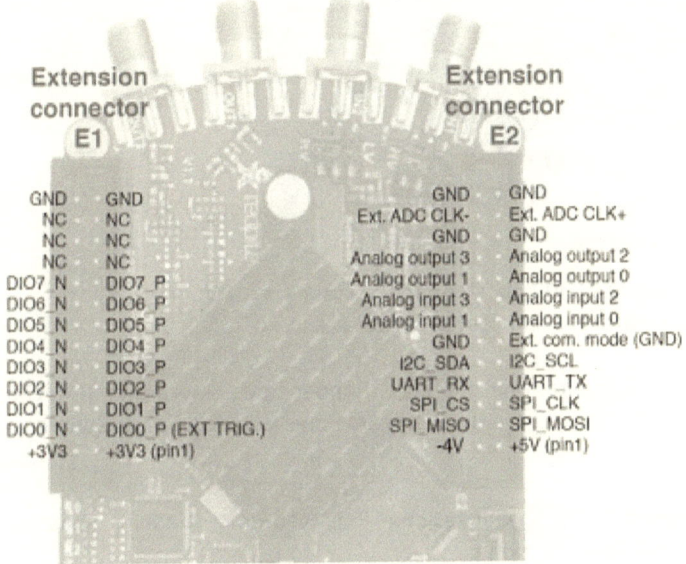

GND	GND	GND	GND
NC	NC	Ext. ADC CLK-	Ext. ADC CLK+
NC	NC	GND	GND
NC	NC	Analog output 3	Analog output 2
DIO7_N	DIO7_P	Analog output 1	Analog output 0
DIO6_N	DIO6_P	Analog input 3	Analog input 2
DIO5_N	DIO5_P	Analog input 1	Analog input 0
DIO4_N	DIO4_P	GND	Ext. com. mode (GND)
DIO3_N	DIO3_P	I2C_SDA	I2C_SCL
DIO2_N	DIO2_P	UART_RX	UART_TX
DIO1_N	DIO1_P	SPI_CS	SPI_CLK
DIO0_N	DIO0_P (EXT TRIG.)	SPI_MISO	SPI_MOSI
+3V3	+3V3 (pin1)	-4V	+5V (pin1)

Osservando il connettere E2, sulla destra dell'immagine, si nota la presenza di 4 canali analogici in ingresso e altrettanti in uscita.
Si tratta di convertitori ADC e DAC integrati nell'ARM e quindi non possono campionare un segnale in radiofrequenza.

Impostazione del guadagno degli ingressi analogici a RF.
Il guadagno "Gain" può essere settato in maniera individuale per entrambi I canali a alta velocità in maniera hardware agendo su due ponticelli posti vicino ai connettori BNC.

<figure>
±1 V full scale

±20 V full scale
</figure>

Ponticelli a sinistra (LV) impostano fondo scala a +/- 1 V.
Ponticelli a destra (HV) impostano fondo scala a +/- 20 V.

Avvertenza: L'impostazione di questi Jumper deve essere una di quelle indicate sopra. Qualsiasi altra configurazione potrebbe danneggiare la scheda.

Sul programma HDL, nella sezione RTL, vedremo I canali analogici rappresentati in questo modo:

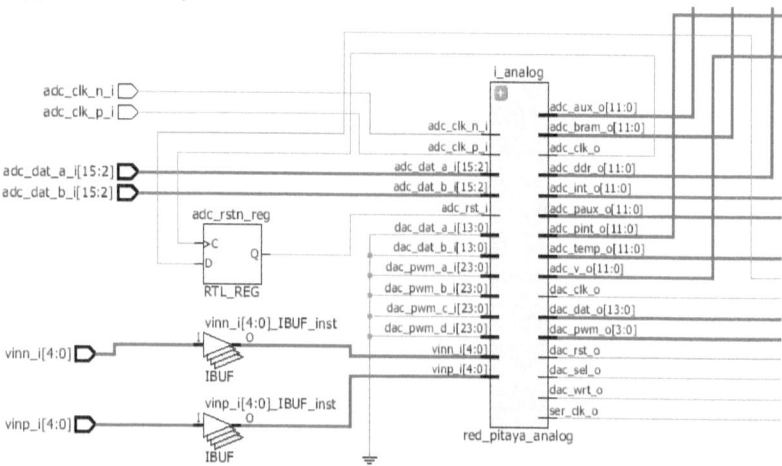

Notiamo innanzitutto che vengono definiti i Bus a 16 bit per entrambi I canali, qui indicati con le voci adc_dat_a_i[15:2] e adc_dat_b_i[15:2]

Connettore E2 pin description				
Pin	Description	FPGA pin number	FPGA pin description	Voltage levels
1	+5V			
2	-4V (50mA)*			
3	SPI(MOSI)	E9	PS_MIO10_500	3.3V
4	SPI(MISO)	C6	PS_MIO11_500	3.3V
5	SPI(SCK)	D9	PS_MIO12_500	3.3V
6	SPI(CS#)	E8	PS_MIO13_500	3.3V
7	UART(TX)	C8	PS_MIO08	3.3V
8	UART(RX)	C5	PS_MIO09	3.3V
9	I2C(SCL)	B9	PS_MIO50_501	3.3V
10	I2C(SDA)	B13	PS_MIO51_501	3.3V
11	Ext com.mode			GND (default)
12	GND			
13	Analog Input 0			0-3.5V
14	Analog Input 1			0-3.5V
15	Analog Input 2			0-3.5V
16	Analog Input 3			0-3.5V
17	Analog Output 0			0-1.8V
18	Analog Output 1			0-1.8V
19	Analog Output 2			0-1.8V
20	Analog Output 3			0-1.8V
21	GND			
22	GND			
23	Ext Adc CLK+			LVDS
24	Ext Adc CLK-			LVDS
25	GND			
26	GND			

* Red Pitaya Version 1.0 has -3.3V on pin 2. Red Pitaya Version 1.1 has -4V on pin 2

Extension connector E1

Nella prossima tabella il connettoro per i segnali digitali della RedPitaya.

- 3v3 power source
- 16 single ended or 8 differential digital I/Os with 3,3V logic levels

Pin	Description	FPGA pin number	FPGA pin description	Voltage levels
Table 5: Extension connector E1 pin description				
1	3V3			
2	3V3			
3	DIO0_P	G17	IO_L16P_T2_35 (EXT TRIG)	3.3V
4	DIO0_N	G18	IO_L16N_T2_35	3.3V
5	DIO1_P	H16	IO_L13P_T2_MRCC_35	3.3V
6	DIO1_N	H17	IO_L13N_T2_MRCC_35	3.3V
7	DIO2_P	J18	IO_L14P_T2_AD4P_SRCC_35	3.3V
8	DIO2_N	H18	IO_L14N_T2_AD4N_SRCC_35	3.3V
9	DIO3_P	K17	IO_L12P_T1_MRCC_35	3.3V
10	DIO3_N	K18	IO_L12N_T1_MRCC_35	3.3V
11	DIO4_P	L14	IO_L22P_T3_AD7P_35	3.3V
12	DIO4_N	L15	IO_L22N_T3_AD7N_35	3.3V
13	DIO5_P	L16	IO_L11P_T1_SRCC_35	3.3V
14	DIO5_N	L17	IO_L11N_T1_SRCC_35	3.3V
15	DIO6_P	K16	IO_L24P_T3_AD15P_35	3.3V
16	DIO6_N	J16	IO_L24N_T3_AD15N_35	3.3V
17	DIO7_P	M14	IO_L23P_T3_35	3.3V
18	DIO7_N	M15	IO_L23N_T3_35	3.3V
19	NC			
20	NC			
21	NC			
22	NC			
23	NC			
24	NC			
25	GND			
26	GND			

JTAG RedPitaya.

Pin	Description	FPGA pin number	FPGA pin description
Table 7: JTAG header pin description			
1	3V3		
2	GND		
3	TCK	F9	TCK_0
4	TDO	F6	TDO_0
5	TDI	G6	TDI_0
6	TMS	J6	TMS_0

Hardware interfaces

Red Pitaya features several measurement, control, communication and storage interfaces. They are shown in Figure: Interfaces.

Fast analog input 1
Fast analog input 2
Fast analog output 1
Fast analog output 2
Power (micro USB)
Micro SD card
Console (micro USB)
USB
Gigabit Ethernet

Figure: Interfaces.

Name	Type	Connector	Description
			Table 2: Interfaces and their description
IN1	Input	SMA-F	RF input (High-Z, 1 MΩ // 10 pF)
IN2	Input	SMA-F	RF input (High-Z, 1 MΩ // 10 pF)
OUT1	Output	SMA-F	RF output (50 Ω)
OUT2	Output	SMA-F	RF output (50 Ω)
Ethernet	Full-duplex	RJ45	1000Base-T Ethernet connection
USB	Full-duplex	A USB	Used for standard USB devices
Micro USB (Console)	Full-duplex	Micro B USB	Used for console connection
Micro USB (Power)	Input	Micro B USB	5 V / 2 A power supply
Micro SD	Full-duplex	Micro SD slot	Micro SD memory card

LEDs RedPitaya.

Table 4: LED pin description

LED	Description	FPGA pin number	FPGA pin description
Yellow 0		F16	IO_L6P_T0_35
Yellow 1		F17	IO_L6N_T0_VREF_35
Yellow 2		G15	IO_L19N_T3_VREF_35
Yellow 3		H15	IO_L19P_T3_35
Yellow 4		K14	IO_L20P_T3_AD6P_35
Yellow 5		G14	IO_0_35
Yellow 6		J15	IO_25_35
Yellow 7		J14	IO_L20N_T3_AD6N_35
Yellow 8		E6	PS_MIO0_500
Red		D8	PS_MIO7_500
Green	Power Good	K18	
Blue	FPGA Done	R11	DONE_0

Creare un custom IP.

In questo capitolo vedremo come creare un blocco AXI IP customizzato sulle nostre esigenze di architettura.

L'esperienza proposta sarà svolta in ambiente Vivado in linguaggio VHDL per il chip ZYNQ SoC della famiglia 7000 impiegato nella board RedPitaya.

Per semplicità espositiva creeremo un IP sommatore a cui forniremo gli addendi e estrarremo il risultato in appositi registri a cui accederemo tramite il bus AXI.

La somma verrà eseguita tra addendi a 16 bit e sarà restituita in un registro a 32 bit.

Gli addendi a 16 bit saranno contenuti in un unico registro a 32 bit diviso in due che chiameremo parte alta e parte bassa del registro (lower a higher bits).

Creiamo un nuovo progetto, con nome **prova_adder** in cui aggiungiamo il device impiegato nella scheda RedPitaya ovvero XC7z010clg400-1.

Impostiamo come target language: VHDL

Usiamo le default library: xil_defaultlib

Lanciato lo Xilinx dall'apposita icona sul desktop, clicchiamo su "Create new project", come in figura:

Bisognerà porre un po di attenzione alle cartelle di destinazione e inclusione in modo che in fase di building non si presentino errori di inclusione file o mancanza di path.

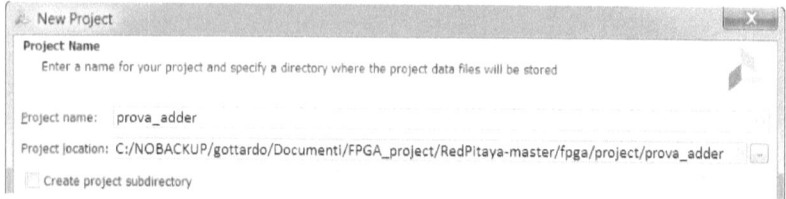

Nel successivo passaggio viene chiesto di caratterizzare il tipo di progetto, come mostrato sotto opteremo per "RTL Project".

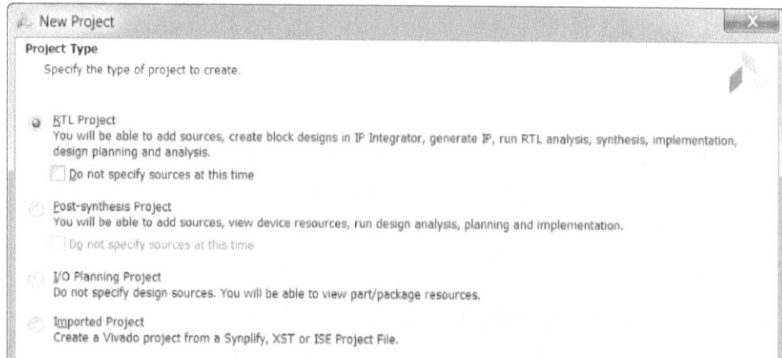

Verranno richieste in sequenza alcune impostazioni che in questo momento non sono di fondamentale interesse, quindi potremmo rispondere "Next". Queste sono:

1. Add sources   -> Next
2. Add Existing IP -> Next
3. Add Constraints-> Next
4. Selezionare il sistema di sviluppo -> nse non lo possediamo, ad esempio il MicroZed, facciamo semplicemente Next, oppure, se abbiamo un file template della RedPitaya selezioniamolo. Concettualmente potremo inserire qualsiasi scheda di sviluppo che monti il chip che ci interessa ad esempio il nostro XC7z010clg400-1 montato appunto nella RedPitaya.

Nei successivi passaggi potrebbe essere necessario cambiare il linguaggio di default, questo si farà dal menù **select tools -> Options** e alla voce "General" impostiamo il target language **VHDL**.

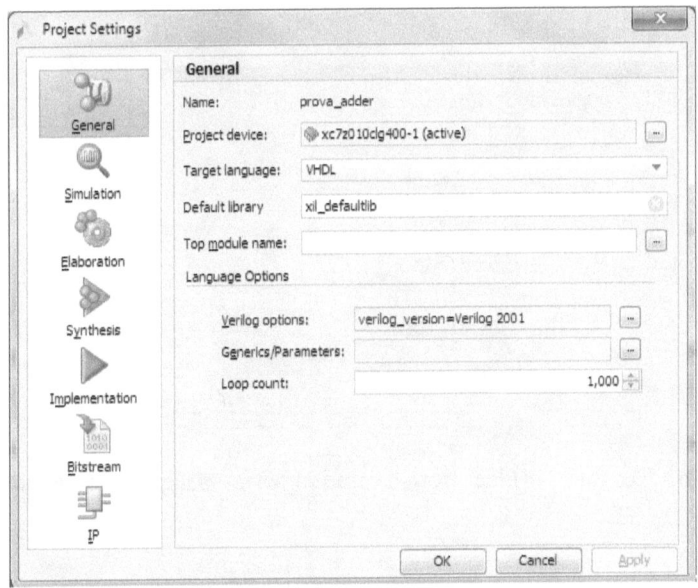

Nella finestra principale, sul lato sinistro è presente il pannello "Flow Navigator" in cui agiremo cliccando su "Create Block Design".

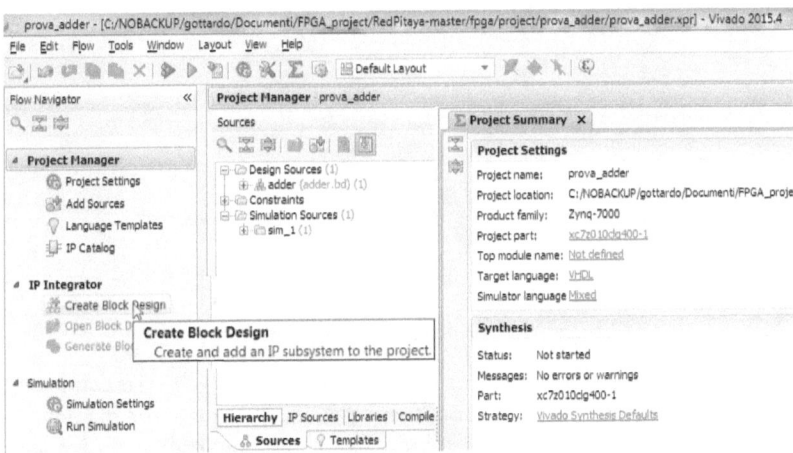

Si apre una finestra di dialogo che ci chiede il nome del nuovo IP che vogliamo creare, nel nostro esempio lo chiameremo "**myadder**".

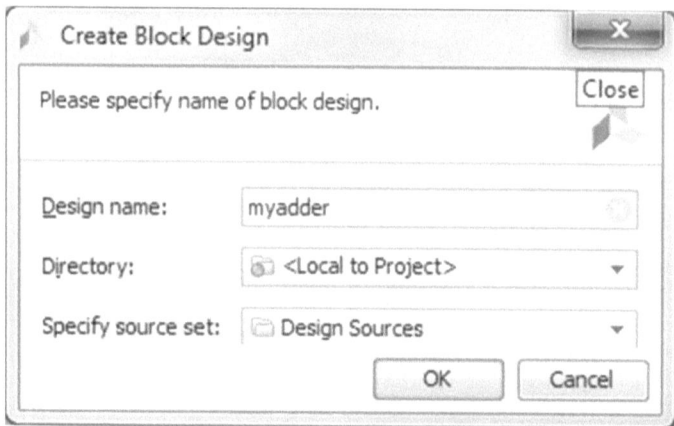

Nella finestra "Diagram" di Block Design comparirà il messaggio "This design is empty".

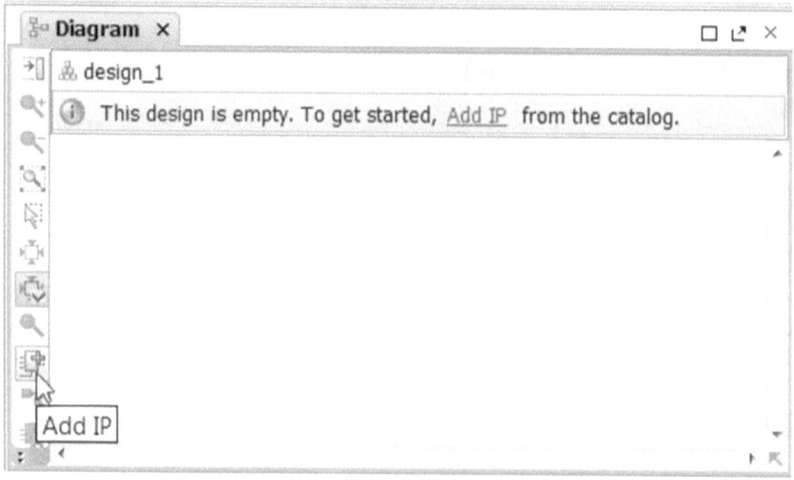

Procediamo aggiungendo un nuovo IP (agire su "Add IP") che ci mostra cosa abbiamo disponibile a catalogo oppure la possibilità di inserirne di nuovi. Introduciamo il chip centrale che come sappiamo appartiene alla famiglia ZYNQ7.
Come mostrato nella figura successiva.

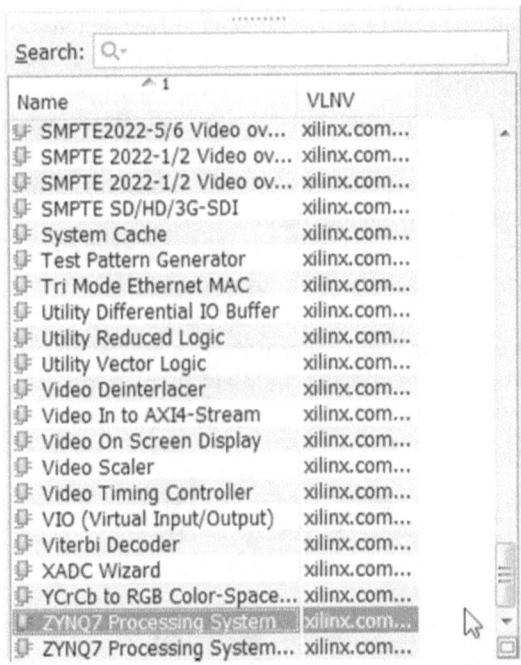

Nella finestra Block design Diagram, compare il messaggio "Designer Assistance available. Run Block Automation".

Clickiamo sul link "Run Block Automation" e selezioniamo "processing_system7_0" nel menù a tendina.

Andiamo a inserire il "processore" centrale.

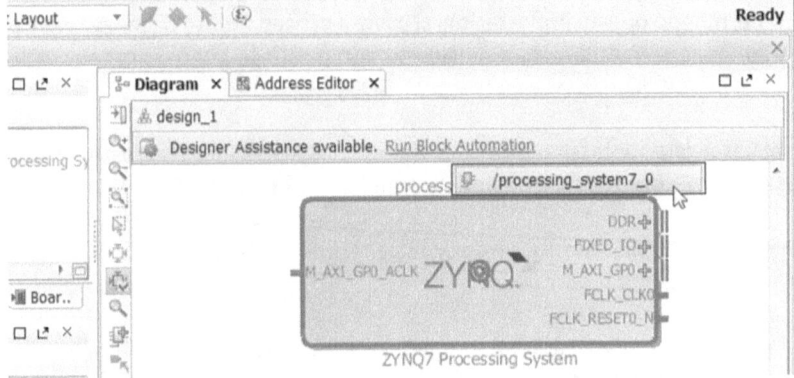

L'assistente "Block Automation" creerà le connessioni e le assegnazioni principali dei pin verso l'hardware esterno al nostro Chip come ad esempio le RAM DDR o i punti fissi di I/O.

Se all'atto della creazione del progetto abbiamo definito una piattaforma di lavoro, ad esempio MicroZed oppure RedPitaya, verranno rispettati i constraints (vincoli circuitali), se invece non abbiamo impostato alcuna board saremo liberi di fissare i vincoli manualmente.

Ovviamente il processo di creazione del design è molto semplificato se usiamo un hardware standard e non una scheda customizzata.

Se possediamo una demoboard, e la abbiamo presettata nella fase iniziale della creazione del progetto, allora in questa schermata spuntiamo "Apply Board Preset" così che il wizard possa creare le connessioni tenendo in considerazione gli specifici constraints.

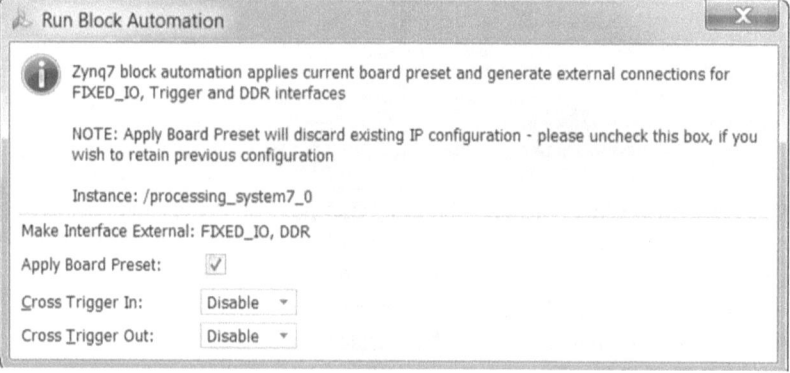

Confermando queste impostazioni si avvia il procedimento di collegamento automatico e vedremo come risultato comparire le connessioni verso la DDR e i Fixed_IO.

Nel passaggio successivo sarà necessario collegare i blocchi al system clock usato per il corretto funzionamento tramite l'interfaccia AXI e il suo bus.

Dobbiamo configurare lo Zynq per la generazione del clock e l'abilitazione del bus AXI general purpose.

Il passo successivo sarà un doppio click sul blocco ZYNQ PS (ovvero Processing System) mostrato in figura.

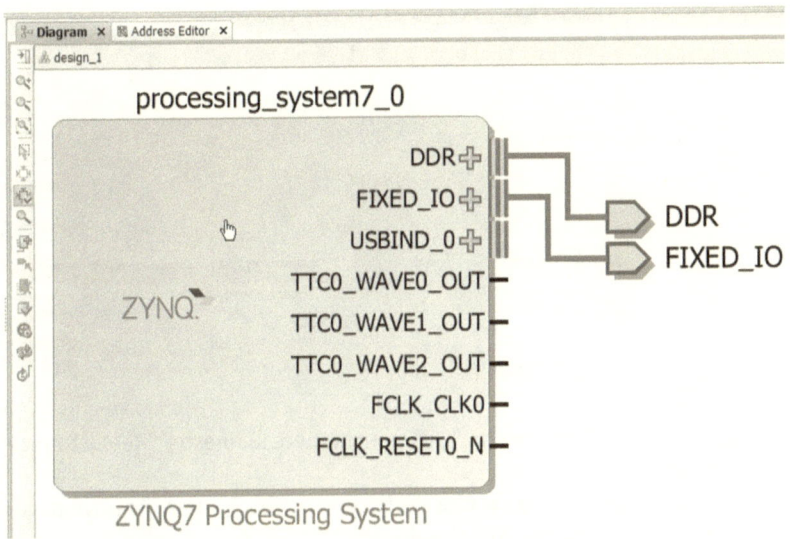

Entriamo nella configurazione dello ZYNQ PS con doppio click al fine di collegarlo al corretto system BUS.

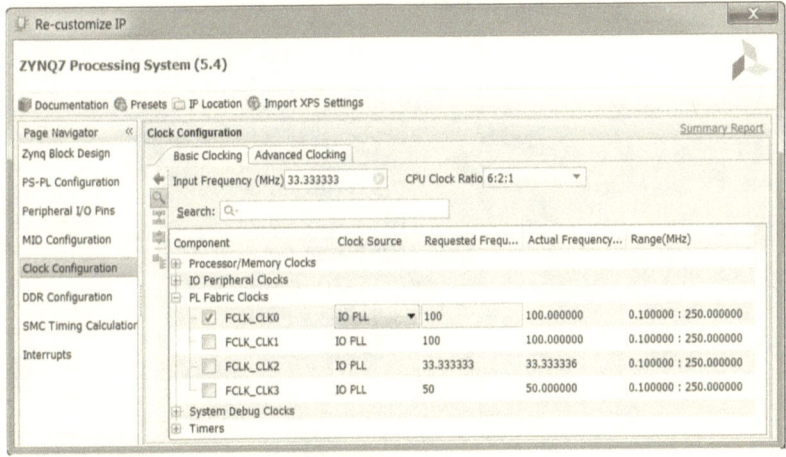

Ci sono tre punti fondamentali da impostare:

1. Assicurarsi che FCLK_CLK0 sia abilitato e impostato alla frequenza di 100MHz. Questo imposta anche la frequenza di clock dell'AXI.
2. Con il tasto browser selezionare "PS-PL Configuration" quindi aprire l'albero "GP Master AXI Interface".
3. Abilitare tramite il checkbox il "M AXI GP0 Interface".

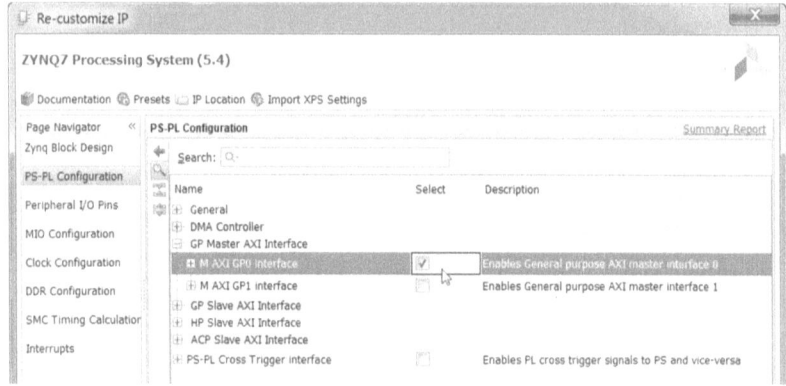

Dobbiamo ora confermare con "OK" per chiudere la finestra "Re-customize IP".

Comparirà, sull'anteprima del blocchetto processing_system, il nuovo pin di input. Sarà visibile sul lato sinistro del blocco Zynq PS.

Il nuovo pin è in effetti l'ingresso di clock per l'interfaccia AXI.

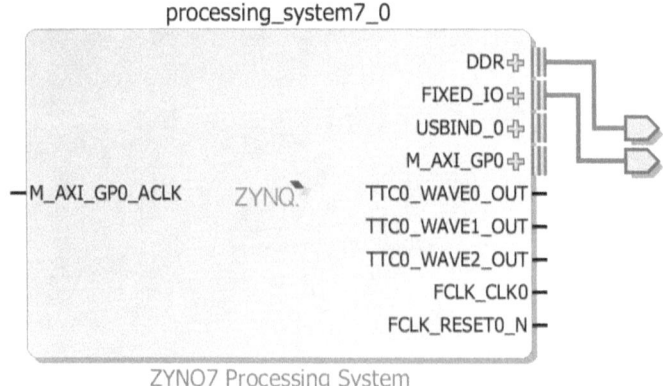

Procediamo collegando il segnale "FCLK_CLK0 output" all'AXI clock input.

Per fare questo cliccare su FCLK_CLK0 output e quindi cliccare su M_AXI_GP0_ACLK input.

L'azione comporta la tracciatura di un filo tra i due pin e realizza la connessione.

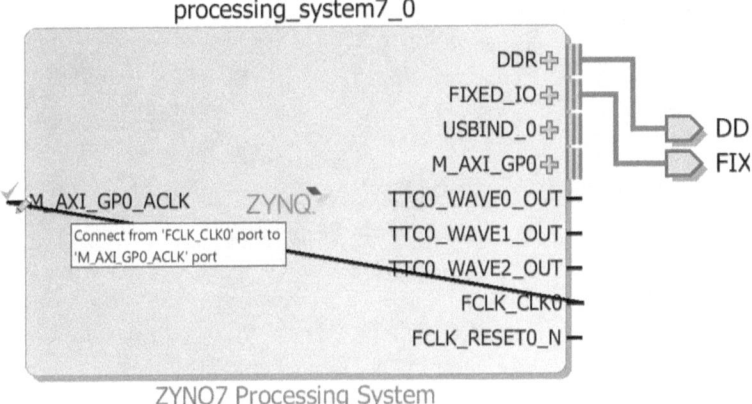

processing_system7_0

ZYNQ7 Processing System

Creare un HDL wrapper

Le precedenti operazioni hanno portato a termine il setup del blocco Zynq che è ora predisposto per entrare a fare parte di un progetto HDL.
Per fare questo è necessario creare un HDL Wrapper cosi che il blocco possa entrare a fare parte di un design.

Nella finestra Block design apriamo "Source".

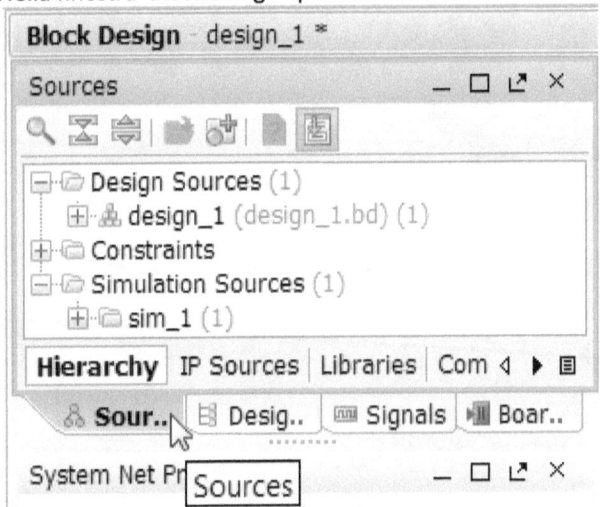

Proseguiamo facendo tasto destro su "design_1" e selezioniamo "Create HDL wrapper" dal menu a tendina.

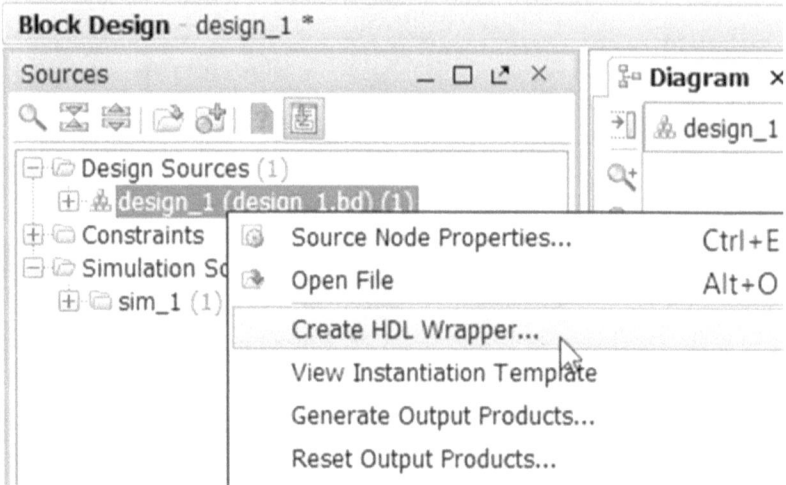

Selezioniamo "Let Vivado manage wrapper and auto-update" nella finestra "Create HDL wrapper", e confermiamo con "OK".

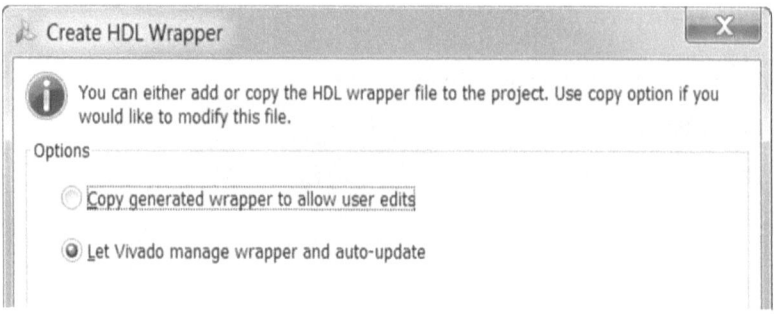

Noteremo comparire un'icona diversa sul block design, come mostrato in figura:

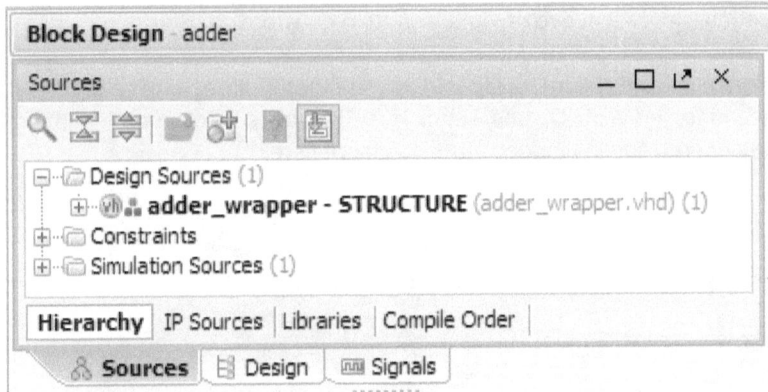

Espandendo l'albero possiamo vedere cosa è stato generato.

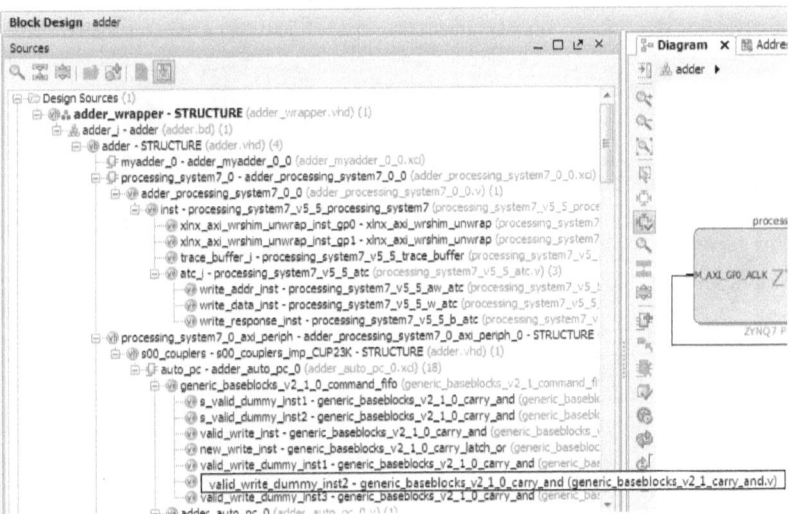

A questo punto si ha a disposizione un design, basato su Zynq, del quale dobbiamo generare il file bitstream.

In questo design di base potremo già lanciare in esecuzione Linux nel PS oppure eseguire un'applicazione bare metal.

In ultima istanza il nuovo design ottenuto è questo:

Si tratta di un design composto di 4 blocchi IP e di due punti di interconnessione di IO, uno verso le DDR Ram e uno verso i punti di collegamento con in pinout e altre interfacce fisse.

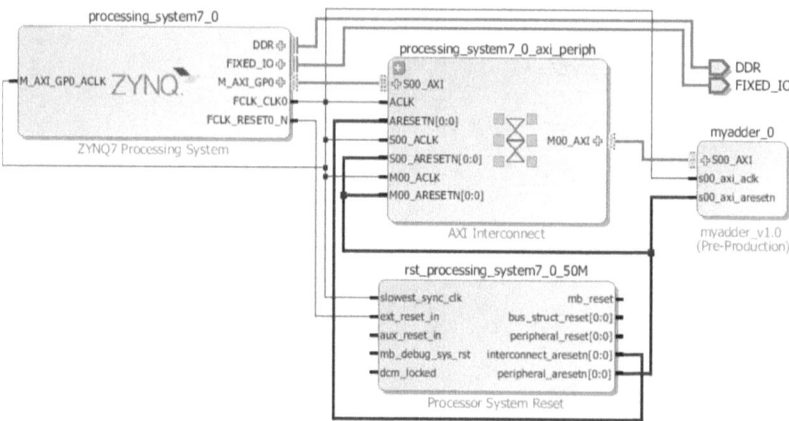

Generare il file bitstream.

Per generare il file bitstream è sufficiente cliccare su "Generate Bitstream" sull'albero del Flow Navigator.

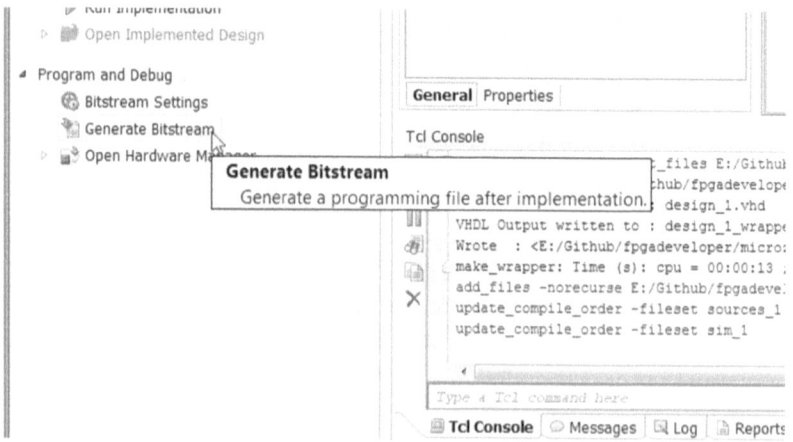

Quando viene generato il file bitstream compare la successiva finestra.

Proseguiamo selezionando "Open Implemented Design" confermiamo cliccando su "OK".

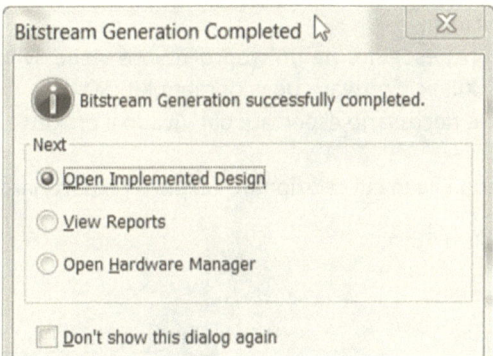

Alla conferma verrà aperto il design sull'editor di Vivado che mostrerà in maniera grafica il risultato del design basato su Zynq creato.

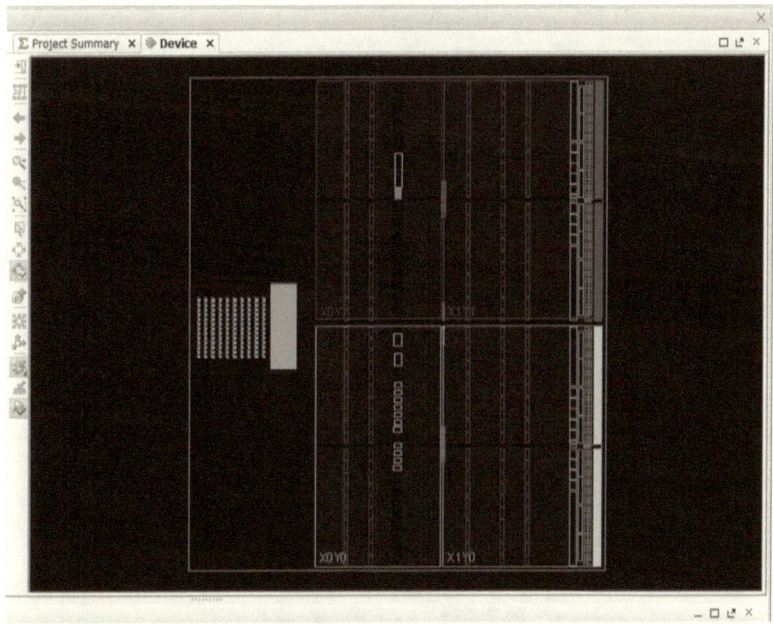

Esportare l'hardware in SDK.

Dopo avere generato il file bitstream l'hardware design risulta pronto ad accettare l'eventuale codice sviluppato per realizzare le interfacce utente oppure gli applicativi.

Il codice che verrà eseguito nel microprocessore viene sviluppato in SDK ovvero il tool di Xilinx "Software Development Kit (SDK)".

Per fare questo è necessario esportare dal Vivado il progetto in SDK.

Portarsi nel menu File in cui selezionare "Export->Export hardware".

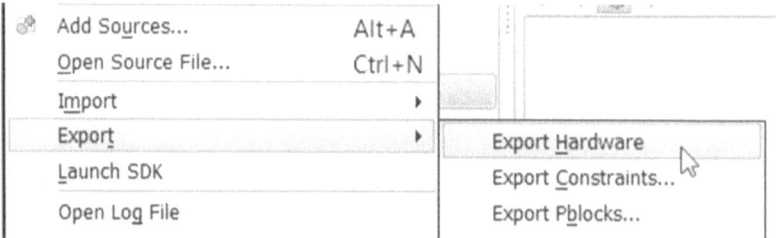

Nella finestra di dialogo che appare selezionare "Include bitstream".

Ripetere il lancio dell'applicativo agendo nuovamente su "Launch SDK".

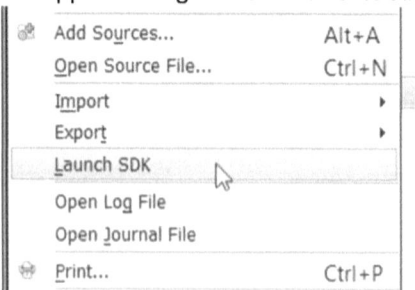

Impostare come nell'immagine nella prossima finestra di dialogo e confermare con "OK".

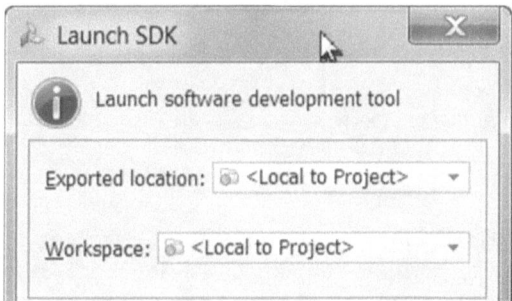

A questo punto il tool SDK carica il design e crea dalla piattaforma hardware una specificazione software che la descrive.
I file che descrivono l'hardware, contenenti la descrizione tramite software, vengono mostrai nella finestra "Project Explorer" di SDK mostrata sotto.

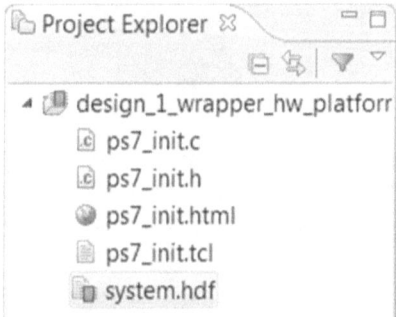

Questo è l'ultimo passaggio per cui siamo realmente pronti per creare i nostri applicativi da eseguire nella PS.
Creare un'applicazione software.

Prima di procedere dobbiamo esportare il design in modo che SDK lo possa aprire. "File" -> "Export" -> "Export_Block Design".

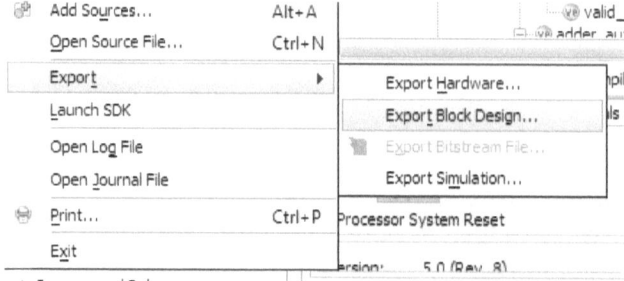

Viene chiesto di selezionare la locazione in cui esportare, si suggerisce la path del progetto corrente, oppure di salvare il file esportato in una directory SRC del progetto.

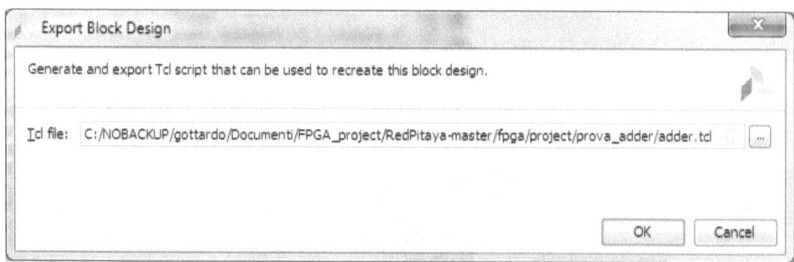

Se non vengono segnalati errori lanciamo l'ambiente SDK dal menu "File" alla voce "launch SDK". Compare la seguente finestra che ci suggerisce di aprire il tool relativamente al progetto attualmente aperto.

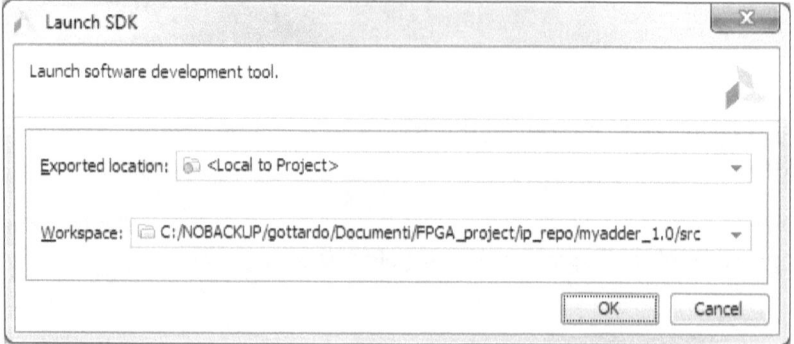

Si avvia il tool SDK mostrando questa splash

Una volta entrati nell'ambiente potremmo verificare la presenza del nuovo IP, in questo caso myaddress, indicato dalle frecce.

Viene riportata anche l'allocazione in memoria.

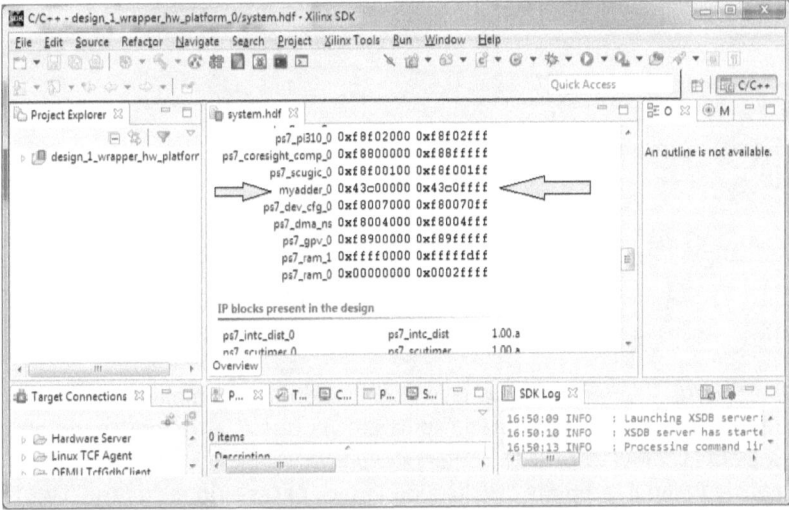

Procediamo creando una nuova applicazione che fungerà da interfaccia tra la sezione ARM e l'applicazione FPGA creata al paragrafo precedente.

Dal menu "File" di SDK" selezioniamo "new -> application project" come mostrato nella prossima immagine.

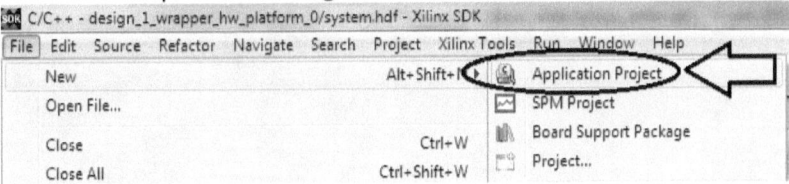

Il wizard chiede di scegliere un nome per l'applicazione e il tipo di applicazione che intendiamo sviluppare.

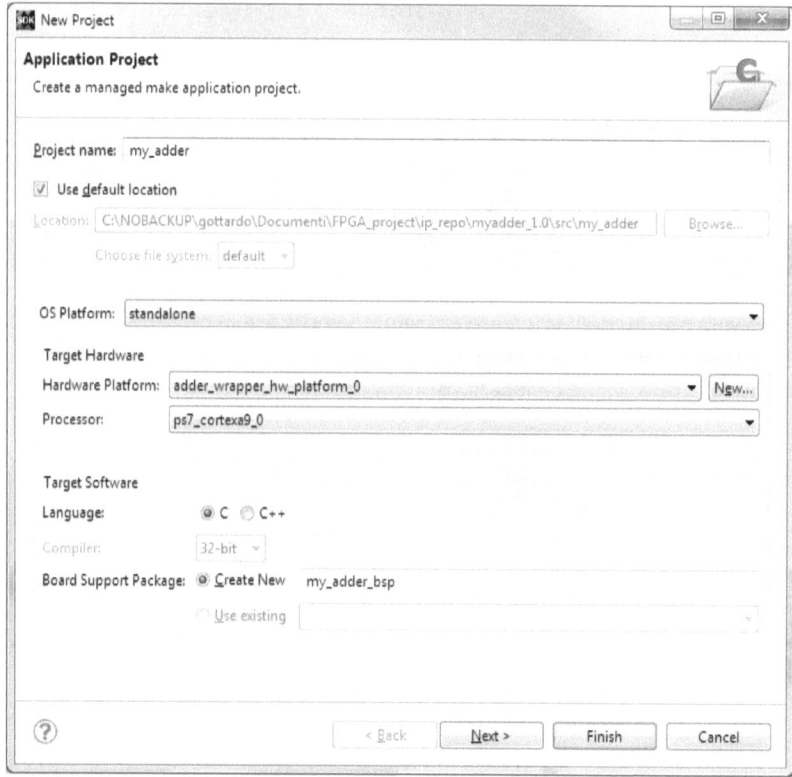

Viene data l'opportunità di lavorare usando dei template. Bisognerà prestare attenzione alle librerie utilizzate da questi altrimenti non verrà eseguita la compilazione.

Se includiamo il template "Hello World" sarà necessario includere l'UART, perché questo esempio comunica in seriale.

Se, ad esempio, selezioniamo la voce "Zynq FSBL" verrà creata un'interfaccia che permette di caricare, tramite la sezione ARM multicore, il FSBT ovvero il First Stage Bootloader, come mostrato sotto.

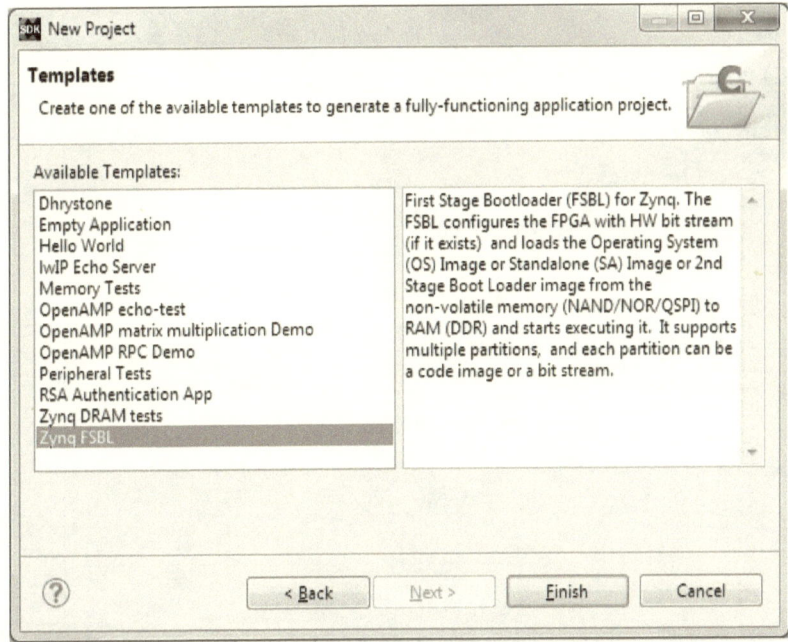

Le funzionalità sono spiegate nel pannello di destra, per ogni voce selezionabile.

Un'altra di particolare importanza è la lwIP che ci guida nella creazione del codice per l'interfaccia di controllo dello stack ethernet.

Nel pannello di destra compare la breve spiegazione sottostante:

The lwIP Echo Server application provides a simple demonstration of how to use the light-weight IP stack (lwIP). This application sets up the board to use IP address 192.168.1.10, with MAC address 00:0a:35:00:01:02. The server listens for input at port 7 and simply echoes back whatever data is sent to that port.

Proseguiamo selezionando una Empty Application quindi creando un template C praticamente vuoto ma già adeguato all'hardware disegnato.

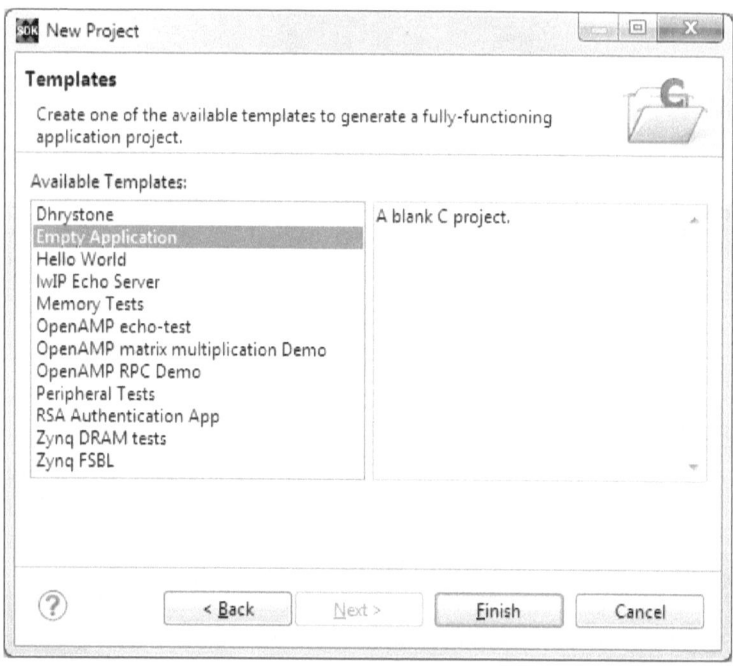

Clicchiamo su "Finish" e osserviamo cosa l'applicazione SDK ha creato.
Sull'albero del menù "Project Explorer" comparirà la nuova voce "My_adder" la cui icona ci ricorda che è stato selezionato il linguaggio "C". Inoltre, nella cartella my_adder_BPS ci saranno i pezzi del codice sorgente e la documentazione associata.

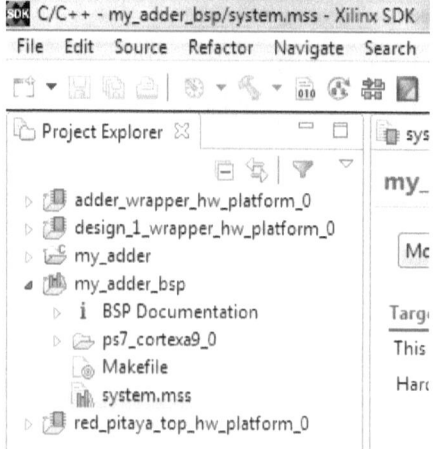

La cartella my_adder_bsp contiene l'applicazione software che potrà essere editata e modificata.
Il make file è generato automaticamente quindi le modifiche potranno essere compilate e testate sul proprio hardware.

****

```
# Makefile generated by Xilinx.

PROCESSOR = ps7_cortexa9_0
LIBRARIES = ${PROCESSOR}/lib/libxil.a
BSP_MAKEFILES := $(wildcard $(PROCESSOR)/libsrc/*/src/Makefile)
SUBDIRS := $(patsubst %/Makefile, %, $(BSP_MAKEFILES))

ifneq (,$(findstring win,$(RDI_PLATFORM)))
 SHELL = CMD
endif

all: libs
        @echo 'Finished building libraries'

include: $(addsuffix /make.include,$(SUBDIRS))

libs: $(addsuffix /make.libs,$(SUBDIRS))

$(PROCESSOR)/lib/libxil.a: $(PROCESSOR)/lib/libxil_init.a
        cp -f $< $@

%/make.include:                      $(if                 $(wildcard
$(PROCESSOR)/lib/libxil_init.a),$(PROCESSOR)/lib/libxil.a,)
        @echo "Running Make include in $(subst /make.include,,$@)"
        $(MAKE)   -C   $(subst   /make.include,,$@)   -s   include
"SHELL=$(SHELL)" "COMPILER=arm-xilinx-eabi-gcc" "ARCHIVER=arm-xilinx-
eabi-ar" "COMPILER_FLAGS=  -O2 -c" "EXTRA_COMPILER_FLAGS=-g"

%/make.libs: include
        @echo "Running Make libs in $(subst /make.libs,,$@)"
        $(MAKE) -C $(subst /make.libs,,$@) -s libs   "SHELL=$(SHELL)"
"COMPILER=arm-xilinx-eabi-gcc"            "ARCHIVER=arm-xilinx-eabi-ar"
"COMPILER_FLAGS=  -O2 -c" "EXTRA_COMPILER_FLAGS=-g"

clean:
        rm -f ${PROCESSOR}/lib/libxil.a
```

****

I sorgenti con i propri header sono contenuti nella struttura di cartelle, in Project Explorer, mostrata in figura:

- ▲ 🗁 my_adder
  - ▲ 🔊 Includes
    - ▷ 📥 C:/Xilinx/SDK/2015.4/gnu/arm/nt/arm-xilinx-eabi/include
    - ▷ 📥 C:/Xilinx/SDK/2015.4/gnu/arm/nt/lib/gcc/arm-xilinx-eabi/4.9.2/include
    - ▷ 📥 C:/Xilinx/SDK/2015.4/gnu/arm/nt/lib/gcc/arm-xilinx-eabi/4.9.2/include-fixed
    - 📦 my_adder_bsp/ps7_cortexa9_0/include
  - ▲ 🗁 src
    - 🗋 lscript.ld
    - 📄 README.txt

Se si è proceduto inserendo un Empty project dovremmo creare manualmente un nuovo file di tipo "C", curandoci che questo sia contenuto nella cartella "src".

Clicchiamo sull'icona "new C files" nella barra dei comandi dopo avere selezionato come posizione la cartella src.

Diamo al nuovo file lo stesso nome del progetto quindi my_adder.c curandoci di scrivere anche l'estensione dato che non verrà automaticamente aggiunta.

Comparirà una pagina vuota nel pannello destro.

Creiamo il seguente codice.

```c
#include <stdio.h>
#include "xbasic_types.h"
#include "xparameters.h"

Xuint32 *baseaddr_p = (Xuint32 *)XPAR_MYADDER_0_S00_AXI_BASEADDR;

int main(){

printf("Adder Test\n\r");

// Write multiplier inputs to register 0
*(baseaddr_p+0) = 0x00000001;
*(baseaddr_p+1) = 0x00000002;
printf("Add: 0x%08x   and   0x%08x   \n\r",   (int)*(baseaddr_p+0),
(int)*(baseaddr_p+1));

// Read multiplier output from register 1
printf("Result : 0x%08x \n\r", (int)*(baseaddr_p+2));
printf("End of test\n\n\r");

return 0;
}
```

La compilazione del nuovo codice, per quanto riguarda i sistemi che risulteranno derivare dalla RedPitaya, dovrà avvenire tramite il Linaro toolchain.

La scelta del toolchain avviene dalla finestra "Property for my_adder" come mostrato sotto.

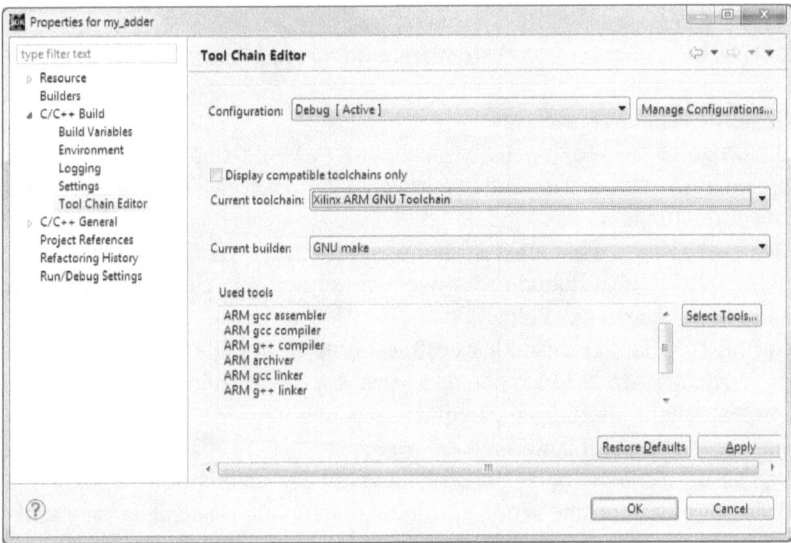

Se non dovesse comparire nella lista sarà necessario eseguire l'installazione.

Continua ->

Traduzione e inclusione immagini.

Creare un nuovo progetto Verilog Step by Step.

Vediamo un secondo esempio guidato per la creazione di un nuovo progetto compatibile con l'hardware della RedPitaya ovvero basato sul chip **xc7z010clg400-1**.

Si intende implementare una semplice unità aritmetico logica nell'area FPGA e di munirla delle necessarie interfacce per poterla controllare dalla sezione ARM.

Nella sostanza dovremmo customizzare un nuovo blocco IP.

Nozioni preliminari di base:

Un progetto Vivado, sia esso sviluppato in VHDL oppure in Verilog, è organizzato in blocchi definiti IP (intellectual Property) di cui quello inserito per primo funge da Top Module.

Ogni IP è definito e sviluppato tramite un'attivazione dell'ambiente Vivado, per questo motivo quando sarà necessario creare un custom IP vedremo l'ambiente aperto due volte.

Nel caso di quanto esposto in questo capitolo ci sarà una prima attivazione di Vivado riferita al top module, ovvero il chip centrale xc7z010clg400-1 installato nella piattaforma RedPitaya, e una seconda attivazione per il custom IP che qui chiameremo RFX-ALU.

Va ricordato che per ogni IP esistono due tipi di visualizzazione e possibilità di customizzazione che vanno entrambe manipolate sia con l'editor visuale degli IP che con gli script Verilog.

Con l'editor a blocchi, accessibile da "Open Block Design" del Flow Navigator, si impostano i segnali, i bus, i comandi di sincronia, i buffer, mentre con il linguaggi di script si realizzano le funzioni interne, ad esempio il calcolo f = a+ b che presentiamo in questo capitolo.

Dall'editor a blocchi realizzeremo le interconnessioni tra gli IP che costituiscono il progetto.

L'interconnessione dei bus, con l'aggiunta delle interfacce standard basate su AXI o simili, è gestita da un tool automatico di Vivado lanciabile da un link della finestra block design indicato con "Run Block Automation".

Passo 1- Creazione dell'hardware.
Creiamo un nuovo progetto Vivado RTL basato su xc7z010clg400-1.

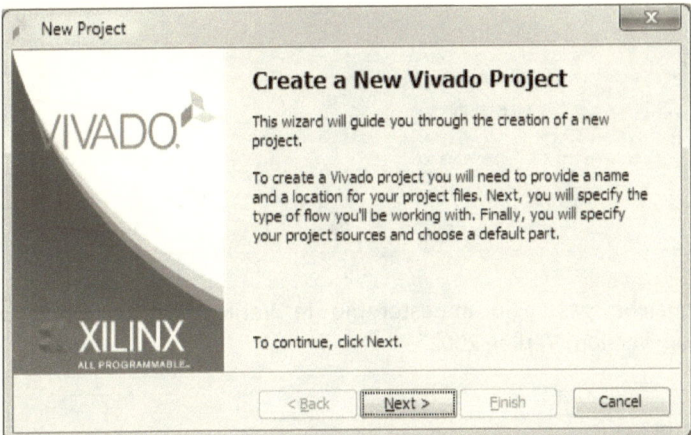

Impostiamo il nome per il nuovo progetto e la location con le opportune subfolder. Queste verranno create automaticamente.

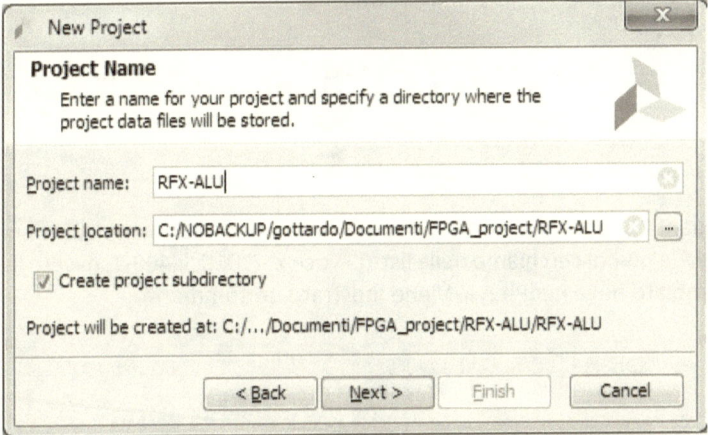

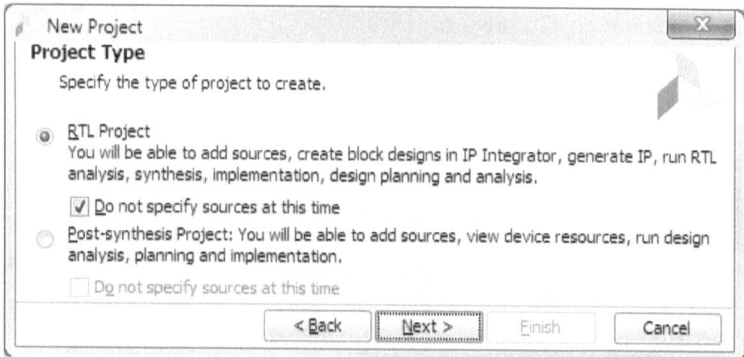

Tra qualche passaggio imposteremo le Verilog syntax option come "verilog_version=Verilog 2001".

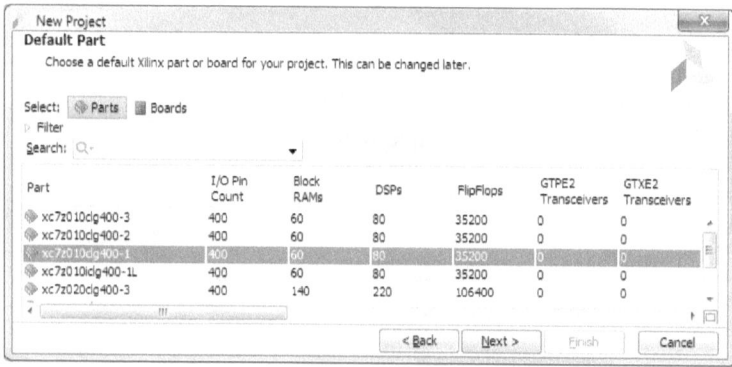

Se quanto si presenta non è uguale all'immagine clicchiamo sul triangolo "Filter" e quindi cerchiamo nella lista la voce xc7z010clg400-1, ovvero il chip assemblato nella RedPitaya. Viene mostrato un sommario.

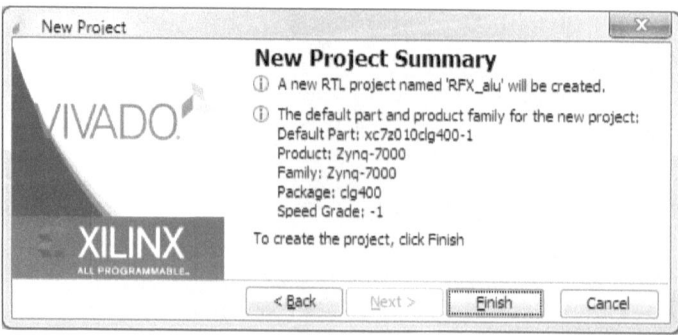

Impostiamo, dal menu tool-> Project Setting, il linguaggio **Verilog** HDL (Hardware Description Language) al fine di avere la compatibilità con la piattaforma RedPitaya, quindi selezioniamo "Target language -> Verilog".

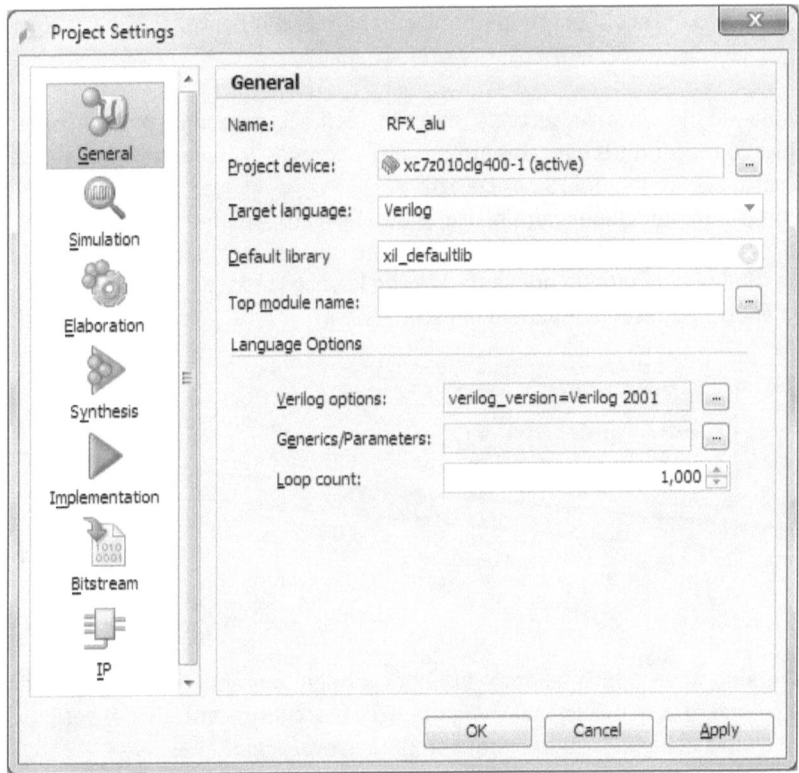

Attenzione: Vi sono presenti due voci estendendo il menù Target languages:
- VHDL
- Verilog

L'obbiettivo di questo capitolo è quello di creare un progetto FPGA compatibile con la piattaforma RedPitaya per questo motivo selezioneremo Verilog.

L'impostazione verrà mantenuta anche per i moduli più interni.

Passo 2- Aggiunta del sorgente da packaged ip in block design.

I blocchi logici possono essere inseriti in Vivado in due modi.
1. da verilog input scripts.
2. da preconfigured ip (intellectual property) packages. Questi sono disponibili in repository selezionabili.

Vediamo, in base al secondo metodo, come creare una macro che si interconnetta automaticamente ad altri packages in Vivado IP Integrator board. Usiamo il tool "Block Design".
Portiamoci sul pannello di sinistra "Flow Navigator" e poniamo l'attenzione alla voce IP Integrator. In questo momento dovrebbe mostraci attiva solo la possibilità di creare un nuovo design con la voce "Create Block Design". Agendo su questa compare la finestra:

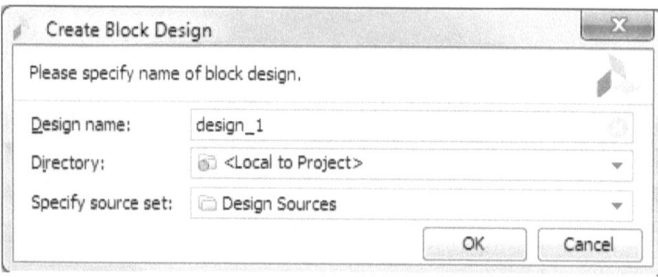

Creiamo una nuova istanza di Block design con nome design_1 per aggiungere la nuova istanza Zynq ovvero il blocchetto centrale del design. Al centro della finestra di editor compare il messaggio:

This design is empty. Press the ⊞ button to add IP.

Click add IP, ovvero la piccola icona mostrata sopra e cerchiamo l'oggetto "**Z YNQ7 Processing System**" nei pacchetti IP disponibili.

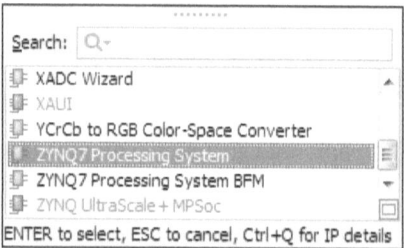

Il nuovo pacchetto relativo al processore comparirà solitario nella pagina e privo di ogni collegamento. Osservando la barretta comandi verde notiamo la presenza di un link, che funge da comando, chiamato "Run Block automation".

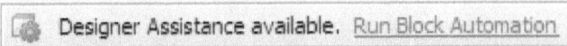

Agendo su Run Block Automation verranno aggiunte all'IP le prime connessioni verso le DDR e le FIXED_IO ports, viene chiesto se è necessario collegare i segnali di trigger, ma potremmo farlo anche in un secondo momento.

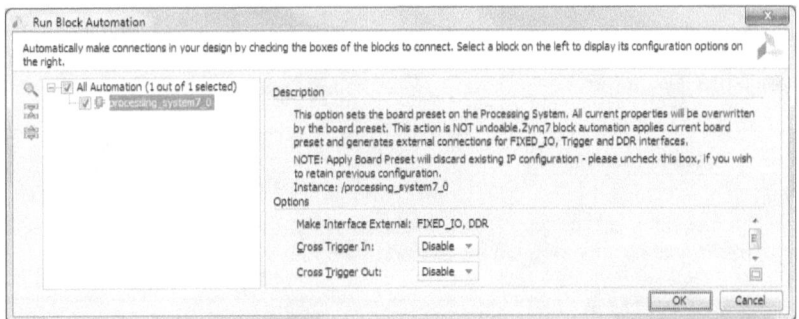

Il blocco comparirà munito delle prime connessioni come mostrato sotto.

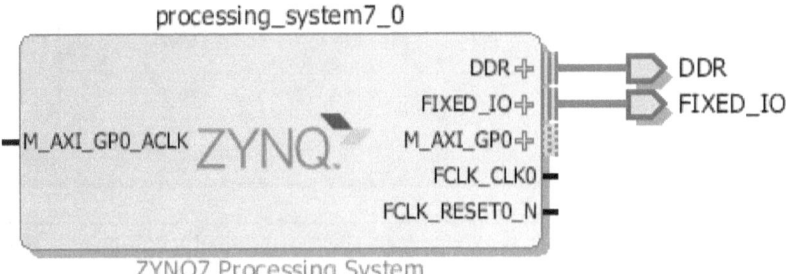

È fondamentale creare il **Wrapper** prima di accedere al passo successivo. Questo permette di sbrogliare in forma di codice script HDL la rappresentazione grafica sopra mostrata. La creazione del wrapper è possibile seguendo alcuni passaggi.

Cliccare con il destro sul blocco di chi si vuole eseguire il Wrapp.

Sul pannello centrale compare la voce "design Source" mostrata come una cartella che una volta aperta ci mostra "design_1", come in figura.

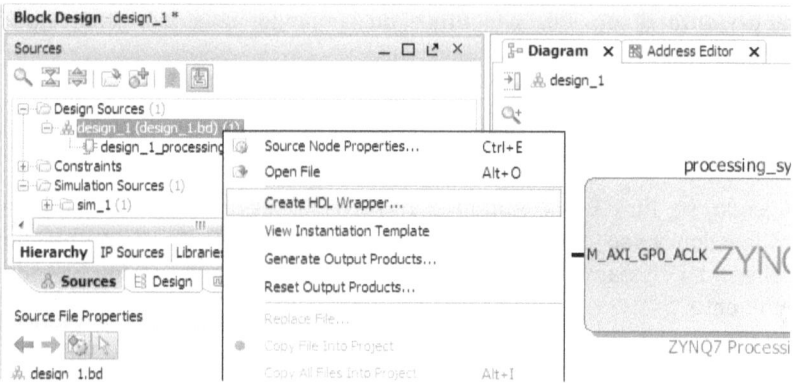

Lanciamo il wrapper.

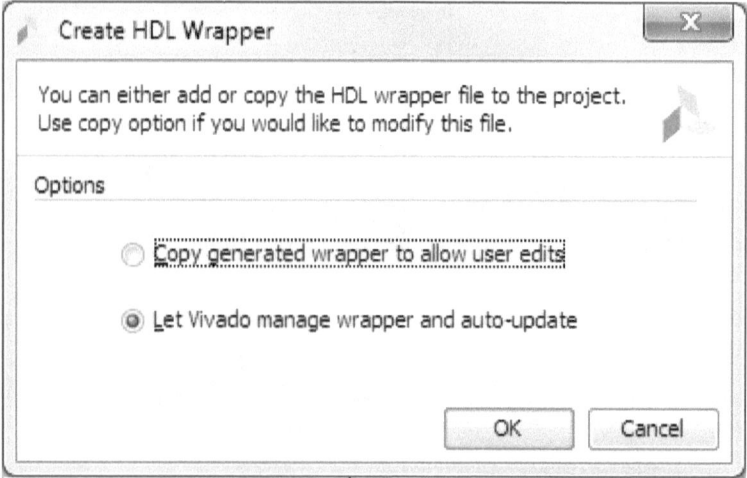

Attenzione: Eseguendo il wrapper in questo momento potrebbe essere segnalato l'errore che il segnale M_AXI_GP0_ACLK non risulta ancora connesso. La situazione potrà essere risolta in seguito.

Passo 3- Creazione di un nuovo Verilog IP

L'azione preliminare sarà di selezionare come Target Language Verilog, (sarebbe opportuno che questa selezione venisse fatta fin dal passo 1, ma potremmo procedere anche ora).
In Flow Navigator agire su Project Setting, impostare Verilog.

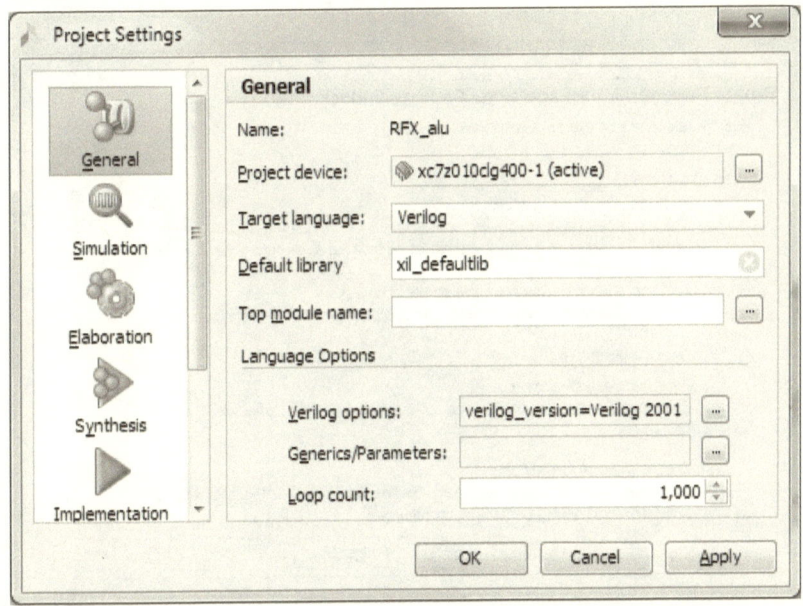

Vivado è in grado di creare un custom package il quale integra le funzioni Verilog che siamo interessati a aggiungere e utilizzare.

Il nuovo pacchetto sarà un particolare sottoprogetto verilog (subproject).

Selezionare nel menu principale: **Tools->Create and Package IP**.

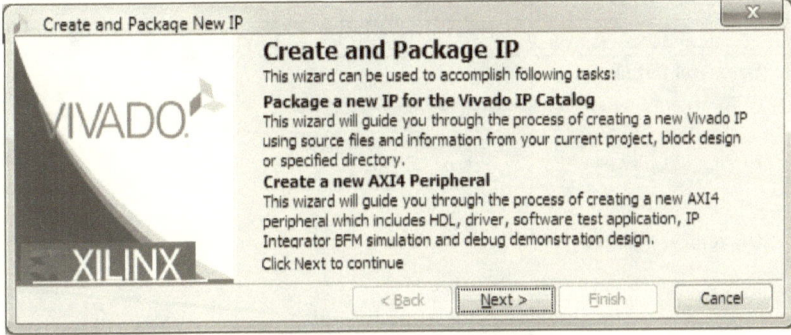

Sarà possibile creare più tipi di IP come mostrato sotto.

Aggiungeremo il nuovo IP come periferica AXI4. Sarà cura di Vivado l'aggiungere i driver e i collegamenti interni necessari.

Clicchiamo su Next.

Ci viene chiesto il nome della nuova periferica, il tipo, la locazione e informazioni descrittive.

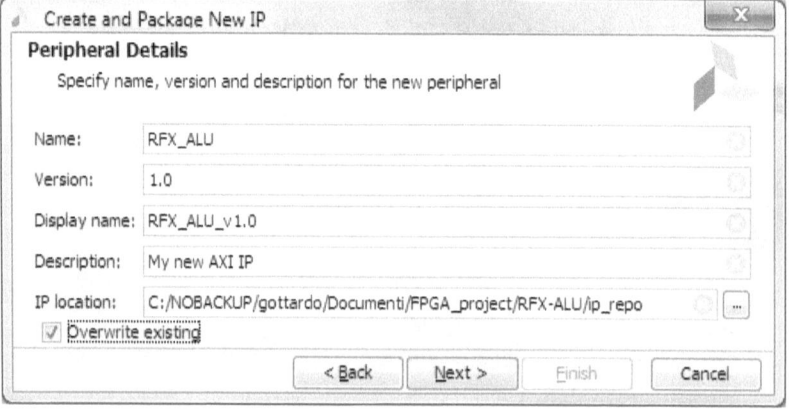

Fare attenzione allo spunto su Overwrite existing. Qui è presente perché siamo interessati a distruggere le prove precedentemente fatte.

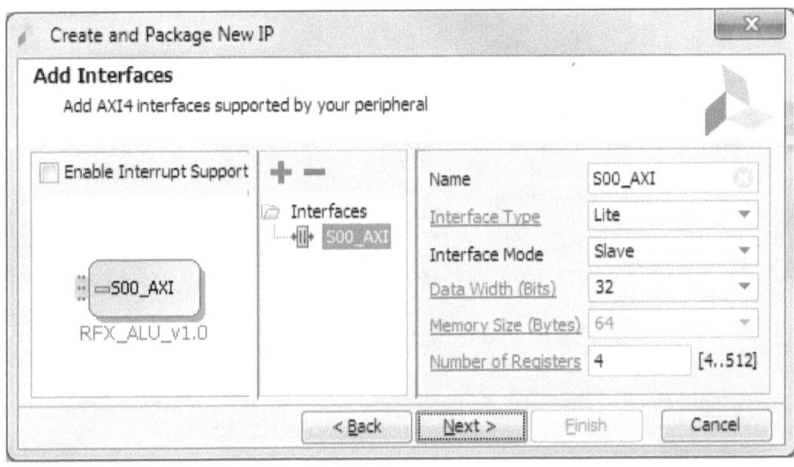

Proseguiamo con "Next" e vedremo comparire una finestra che ci riassume le caratteristiche del nuovo blocco IP e ci permette di memorizzarlo in una specifica cartella.

L'archivio potrà avvenire nelle cartelle create dal sistema, dette repository oppure in una cartella customizzata che si suggerisce chiamare "src", ovvero che conterrà i file sorgenti. La cartella "src" potrà essere creata manualmente.

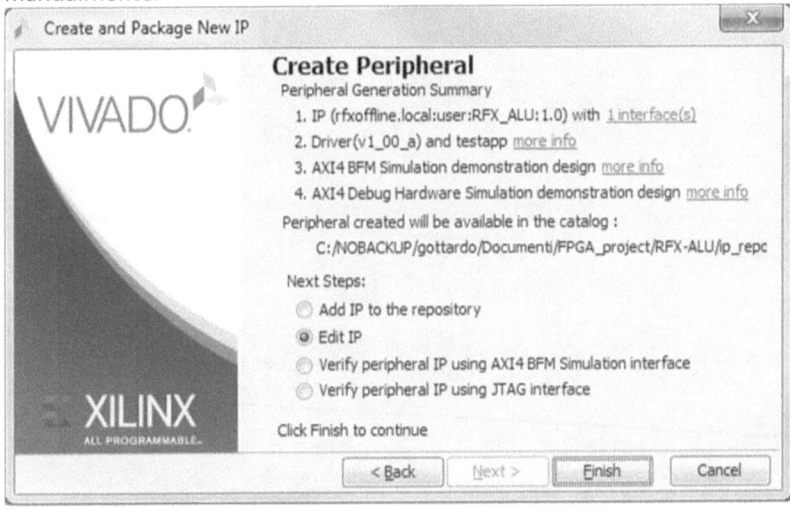

L'azione apre una <u>nuova esecuzione</u> di Vivado relativa al nuovo IP. Il precedente rimane aperto in background.

Il nuovo project Manager, del nuovo IP, ha l'aspetto in figura.

Nel Design Sources deve comparire la seguente situazione:

⊟ ☐ Design Sources (2)
   ⊟ 🆅 ♣ **sommatore_v1_0** (sommatore_v1_0.v) (1)
      🆅 sommatore_v1_0_S00_AXI_inst - sommatore_v1_0_S00_AXI (sommatore_v1_0_S00_AXI.v)

Verificare con attenzione che all'interno dell'icona rotonda sia scritto (Ve) abbreviazione di Verilog e non Vh.

Passo 4- Editazione dell'IP e aggiunta sorgenti.

Nel quarto passo si procederà cliccando sulla voce **Add Sources** di Project Manager nel pannello "Flow Navigator".
Si ricorda che ci si trova nella seconda attivazione Vivado che si è aperta alla creazione del nostro custom IP.

Questo comporta il lancio della finestra:

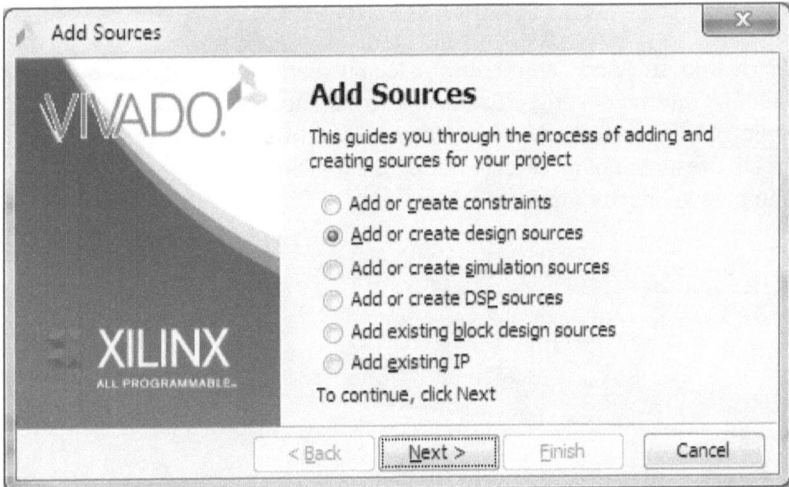

Creiamo un nuovo file Verilog allo scopo di realizzare l'aggiunta al design. Bisognerà fare attenzione alla necessità di creare una nuova sottocartella, rispetto alla posizione del main IP project, quindi all'interno del progetto, in cui piazzare i file sorgenti.
Da alcune prove eseguite sembra che piazzare i nuovi sorgenti in "local to project" comporti un non funzionamento.

Il custom IP project è automaticamente aggiunto a una cartella chiamata "repo_ip" contenuta nella Path del progetto attivo, qui troveremo il progetto rfx_alu, Dovremo creare una nuova cartella con nome "src"

In cui verrà impostata la corretta path per i nuovi script.

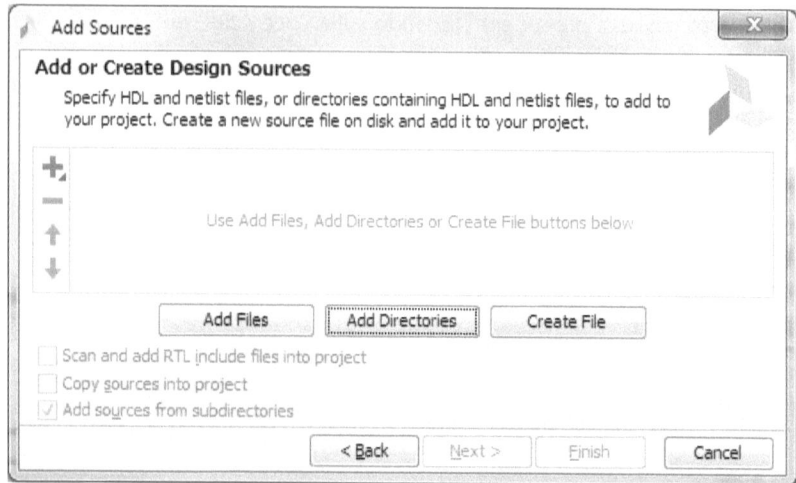

Clicchiamo su "Add Directories", e aggiungiamo una comoda directory "SRC" all'interno del progetto corrente come mostrato sotto.

Nelle recenti versioni di Vivado la voce "Add Directories" potrebbe non essere presente quindi clicchiamo su "Create File".

Compare la finestra mostrata sotto:

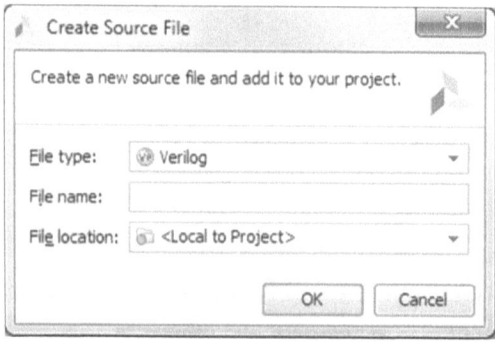

Clicchiamo su File Location <Local Project>, quindi comparirà il browser delle cartelle mostrato nell'immagine successiva. Cliccare sull'icona a forma di folder, vicino al comando di chiusura della finestra, allo scopo di creare la nuova cartella in cui salvare i files.

All'azione su "nuova cartella" compare la finestra "Create new folder", chiamata "src" che posizioneremo all'interna di "ip_repo".

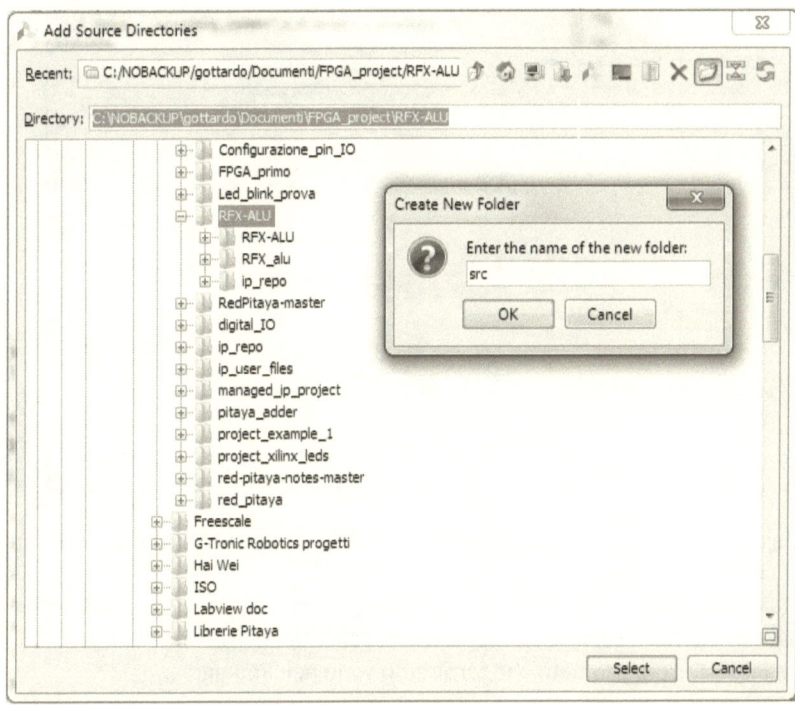

L'aspetto del progetto diventerà questo:

Alla conferma compare la seguente finestra che ci chiede l'ultima conferma per i nuovi file e path.

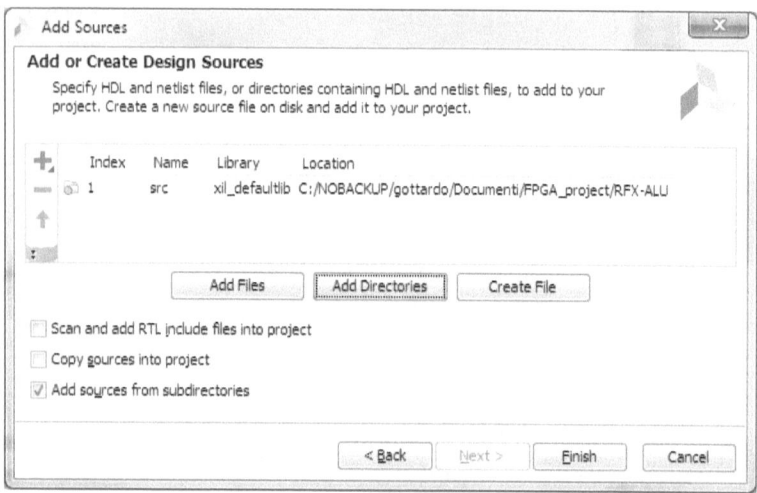

Dalla finestra sovrastante possiamo creare un nuovo file, cliccando su "Create File" di tipo Verilog.

Quindi: Creiamo uno script di tipo **Verilog** fornendogli il nome "adder", e salviamolo nella cartella   "ip_repo/rfx_alu1.0/src"

Le impostazioni e le path che forniremo sono nell'immagine.

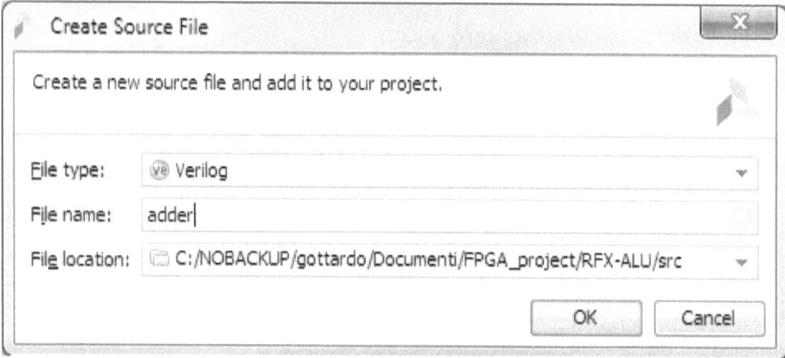

Confermando vedremo comparire il nuovo script Verilog, distinguibile dalla piccola icona rotonda contenete "Ve", con il nome assegnato e nella path richiesta.

Noteremo che davanti alle voc index e Name, comparirà l'icona (Ve) che ci conferma la scelta iniziale della sintassi Verilog.

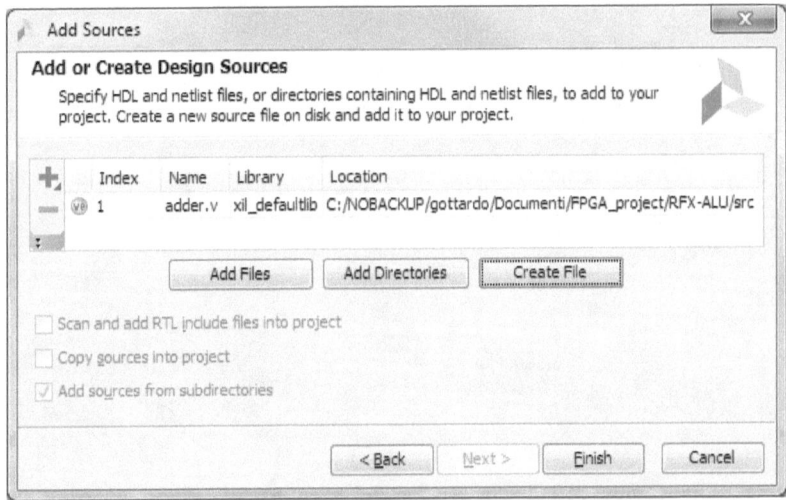

Diamo conferma con "Finish". Si aprirà una finestra che ci permette di definire le porte di ingresso e uscita del nuovo modulo.

Sarà fondamentale assegnare la corretta estensione in bit in modo che possa eseguire correttamente i calcoli.

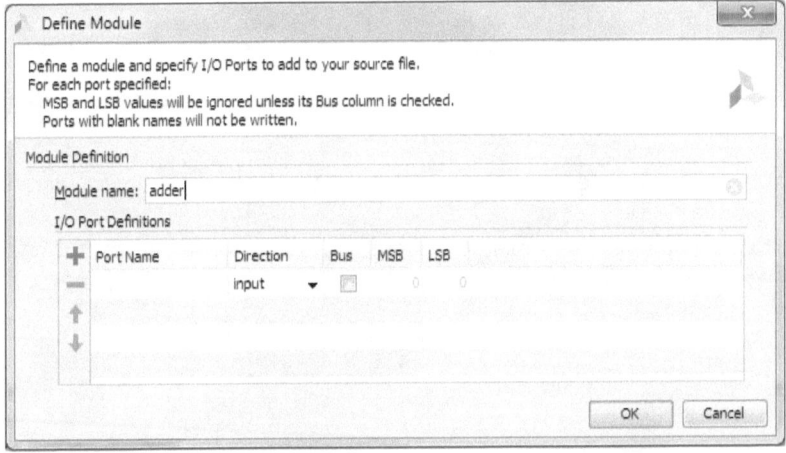

Creiamo le porte per il nuovo modulo assegnandogli le estensioni in bit, nel nostro caso il clock ovvero clk è ad 1 bit, mentre le porte di ingresso e uscita saranno a 32 bit. Sotto vediamo l'esempio:

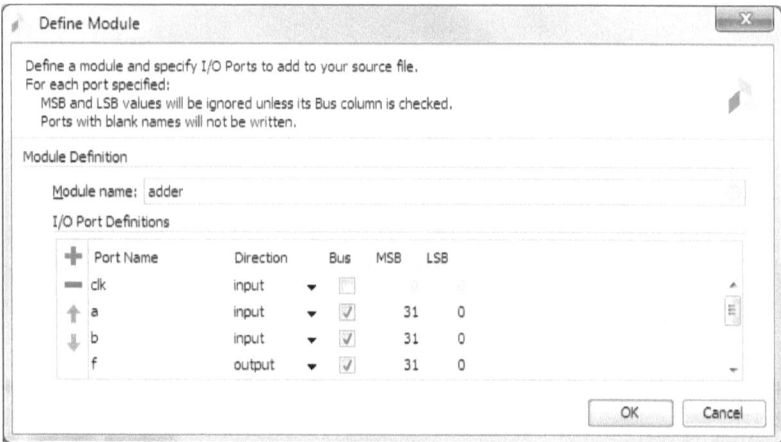

I passaggi sovrastanti comporteranno l'aggiunta di un nuovo modulo sorgente con nome adder.v allocati in **♣ Sources** che conterrà il modulo logico scritto in Verilog in cui sono presettate le porte con nome e estensione come da immagine precedente.

- Design Sources (3)
  - **sommatore_v1_0** (sommatore_v1_0.v) (1)
    - sommatore_v1_0_S00_AXI_inst - sommatore_v1_0_S00_AXI (sommatore_v1_0_S00_AXI.v)
    - sommatore (sommatore.v)
  - IP-XACT (1)
- Constraints
- Simulation Sources (2)

Nota: nell'immagine sovrastante è mostrato sommatore.v anziché adder.v

Ora bisogna intervenire manualmente sui sorgenti inserendo l'operazione matematica che si desidera implementare dai vivado verilog templates.

Passo 5- Inserimento modulo usando i template.
Cliccare sul Tab templates vicino a sources, nel pannello Flow Navigator, come da immagine.

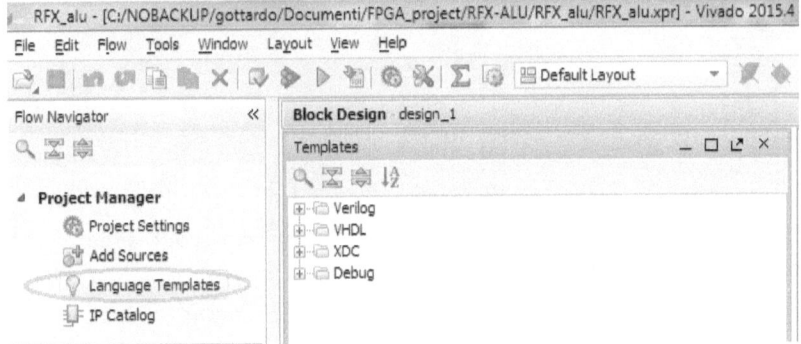

Estendere la voce "Verilog" in cui troveremo un percorso molto articolato. Il nostro template si troverà in:

Verilog ->Synthesis Constructs- >Coding Examples->Arithmetic- >Adder->Sequential- >Simple Signed Adder

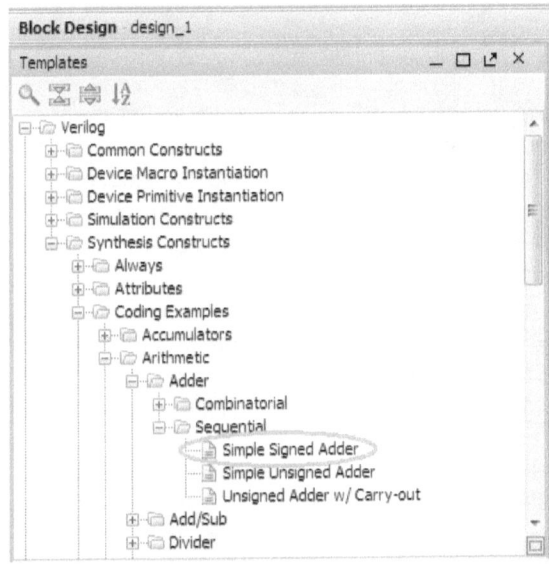

Ci viene mostrata nella finestra sottostante l'anteprima, formata da poche righe di codice, vedi figura.

```
1
2      parameter ADDER_WIDTH = <adder_bit_width>;
3
4      reg signed [ADDER_WIDTH-1:0] <sum> = {ADDER_WIDTH{1'b0}};
5
6      always @(posedge <CLK>)
7          <sum> <= <a_input> + <b_input>;
8
9
```

Eseguiremo il copia e incolla del codice dentro allo script **adder.v** per completare il modulo nella maniera indicata:

```
module adder(
        input clk,
        input [ADDER_WIDTH1:0] a,
        input [ADDER_WIDTH1:0] b,
        output [ADDER_WIDTH1:0] f
);
parameter ADDER_WIDTH = 32;
reg signed [ADDER_WIDTH1:0] f = {ADDER_WIDTH{1'b0}};

always @(posedge clk);
        f <= a + b;
endmodule
```

nota: La copia nel clipboard del codice verilog avviene cliccando sulla prima icona a sinistra, se non dovesse essere abilitata potremmo procedere alla classica copia manuale. Tornando sul tab "Sources" riappare l'albero in cui estendendo il ramo "Design Sources" troviamo il modulo adder.v.
Eseguendo il doppio click si avrà accesso, nel pannello a destra, all'editor Verilog in cui inserire il codice.

Nella prossima immagine possiamo osservare la presenza di due icone a forma di lampadina, queste ci permettono di accedere ad un archivio di template di codice Verilog che potrà essere integrato nel codice visualizzato.

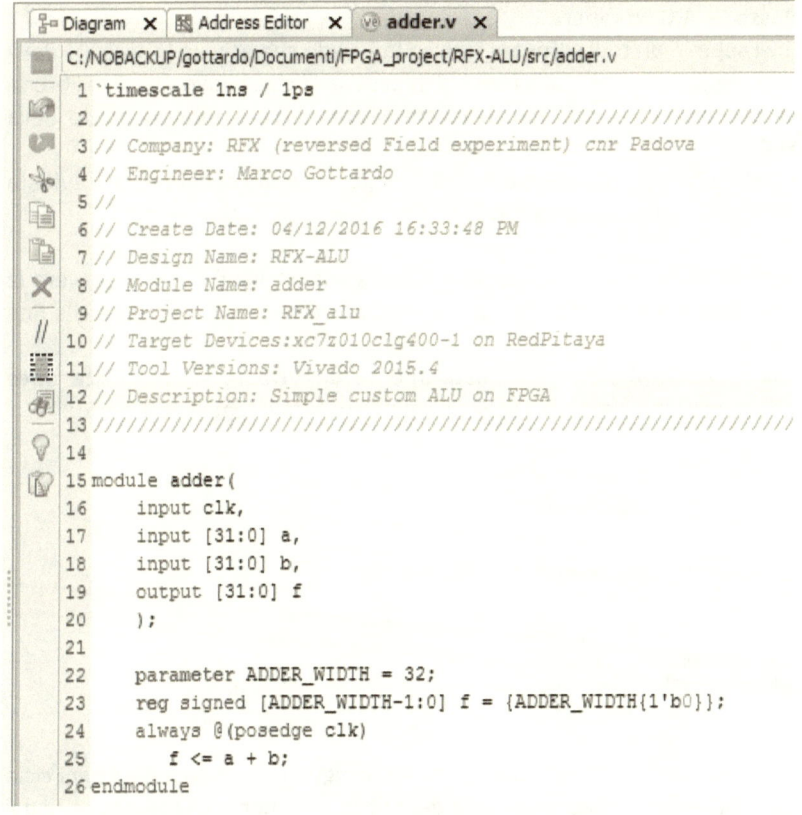

```
    Diagram  ✕  | Address Editor  ✕  | adder.v  ✕
    C:/NOBACKUP/gottardo/Documenti/FPGA_project/RFX-ALU/src/adder.v
 1  `timescale 1ns / 1ps
 2  /////////////////////////////////////////////////////////////////
 3  // Company: RFX (reversed Field experiment) cnr Padova
 4  // Engineer: Marco Gottardo
 5  //
 6  // Create Date: 04/12/2016 16:33:48 PM
 7  // Design Name: RFX-ALU
 8  // Module Name: adder
 9  // Project Name: RFX_alu
10  // Target Devices:xc7z010clg400-1 on RedPitaya
11  // Tool Versions: Vivado 2015.4
12  // Description: Simple custom ALU on FPGA
13  /////////////////////////////////////////////////////////////////
14
15  module adder(
16      input clk,
17      input [31:0] a,
18      input [31:0] b,
19      output [31:0] f
20      );
21
22      parameter ADDER_WIDTH = 32;
23      reg signed [ADDER_WIDTH-1:0] f = {ADDER_WIDTH{1'b0}};
24      always @(posedge clk)
25          f <= a + b;
26  endmodule
```

In questo codice potremmo inserire anche tutte le altre operazioni fattibili tramite la nuova ALU.

Per il momento ci si limita a fare la somma.

Attenzione: rispetto all'immagine precedente, in cui è mostrato il preview, sono state modificate le voci tra parentesi angolari specificando quelle dalla specifica istanza.

Ricordiamoci di salvare il file agendo sull'icona a forma di dischetto visibile affianco della path e nome file.

Passo 6- AXI wrapper.

Il wrapper è un tool software incluso in Vivado che esegue lo sbroglio della rete logica software, dalla forma di blocchi grafici di nuovo IP o IP di libreria in connessioni fisiche elettriche che verranno realizzata sul silicio della FPGA.

L'AXI wrapper ci permette di eseguire una connessione guidata all'interfaccia AXI associando i vari clock e segnali.

Apriamo il file rfx_alu_v1_0_S00_AXI.v e aggiungiamo l'istanza (ovvero la chiamata o attivazione) del nostro modulo adder, semplicemente alla fine del file.

Un commento, posto automaticamente da Vivado, ci suggerisce dove effettuare l'inserimento. Questo commento avrà il seguente aspetto:

```
// Add user logic here
//User logic ends
```

Eseguiamo l'inserimento, ad esempio così:

```
// Add user logic here
wire [31:0] operation_out;
adder#(32) adder_0(S_AXI_ACLK,slv_reg1,slv_reg2,operation_out);
// User logic ends
```

L'istanza "adder_0" nel modulo alu AXI eseguirà l'operazione ad ogni ciclo del clock dell'interfaccia AXI (che genericamente non coincide con i cicli del clock del processore centrale). Nel registro f dell'istanza del nuovo adder collegato al pin operation_out (a 32 bit) leggeremo il risultato dell'operazione che verrà copiato nell'unità di memoria mappata dall'AXI.

Il punto in cui intervenire ora si trova all'inizio dello stesso file del paragrafo precedente.

```
// Implement memory mapped register select and read logic generation
// Slave register read enable is asserted when valid address is available
// and the slave is ready to accept the read address.
assign slv_reg_rden = axi_arready & S_AXI_ARVALID & ~axi_rvalid;
always @(*)
begin
// Address decoding for reading registers
  case ( axi_araddr[ADDR_LSB+OPT_MEM_ADDR_BITS:ADDR_LSB] )
    2'h0 : reg_data_out <= slv_reg0;
    2'h1 : reg_data_out <= slv_reg1;
    2'h 2 : reg_data_out <= slv_reg2;
    2'h3 : reg_data_out <= operation_out;
    default : reg_data_out <= 0;
  endcase
```

end

Al salvataggio si verrà avvisati che l'istanza adder_0 è stata aggiunta dentro all'interfaccia S00_AXI.

```
o─ Design Sources (3)
   o─ Non-module Files (1)
   o─ rfx_alu_v1_0 (rfx_alu_v1_0.v) (1)
      o─ rfx_alu_v1_0_S00_AXI_inst - rfx_alu_v1_0_S00_AXI (rfx_alu_v1_0_S00_AXI.v) (1)
         └─ adder_0 - adder (adder.v)
```

Ora l'implementazione dell'adder è finita e possiamo tornare al tool package IP per finire la customizzazione del nuovo IP.

Clicchiamo su "File group"

File Groups

E poi sul link:

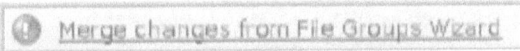

Merge changes from File Groups Wizard

Quindi verifichiamo la correttezza delle path relative di tutti i sorgenti, come in figura.

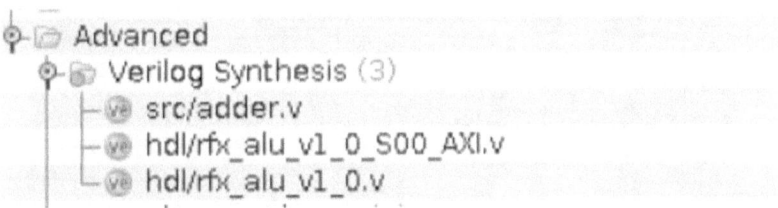

Concludiamo l'IP cliccando su review and Package:

Review and Package

Quindi eseguiamo il Re-Package IP:

Re-Package IP

Passo 7-Aggiungere un nuovo custom IP al design.

Le operazioni precedenti hanno impostato un nuovo ip_repo nel catalogo quindi possiamo procedere con "add IP" e selezionare il nostro rfx_alu.

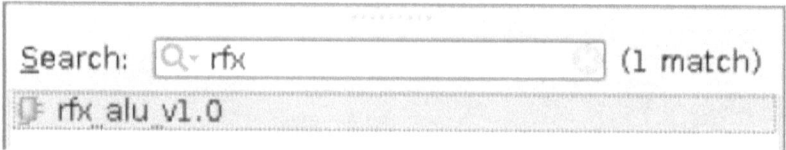

Agiamo su "Run Connection Automation" per ottenere quanto mostrato in figura.
Il tool aggiunge automaticamente tutti gli IP minimamente necessari al funzionamento dell'interfaccia AXI per interconnettere l'SP all'AXI bus.

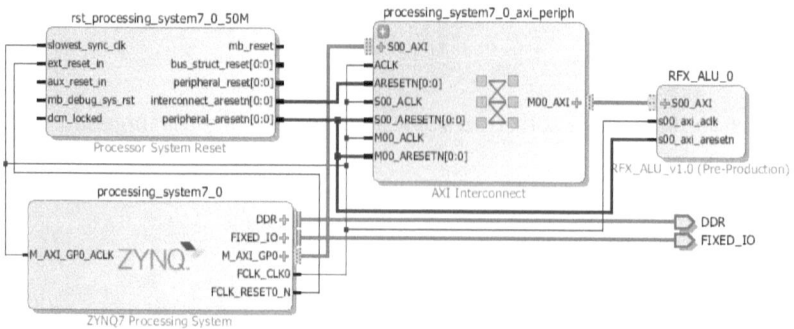

Portiamoci sull'editor degli indirizzi del design finale mostrato nell'immagine sopra e cerchiamo la mappatura in memoria assegnata da Vivado al nuovo device.

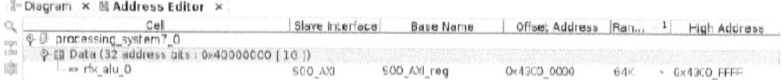

L'indirizzo assegnato risulta essere 0x43C00000.

Passo 8- Creazione del Top module e start synthesis.

Vivado necessiterà di un top level module come radice della logica implementata e lo vorrà in versione script Verilog o VHDL.
Sarà anche in grado di creare un wrapper in VHDL per il design a blocchi.
Sul design_1 eseguire un click destro su Create HDL wrapper e generiamo un wrapper manipolato.
I sorgenti avranno questo aspetto:

Design Sources (1)
    design_1_wrapper (design_1_wrapper.v) (1)
      design_1_i - design_1 (design_1.bd) (1)
        design_1 (design_1.v) (5)

Ora siamo effettivamente pronti per generare il file bitstream.

Run Synthesis   Run Implementation   Generate Bitstream

Il file bitstream generato sarà disponibile nella path:

project_alu/project_alu.runs/impl_1/ design_1_wrapper.bit

Passo 9-Creazione manuale di una applicazione di test.

Al fine di fare eseguire la nuova applicazione alla board RedPitaya, senza dovere ricompilare l'intera immagine di sistema, è necessario che la nuova applicazione soddisfi le specifiche delle librerie "ABI" esistenti e precompilate, nonché in esecuzioni nella RedPitaya.

È necessario usare il Linaro toolchain.

```
TOOLCHAIN=    "http://releases.linaro.org/14.11/components/toolchain/binaries/arm-linux-
gnueabihf/gcc-linaro-4.9-2014.11-x86_64_arm-linux-gnueabihf.tar.xz"
curl –O $TOOLCHAIN
sudo mkdir –p /opt/linaro
sudo chown $USER:$USER /opt/linaro
tar –xpf *linaro* .tar.xz -C/opt/linaro
```

Si procede con la compilazione dell'applicazione test usando /dev/mem
Al fine di mapparla al corretto indirizzo.

Ecco il codice:

```
#include <stdio.h>
#include <fcntl.h>
#include <unistd.h>
#include <sys/mman.h>
#include <stdio.h>
#include <math.h>
#define RP_OK 0;
#define RP_EMMD 1;
#define RP_EUMD 1;
#define RP_ECMD 1;
#define RP_EOMD 1;
static int fd = NULL ;
int cmn_Init(){
 if (!fd) {
  if ((fd = open( "/dev/mem" , O_RDWR | O_SYNC )) == 1)
   { return RP_EOMD ; }
 }
 return RP_OK ;
}


int cmn_Release( ){
 if (fd) {
  if (close(fd) < 0) {
   return RP_ECMD ;
  }
 }
 return RP_OK ;
```

182

```
}

int cmn_Map( size_t size, size_t offset, void ** mapped){
 if (fd == 1){
  return RP_EMMD ;
 }

*mapped = mmap( NULL , size, PROT_READ | PROT_WRITE , MAP_SHARED , fd, offset);
 if (mapped == ( void *) 1){
  return RP_EMMD ;
  }
  return RP_OK ;
}

int main( int argc, char **argv) {
printf( "Adder test \n" );
if (argc<2) {
 printf( "usage: %s a b\n" ,argv[0]);
 return 1;
 }
int *addr;
cmn_Init();
cmn_Map(16, 0x43c00000,( void **)&addr);
*(addr+1) = atoi(argv[1]);
*(addr+2) = atoi(argv[2]);
printf( " result=%d \n" ,*(addr+3));
cmn_Release();
return 0;
}
```

Procediamo compilando il codice usando il compilatore linaro gcc compiler.
I comandi da console sono:

/opt/linaro/gcc-linaro-4.9-2014.11x86_64_arm-linux-gnueabihf/bin/arm-linux-gnueabihf-gcc main.c -o adder

Passo 10- Deploy nella RedPitaya e esecuzione del test.

Con il termine "Deploy" intenderemo lo scaricamento dell'applicazione all'interno del device embedded in cui lo vogliamo eseguire, in pratica la programmazione, nel presente caso, della RedPitaya.

La procedura avrà una forte somiglianza con quella usata per scaricare le applicazioni Linaro nel lato ARM, ma in questo caso riconfigurerà la sezione FPGA, in tempi sorprendentemente brevi.

Per copiare Il bit code generato all'interno della scheda RedPitaya eseguire, da console linux:

```
scp project_alu.runs/impl_1/design_1_wrapper.bit root@<ip address>:/tmp
```

Sostituendo al posto della voce <ip address> l'indirizzo TCP-IP assegnato alla scheda dall'amministratore della rete LAN o da voi stessi. Nel caso della scheda in test, inserita nella rete locale dell'istituto gas ionizzati del CNR di Padova, che ho in uso ed utilizzata per la stesura di questo testo , l'indirizzo è 192.168.62.13

Scarichiamo il file che abbiamo creato e compilato nella RedPitaya:

scp adder root@<ip address>:/tmp

Programmiamo la FPGA usando il device **xdevcfg** come mostrato sotto.
Il design creato si aspetta i parametri in ingresso allo scopo di eseguire il print a schermo della somma:

Ssh root@<ip address>
redpitaya> cd /tmp
redpitaya> cat design_1_wrapper.bit /dev/xdevcfg
redpitaya> ./adder 1 2
Adder test
result=3

Questi 10 passi rappresentano un reale e completo esempio di programmazione della sezione FPGA del chip Zynq della famiglia 7xxxx della RedPitaya ma che potremmo anche utilizzare per sviluppare delle nostre Board basate su questo design. Questo sarà l'obbiettivo della tesi di Gottardo presentata nel prossimo capitolo.

Ecco come si presenta la RTL analysis del modulo IP RFX_ALU.

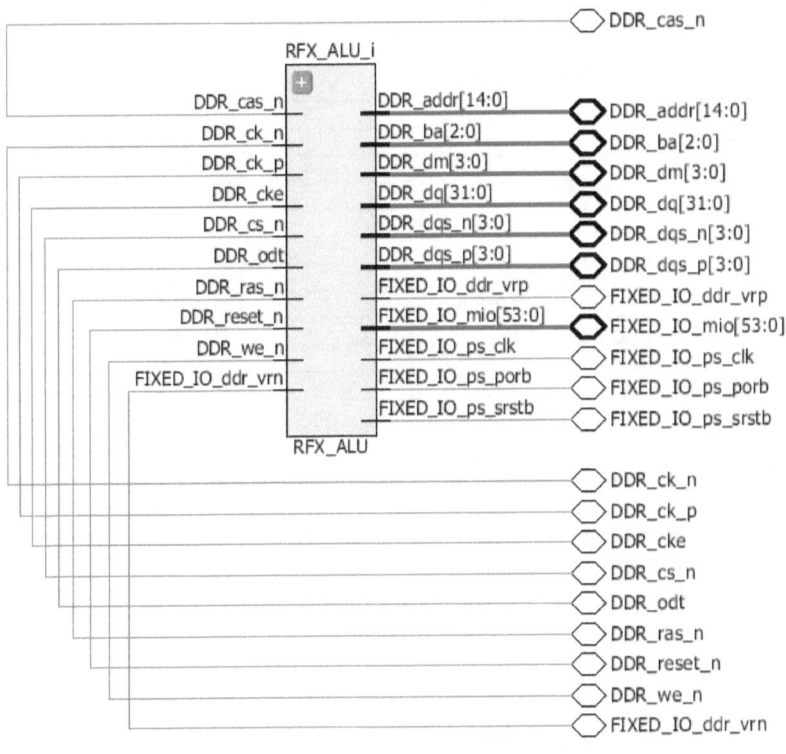

Il linguaggio Verilog.

Le parole chiave del Verilog sono tabellate qui sotto.

always	if	rpmos
and	ifnone	rtran
assign	initial	rtranif0
automatic	instance	rtranif1
begin	inout	scalared
buf	input	signed
bufif0	integer	showcancelled
bufif1	join	small
case	large	specify
casex	liblist	specparam
casez	localparam	strength
cell	macromodule	strong0
cmos	medium	strong1
config	module	supply0
deassign	nand	supply1
default	negedge	table
defparam	nmos	task
design	nor	time
disable	not	tran
edge	noshowcancelled	tranif0
else	notif0	tranif1
end	notif1	tri
endcase	or	tri0
endconfig	output	tri1
endfunction	parameter	triand
endgenerate	pmos	trior
endmodule	posedge	trireg
endprimitive	primitive	unsigned
endspecify	pull0	use
endtable	pull1	vectored
endtask	pulldown	wait
event	pullup	wand
for	pulsestyle_onevent	weak0
force	pulsestyle_ondetect	weak1
forever	rcmos	while
fork	real	wire
function	realtime	wor
generate	reg	xnor
genvar	release	xor
highz0	repeat	
highz1	rnmos	

Nel codice è possibile inserire i commenti nella stessa maniera del linguaggio C ovvero // commenta fino a fine riga inoltre /* blocco di codice*/ per commentare più righe.

Come nel "C" il linguaggio è case sensitive dunque distingue tra maiuscole e minuscole nei nomi delle variabili.

Gli attributi.

Gli attributi specificano delle proprietà speciali degli oggetti Verilog che posso essere agganciati o utilizzati da altri strumenti software come il synthesis che implementa la rete nell'FPGA.

Un attributo compare come prefisso a una dichiarazione oppure un modulo IP un costrutto o porte di interconnessione.

Compare invece come suffisso di operatori o chiamate a funzioni. Si ricorda che il suffisso è un elemento lessicale che si pone alla fine di una parola per specializzarla, ad esempio al verbo "trasportare" si aggiunge il suffisso "ore" per esprimere trasportatore.

L'attributo può associare un valore ma se questo non è specificato viene assegnato il valore 1 per default.

È possibile specificare più attributi esprimendo una lista separata da virgole.

La sintassi tipica è:

assign sum a = + (* CLA=1 *) b;

I valori Logici

Verilog impiega 4 valori logici per la modellazione più 2, che dichiarano l'incertezza logica, che possono comparire durante la fase di simulazione. Questi sono:

Valore logico	Descrizione
0	Zero, basso o falso
1	Uno, alto oppure vero
Z oppure z	Alta impedenza del tristate oppure flottante
X oppure x	Sconociuto oppure non inizializzato
L	Parzialmente sconosciuto, 0 oppure Z ma non 1 (Questa situazione può presentarsi solo in simulazione)
H	Parzialmente sconosciuto, 1 oppure Z ma non 0 (Questa situazione può presentarsi solo in simulazione)

Dichiarazione di porte.
Le porte dell'FPGA possono essere dichiarate nei vari formati disponibili di cui ne riportiamo una serie di esempi.

```
//dichiarazione di tre porte booleane
Input a,b,clk;        //definisce tre porte scalari booleani
```

```
//dichiarazione di due porte a 16 bit in input, il valore è espresso in complemento //a due e in modalità little endian.
Input signed [15:0] a,b;
```

```
//dichiarazione di una porta di uscita a 32bit espressa in complemento a 2.
Output signed [31:0] somma;
```

```
//dichiarazione di un registro interno a 32 bit che mantiene un risultato //parziale, da collegare a altre sezioni interne.
Output reg signed [32:1] resto;
```

```
//conversione del contenuto, ordine di lettura, per convertire in big //endian.
Inout [0:15] data_bus;
```

```
//possibilità di dichiarare il bit più significativo e meno significativo come valori numerici integer.
Input [15:12] addr;
```

```
//possibilità di definire un'espressione costante nelle dichiarazioni.
Parameter WORD = 32;
input [WORD-1:0] addr;
```

```
//possibilità di richiamare una funzione costante nelle dichiarazioni.
parameter SIZE = 4096;
input [long2(SIZE)-1:0] addr;
```

Il tipo di dati net.

Questo tipo è usato per collegare tra loro più elementi strutturali, e dipende dal tipo di segnali che deve gestire.
Il tipo net deve essere usato quando:

1. un segnale è pilotato dall'uscita dell'istanza di un modulo ovvero la sua attivazione (chiamata) oppure da un'istanza primitiva.
2. Quando il segnale è dichiarato/collegato a un modulo di input oppure inout (modulo bidirezionale) che viene attivato.
3. Quando il segnale si trova nel lato sinistro di una istanza di assegnazione richiamata in maniera continua, ad esempio in un ciclo.

---

importante: Il tipo di dati net eredita il valore di lunghezza e tipo dalle parti che andrà ad interfacciare quindi non possiede un proprio tipo.
Il tipo net possiede una funzione "resolution" che risolve il valore finale quando più driver sono presenti nella net.

Nella sottostante tabella sono elencate le parole chiave Verilog utilizzabili per la definizione del tipo *net_type*.

Tipi utilizzabili per il net_type	
wire	Fili di interconnessione con risoluzione CMOS
wor	Uscite interconnesse in OR con risoluzione ECL
wand	Uscite interconnesse in AND di tipo open collector
supply0	Costante logica connessa all'alimentazione 0V
supply1	Costante logica connessa all'alimentazione Vdd
tri0	Forza a pull down quando si attiva il tri-state
tri1	Forza a pull up quando si attiva il tri-state
tri	Analogo a wire
trior	Analogo a wor
triand	Analogo a wand
trireg	Mantiene il precedende valore quando avvia il tri-state

Quando un tipo viene dichiarato **signed** sarà interpretato dal sistema in complemento a 2. Se vengono collegati una porta e una rete (bus) allo stesso sottosistema se uno dei due è dichiarato con segno (signed) allora automaticamente anche l'altro verrà posto signed. Se non viene specificata un'estensione in bit allora si assume l'estensione 1bit.
La dimensione massima di una rete (net) è limitata ma anche nel caso peggiore potrà essere di 65536 bit pari a 2^{16} ma molti software di ultima generazione superano il limite di 1 milione di bit.

Le **delay** potranno essere utilizzate e vanno specificate del tipo net.
Sono dichiarabili gli array specificando solo l'indirizzo iniziale e quello finale secondo la sintassi:

[array] [indirizzo iniziale:indirizzo finale]

Analogamente per le matrici come vettori multidimensionali:

[array] [indirizzo iniziale:indirizzo finale] [indirizzo iniziale:indirizzo finale]

Le dimensioni massime degli array sono specificate nei vari compilatori utilizzati, ad esempio ne esistono che non hanno limiti altre la misura fisica dell'hardware.

Tabella riassuntiva delle dichiarazione dei tipi net.

Esempi dichiarazione tipi net	descrizione
`wire a, b, c;`	rete unifilare, single bit.
`tri1 [7:0] data_bus;`	rete a 8 bit con pull-up quando tristate
`wire signed [1:8] result;`	rete a 8 bit con segno
`wire [7:0] Q [0:15][0:256];`	vettore bi-dimensionale a 8 fili ciascun
`wire #(2.4,1.8) carry;`	rete con tempi di mantenimento in rilascio bit
`wire [0:15] (strong1,pull0)` `sum = a + b;`	rete a 16 bit con driver del segnale e assegnazione continua della somma
`trireg (small)` `#(0,0,35) ram_bit;`	rete a bassa capacità con 35 unità temporali di tempo per il decadimento

Tipo delle variabili.

Come in tutti i linguaggi di programmazione anche il Verilog necessita di contenitori per contenere dati e risultati temporanei di calcoli. I registri sono dal punto di vista logico assimilabili a variabili.

Tipo di variabile	dimensione
reg	Ogni dimensione, per deafult senza segno. Se serve il segno va dichiarato.
integer	Variabile a 32 bit con segno.
time	Variabile a 64 bit senza segno.
real	Variabile in doppia precisione floating point
realtime	Variabile in doppia precisione floating point

Vediamo come dichiarare dei vettori e degli scalari di uno specifico tipo.

Esempio dichiarazione variabili	note
reg a, b, c;	definisce 3 scalari estensi 1 bit
reg signed [7:0] d1, d2;	definisce due registri con segno a 8 bit
reg [7:0] Q [0:3][0:15];	vettore bidimensionale di variabili a 8 bit

integer i, j;	definisce due interi con segno
real r1, r2;	definisce due variabili in doppia precisione
reg clock = 0, reset = 1;	definisce due registri e li inizializza

Gli elementi di un vettore sono accessibili uno alla volta ovvero non in maniera simultanea o concorrente.

Esistono due tipi di dato che vengono utilizzati per mantenere passaggi temporanei, questi sono:

- **genvar** Variabile temporanea da utilizzarsi all'interno di loop, non può essere utilizzata ovunque e non è accessibile durante la simulazione.
- **event** è un flag temporaneo privo di valore logico che può essere utilizzato per sincronizzare dei task concorrenti tra i moduli.

Il costrutto **parameter** permette di definire dei valori costanti, ad esempio:

```
parameter [3:0]    segnale1 = 4'b0001,
                   segnale2 = 4'b0010,
                   segnale3 = 4'b0100;
                   segnale4 = 4'b1000;
```

il codice mostrato sopra definisce Quattro bit costanti (vedi prossimo paragrafo).

Per definire un integer possiamo procedere in questo modo.

```
parameter integer larghezza_banda = 20;
```

Si può anche definire il tipo di dato evento, ad esempio:

```
event dato_spedito, buffer_pieno, dato_ricevuto;
```

Dalla memoria è possibile leggere e scrive locazioni continue usando i task di sistema:

```
$readmemb, $readmemh, $sreadmemb, $sreadmemh
```

Operatori Verilog.

Gli operatori Verilog sono di tre tipi, unario, binario, ternario.
Gli operatori unari procedono l'operando mentre quelli binari si trovano compresi tra due operandi.
Gli operatori ternari sono implementati con due operatori che separano tre operandi.

a = ~ b;   // ~ è un operatore unario. b è l'operando
a = b && c; // && è un operatore binario. b e c sono gli operandi
a = b ? c : d; // ?: è un operatore ternario. b, c e d sono gli operandi.

I valori numerici possono essere espressi in modalità sized o unsized

Valori size.

I valori numeri di tipo size avranno la sintassi: <size> <base> <numero>

Se definiamo un numero con <size> intendiamo esprimere il numero di bit di cui si compone.

La base invece potrà essere:
- **h** oppure **H** -> esadecimale
- **d** oppure **D** -> decimale
- **o** oppure **O** -> ottale
- **b** oppure **B** -> binario

Il valore numeri co potrà essere espresso come di consueto con le cifre per le basi fino a 10 e con l'aggiunta dei classici simboli A,B,C,D,E,F per gli esadecimali.
Vediamo degli esempi:

8'b10101111   //è un valore binario a 8 bit
12'hcba   //è un valore esadecimale a 12 bit
16'd100   //è un valore decimale a 16 bit.

Valori unsize.

I numeri che sono dichiarati senza il formato della base <base format> vengono posti decimali per default.

I numeri che sono dichiarati senza dimensione <size> verranno posti della dimensione dell'architettura della macchina in cui sono in uso e/o della simulazione. Saranno quasi sempre a 32 bit.

12345   //è un valore numerico decimale a 32 bit
'hfa   //è un valore esadecimale a 32 bit
'o12   //è un valore ottale a 32 bit

Identificativi alta impedenza e ininfluente.

In Verilog esistono due simboli, X e Z da usarsi quando una porta e il relativo segnale si trovino in uno stato sconosciuto o ininfluente e nello stato ad alta impedenza.

Sono elementi del Verilog molto utili e fortemente impiegati nei design delle reti.

Vediamo degli esempi di utilizzo che vanno oltre all'ovvio.

12'h12x //numero esadecimale a 12 bit i cui primi 8 valgono 12 e 4 meno
        //significativi non sono importanti e/o sconosciuti.

6'hx   //numero esadecimale a 6 bit di valore indifferente.

32'bz   //stringa di 32 bit, che sono   posti a alta impedenza per, ad
         //esempio, inizializzare un PORT di GPIO o un Bus.

Quando si usa X o Z si impostano 4 bit se siamo nel formato esadecimale
Oppure tre bit nel formato ottale, oppure un bit quando si è in formato binario.

> La regola generale estende il numero inserito in un registro quando i bit che lo compongono sono minori della dimensione allocata, con 0 oppure Z oppure X a seconda della modalità in cui definito.

Quanto detto semplifica la procedura di definizione di vettori estendendo
Lo stato 0 o Z o X, ai bit più significativi di ogni elemento.

Definizione dei numeri negativi.

In Verilog i numeri negativi possono essere espressi semplicemente ponendo il segno davanti alla specifica della dimensione per i valori costanti. Il segno è valido solo davanti alla dimensione in bit e non davanti al valore numerico.

Definizioni valide
-6'd3 // rappresentazione a 8-bit negative del numero 3, in complemento a due.
-6'sd3 // Usato per dichiarare interi con segno per operazioni matematiche.

Definizione non valida
4'd-2 // Errore di sintassi perché il segno è nel punto errato.

La console TCL.
Si tratta di un linguaggio di scripting il cui nome è l'abbreviazione di **T**ool **C**ommand **L**anguage.
Il creatore fu John Ousterhout, allo scopo di creare interfacce o per testare applicazioni scritte in altri linguaggi anche munite di interfaccia grafica o enbedded.

Lo scopo principale della presenza della console TCL in Vivado è, la creazione di interfacce utente per il test, il debug e l'esecuzione parziale di IP o progetti. È anche possibile creare o ricostruire un design fatto da terze parti mandando in esecuzione il file TCL che lo rappresenta. In questo caso è necessario creare un progetto, usando un make file sempre evocato dalla console TCL. In definitiva, il programma FPGA della RedPitaya può essere caricato in Vivado lanciando un primo file TCL che evoca il make file e un secondo file TCL che descrive l'hardware.
I due file sono disponibili nella community di RedPitaya.

E' considerato un linguaggio semplice e rapido apprendimento.
Tra le caratteristiche di base si ha che tutti i tipi di dato possono essere manipolati in forma di stringa, compreso un pipeline di comandi del codice. Qualsiasi cosa venga scritta nella console TCL è un comando diretto di immediata esecuzione.
Variabili e oggetti, anche in uso, possono essere sovrascritti o ridefiniti dinamicamente ovvero al "volo".
L'utilizzo ricorda fortemente quello della console di comando di Matlab, ovvero il linguaggio di calcolo numerico oggi più diffuso negli ambienti universitari.
Gli oggetti di prima classe del linguaggio TCL sono **HardwareDb, Port, InterfacePort, Net, nterfaceNet, Pin, InterfacePin, Cell, MemoryRange, SupportingDesignFile.**
All'avvio di Vivado, comparirà sulla parte bassa del monitor, la finestra mostrata nell'immagine successiva.
Troverete indicato "start_gui" con cui si intende che si è preso in carico il lancio dell'interfaccia grafica, basata su java, dell'ambiente Vivado.
Il prompt indica che la console è pronta a ricevere i comandi TCL.

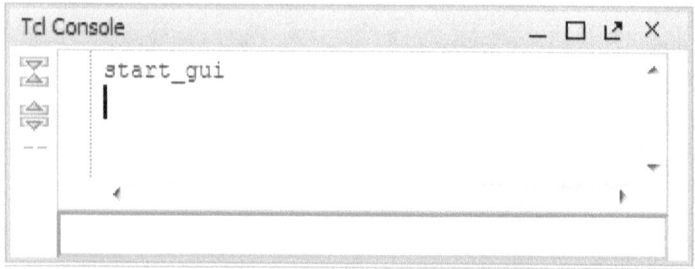

Per inserire comandi, dovremmo cliccare nella riga di inserimento che sta sotto all'area usata per le risposte, nell'immagine vediamo "start_gui" nell'area di output mentre l'area di input è vuota.

A bordo finestra vi sono 6 comandi grafici, indicati con delle intuitive icone. Le funzioni associate sono; Collassa, Espandi, metti in pausa lo scroll durante le visualizzazioni di output su finestra multipla, ricerca all'interno della console TCL, copia dalla console TCL, svuota la console TCL.

Proviamo un comando basilare per testare la risposta.

Digitiamo:

help

Nella console comparirà la lista dei comandi che possono essere accettati da questa situazione iniziale. Questi sono:

Lisat argomenti "Topic Categories":		
Bitgen	Netlist	Timing
Board	Object	ToolLaunch
ChipScope	PinPlanning	Tools
DRC	Power	XDC
Debug	Project	XPS
Device	PropertyAndParameter	projutils
FileIO	Report	simulation
Floorplan	SDC	synthesis
GUIControl	Simulation	user-written
IPFlow	SysGen	xilinxtclstore
IPIntegrator	Tcl	Timing
Memory	TclBuiltIn	ToolLaunch

Per visualizzare l'help per ognuna di queste categorie e quindi visualizzare la descrizione dei singoli comandi digitare:

'help -category <category>'

Ad esempio:

help -category TCL

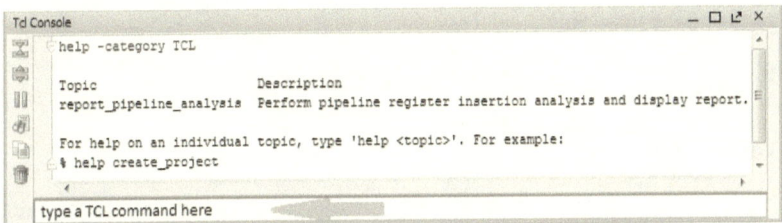

Esiste un help inline che collega direttamente la riga di comando TCL con la lista dei comandi disponibili.

E' possibile digitare una parte del comando che vogliamo lanciare o anche solo l'iniziale per vedere comparire l'elenco dei comandi con quella iniziale. Se ad esempio digitiamo solo la lettera "C" vedremo comparire la finestra di suggerimento:

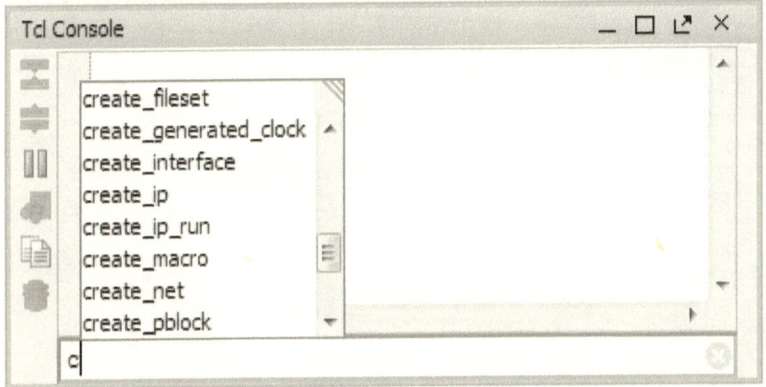

Vediamo ad esempio al possibilità di creare un IP, di eseguirlo, di testarlo, ecc.

La problematica principale nella creazione di un'interfaccia per un design FPGA è la necessità di attenersi ai vincoli "contraints" imposti dal tipo di processore, ad esempio pin che necessariamente devo essere collegati alla massa o alle particolari tensioni di alimentazione necessari ai core, alle DDR, alle varie periferiche e buffer.

Il progetto richiede anche delle specifiche connessioni di I/O, sia che siamo in fase di sviluppo di un nuovo progetto o a maggior ragione se usiamo una board già sviluppata.

Con questo si intende che impiegando ad esempio la RedPitaya, saremo costretti ad attenerci ai collegamenti del pinout decisi da chi ha disegnato il PCB e posizionato i connettori nel layout.

Lanciamo il comando:

help create_interface

Si ottiene questa risposta:

```
help create_interface
create_interface

Description:
Create a new I/O port interface

Syntax:
create_interface  [-parent <arg>] [-quiet] [-verbose] <name>

Returns:
new interface object

Usage:
 Name     Description
 -----------------------
 [-parent]  Assign new interface to this parent interface
 [-quiet]   Ignore command errors
 [-verbose] Suspend message limits during command execution
 <name>     Name for new I/O port interface

Categories:
PinPlanning

Description:

 Creates a new interface for grouping scalar or differential I/O ports.

Arguments:

 -parent <arg> - (Optional) Assign the new interface to the specified parent
 interface.

 Note: If the specified parent interface does not exist, an error will be
 returned.

 -quiet - (Optional) Execute the command quietly, returning no messages from
 the command. The command also returns TCL_OK regardless of any errors
 encountered during execution.

 Note: Any errors encountered on the command-line, while launching the
```

command, will be returned. Only errors occurring inside the command will be trapped.

-verbose - (Optional) Temporarily override any message limits and return all messages from this command.

Note: Message limits can be defined with the set_msg_config command.

<name> - (Required) The name of the I/O port interface to create.

Examples:

Create a new USB interface:

  create_interface USB0

Create an Ethernet interface within the specified parent interface:

  create_interface -parent Top_Int ENET0

See Also:

* delete_interface
* create_port
* make_diff_pair_ports
* place_ports
* remove_port
* set_package_pin_val
* split_diff_pair_ports

Vediamo un secondo esempio.

help -category DRC

Topic   Description
add_drc_checks   Add DRC rule check objects to a rule deck
create_drc_check   Create a user defined DRC rule
create_drc_ruledeck Create one or more user defined DRC rule deck objects
create_drc_violation Create a DRC violation
delete_drc_check   Delete one or more user-defined DRC checks.
delete_drc_ruledeck Delete one or more user defined DRC rule deck objects
get_drc_checks   Get a list of DRC rule check objects
get_drc_ruledecks   Get a list of DRC rule deck objects
get_drc_violations   Get a list of DRC violations from a previous report_drc run
remove_drc_checks   Remove DRC rule check objects from a user rule deck
report_drc   Run DRC
reset_drc   Remove DRC report
reset_drc_check   Reset one or more DRC checks to factory defaults.

TCL per creare un design anche senza avere il project.

Predisponiamo il sistema cliccando sull'icona nel desktop di lancio del Vivado, successivamente su "Create New Project", come mostrato sotto.

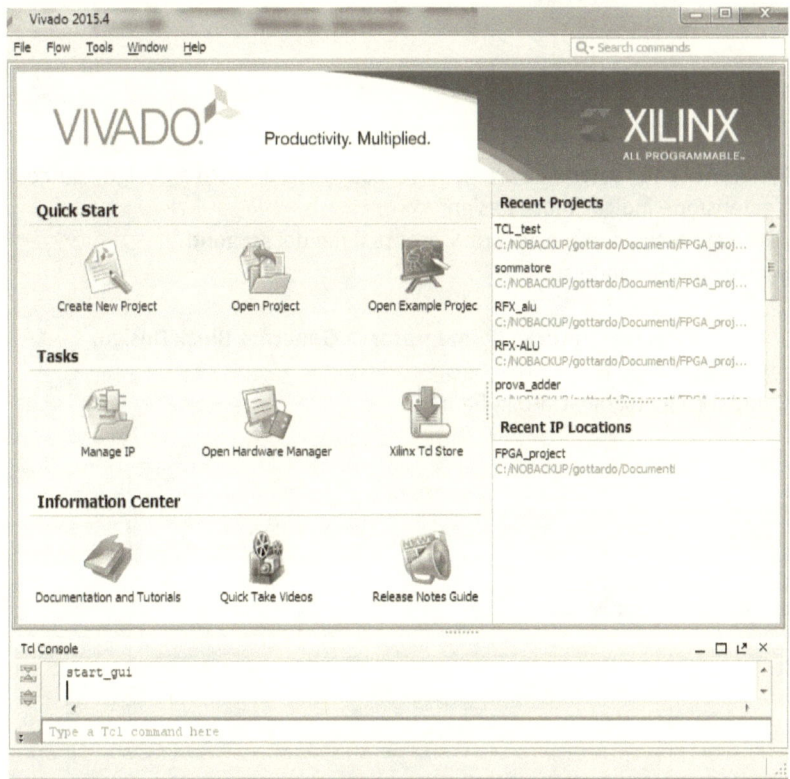

Proseguiamo la creazione del progetto che chiameremo TCL_test

Ci verrà chiesto su quale processore si intende basare il progetto, potremo selezionare quello della RedPitaya oppure *xc7z020clg484-1*

Sul pannello del "Flow Navigator" potremmo agire solo su "Create Block Design". Si arriva all'ambiente predisposto come già mostrato nei precedenti capitoli.

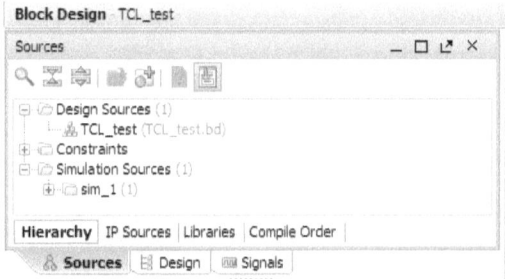

Noteremo che l'azione ha creato il file TCL_test.bd, sotto a Design Sources.
L'estensione indica "block design".
Allo stato attuale non è ancora presente il file dei sorgenti.
Si proceda cliccando su:

Flow Navigator -> IP Integrator -> Generate Block Design.

Comparirà il box mostrato in figura.

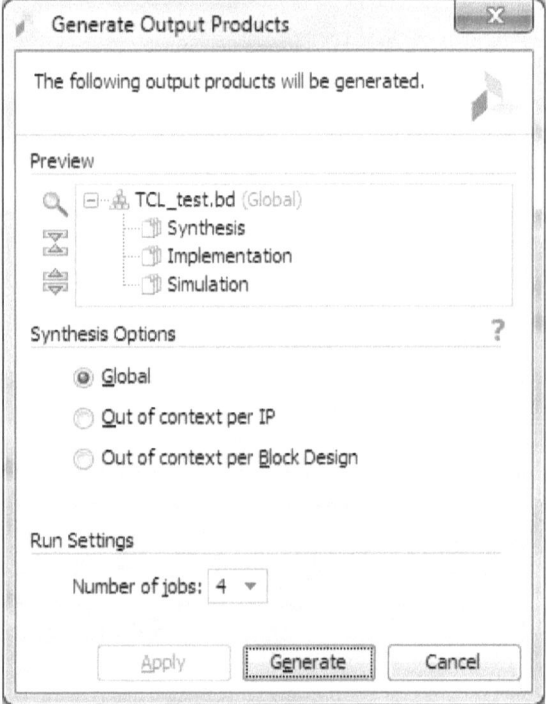

Le tre voci disponibili Global, Out of context per IP e Out of context for each IP, hanno questo significato:

- **Global:** genera per il global design che seguirà un output per la synthesis di tipo top down.
- **Out of context per IP:** genera un output per individuare per ogni block design, normalmente è l'opzione da selezionare quando si usano strumenti di sintesi di terze parti.
- **Out of context for each IP:** come sopra genera un output individuale che potrà essere manipolato runtime. Questa opzione permette anche di mantenere l'IP immune alla rigenerazione rispetto al resto del design. In qualche modo possiamo dire che ne congela il design mentre gli altri IP del programma subiscono le variazioni in fase di rigenerazione.

La situazione è riassunta nella finestra di help della figura:

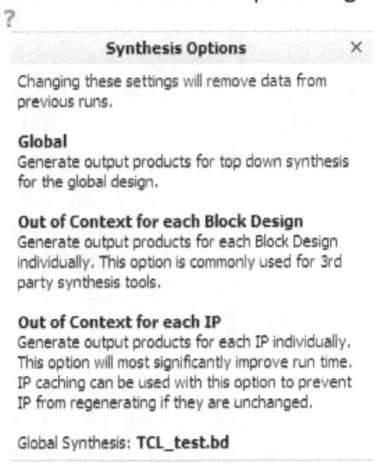

Importante: Se si desidera creare un progetto compatibile con RedPitaya, sul pannello centrale chiamato **"Project Summary"** alla voce Target Language, impostare **Verilog**

Cliccare su "Generate" per creare il Block design.

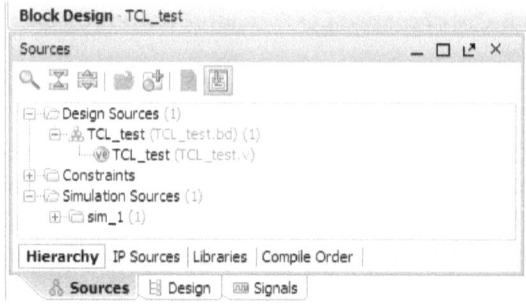

Il sorgente di TCL_test.v è in Verilog e visibile, cliccandoci sopra, sul pannello centrale.

Esportazione dell'hardware per TCL.

Le operazioni del paragrafo precedente hanno generato un "empty design", e nella parte centrale del pannello dell'editor compare questa icona con questa dicitura.

This design is empty. Press the ⚏ button to add IP.

Clicchiamo sull'icona per aggiungere il TOP IP che sarà un processore della famiglia Zynq7000.

Il nuovo blocco compari al centro della finestra di editor.

È consigliabile eseguire un "**Run Block Automation**" per collegare almeno i bus e buffer principali verso la DDR e i fixed I/O.

Salviamo il progetto cliccando sull'usuale icona.

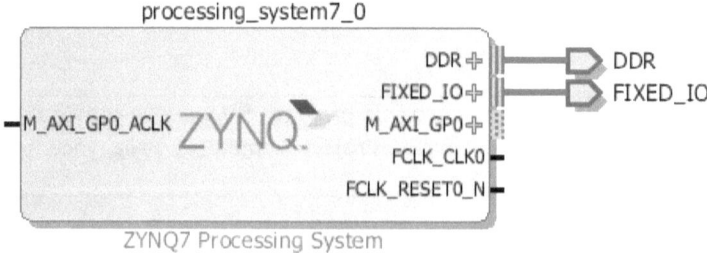

Affinché non siano generati errori è necessario che tutti i segnali fondamentali siano connessi quindi dovremmo collegare almeno il system clock come mostrato in figura.

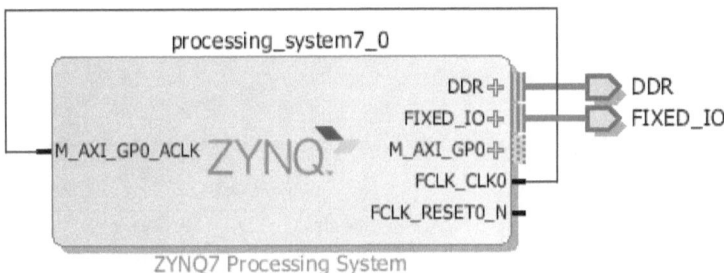

Per esportare l'hardware è necessario che Vivado veda un Top model, quindi l'IP principale a cui agganciare le interfacce dell'AXI e il system clock.
Creazione del TOP model.

È il **wrapper** che prende in carico la creazione del TOP model.
Per attivare il wrapper bisogna cliccare con il tasto destro su TCL_test.bd (quindi nome file.bd nelle vostre applicazioni diversa da questa), compare la voce **HDL wrapper**.
Una volta eseguito la finestra di source estende le voci come in figura.

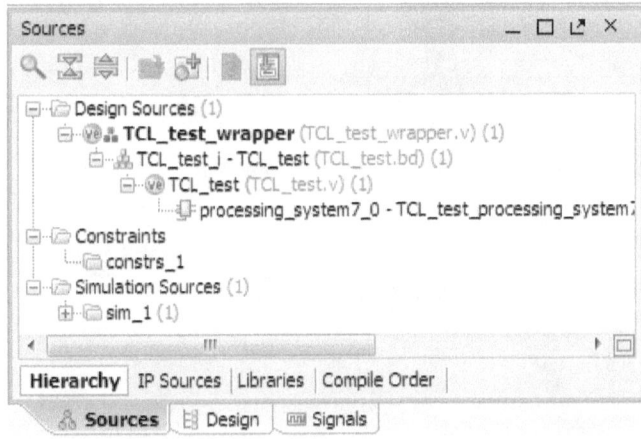

La nuova icona affianco alla voce **TCL_test_wrapper** è formata da una piccola piramide di quadrati che ricorda l'ordine gerarchico del TOP model. Salviamo il progetto, ammesso che tutte le operazioni precedenti siano andate a buon fine, agiremo su:

File -> Export -> Export Hardware

Si aprirà la finestra di dialogo mostrata sotto.

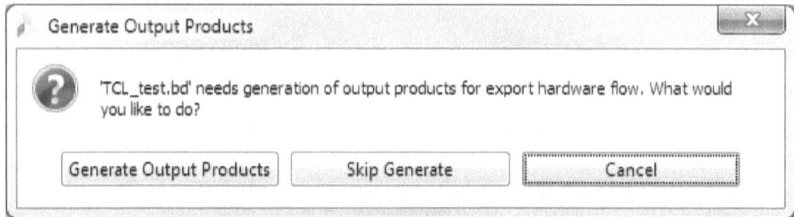

Cliccare su Generate Output Products, per avviare il processo di esportazione.

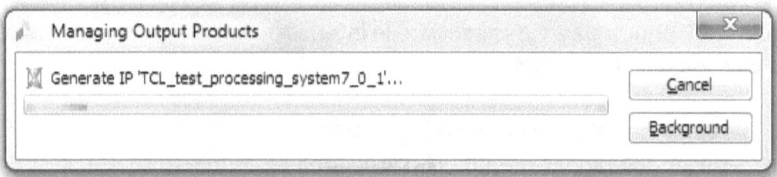

Nella console TCL vedremo scorrere i comandi eseguiti in maniera automatica dall'interfaccia grafica e per il momento non avremo modo di intervenire e/o modificare.

Se la generazione dei file di esportazione sono andati a buon fine il sistema lo segnala con questa finestra.

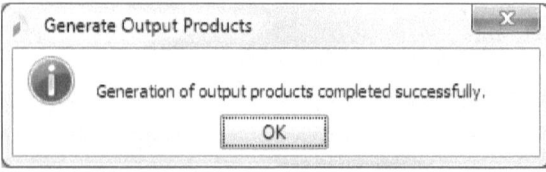

Confermando con "OK" compare la sottostante:

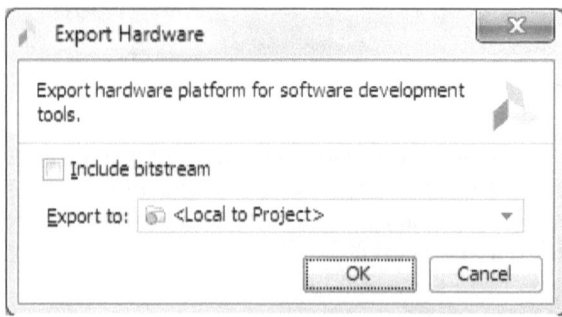

Su questa finestra lasceremo libero il flag e confermeremo con "OK".

La console TCL ci informa che è stato creato un file di tipo .sdk e uno di tipo .hdf.

TCL projectless Flow.
La console TCL è sempre attiva e si trova nella parte bassa dello schermo.
È possibile creare un design hardware e manipolarlo nelle fasi successive alla creazione del bit-stream usando i comandi TCL ,in qualche caso anche senza la creazione preventiva del progetto.

Manipolazione TCL pre-synthesis.

La sequenza da inputare per eseguire la fase di pre sintesi è composta da 6 passaggi ovvero i seguenti.

1. create_project –in_memory –part xc7z020clg484-1
2. set_property board_part xilinx.com:zc702:part0:1.0 [current_project]
3. read_bd base_zynq_design.bd
4. read_vhd base_zynq_design_wrapper.vhd
5. generate_target all [get_files base_zynq_design.bd]
6. write_hwdef -file base_zynq_design_wrapper.hdf

Il primo passo attiverà una nuova istanza di Vivado, quindi vedremo aprirsi una nuova finestra.

Il secondo passo verrà copiato e incollato nella TCL console della nuova finestra.

Avremo questa risposta

```
create_project -in_memory -part xc7z020clg484-1
INFO: [IP_Flow 19-234] Refreshing IP repositories
INFO: [IP_Flow 19-1704] No user IP repositories specified
INFO: [IP_Flow 19-2313] Loaded Vivado IP repository 'C:/Xilinx/Vivado/2015.4/data/ip'.
Project
set_property board_part xilinx.com:zc702:part0:1.0 [current_project]
```

Manipolazione TCL post-bitstream.

Per eseguire la procedura di post bit stream i passaggi sono simili al paragrafo precedente in cui si è eseguita la pre-synthesis, ma i comandi TCL saranno 12 e sarà necessario mettere lo spunto di inclusione del bitstream nella finestra di export dell'hardware.

La sequenza da inputare nella console è la seguente:

1. create_project –in_memory –part xc7z020clg484-1
2. set_property board_part xilinx.com:zc702:part0:1.0[current_project]
3. read_bd base_zynq_design.bd
4. read_vhd base_zynq_design_wrapper.vhd
5. generate_target all [get_files base_zynq_design.bd]
6. synth_design -top base_zynq_design_wrapper
7. opt_design
8. place_design
9. write_hwdef -file base_zynq_design_wrapper.hwdef
10. route_design
11. write_bitstream base_zynq_design_wrapper.bit
12. write_sysdef –hwdef base_zynq_design_wrapper.hwdef -bitfile base_zynq_design_wrapper.bit -file base_zynq_design_wrapper.hdf

Il punto **1** carica gli IP specificati dal repository interno dell'installazione di Vivado, nel nostro caso il circuito integrato *xc7z020clg484-1* all'invio vedremo comparire una barra progresso ed aprirsi l'editor, benchè vuoto, di Vivado. Il pannello di sinistra predispone la gerarchia delle cartelle "Design Sources" della voce "Libraries".

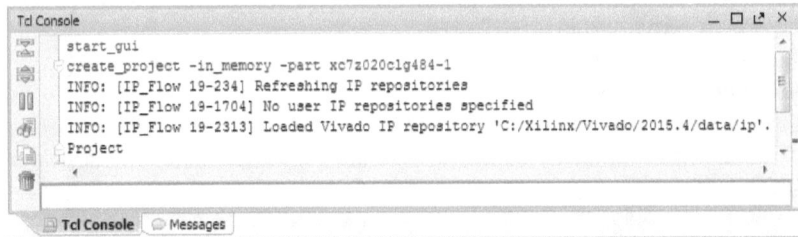

Il punto 2 specifica il sistema di sviluppo ovvero la demoboard in cui intendiamo programmare, se non si dispone della scheda verrà restituito un errore.

Il file di specificazione del microprocessore MSS.

Il file MSS contiene le direttive per customizzare il sistema operativo (OSs), le librerie e i driver.
La sintassi è case sensitive e il cancelletto # indica il commento.
Le tre parole chiave principali sono BEGIN,END, PARAMETER.

BEGIN
    Driver, processore, file system.
END

PARAMETER
    Nome=[valore dello statement]

#se i parametri sono elencati tra due costrutti BEGIN-END allora
#si tratta di una assegnazione locale, altrimenti è globale.

Riconfigurare la PL con un bistream da SD.

È possibile riconfigurare la FPGA, qui indicata con PL, usando un file bitstream contenuto in una SD card.
Il processo può avvenire in modalità stand alone (bare metal).
Vediamo dei concetti di base.
Lo Zynq risulta internamente diviso in due sezioni, la **PS** e la **PL**.
L'interconnessione tra queste è basata sullo schema di principio sottostante.

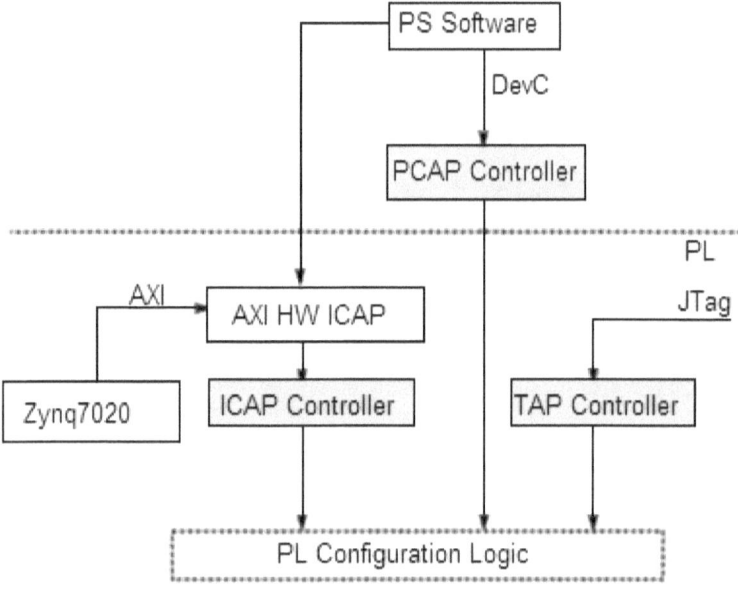

La sezione PS è il sottosistema ARM multicore mentre la PL è la sezione FPGA ovvero la programmable logic.
Benché sia disponibile la via canonica di programmazione tramite la catena JTAG vediamo come è possibile passare il bitstream secondo altre vie.
I passi da seguire per il caricamento del file.bit dalla SD ovvero per eseguire un "PL reconfiguration" sono:
1. leggere il file .bin ovvero il bitstream dalla SD card per allocarlo nella DDR memory.
2. Commutare la PL in non-configuration mode.
3. Abilitare PCAP e PCAP clock.
4. Disabilitare il PS-PL level shifters.
5. Impostare il DevC DMAengine.
6. Trasferire il bitstream e aspettare il segnale di fine trasferimento.

7. Attendere l'arrivo del segnale "done".
8. Abilitare il PS-PL level shifters.
9. Resettare l'hardware accelereator in modo da porlo in uno stato noto e continuare con i task di accelerazione hardware.

Affinché il sistema sia auto consistente è necessario creare un file che gestisca il boot e questo sarà il BOOT.bin e il .bin files.

Il BOOT.bin contiene l'implementazione degli acceleratori hardware per le PS application, operano quindi nel ARM processor subsystem.

Vanno creati di .bin files per ogni hardware accelerator, l'insieme di questi costituiscono il file bitstream.

La tesi di Gottardo, Il sovra campionamento quadruplo.

Nell'ambito della ricerca sperimentale, allo scopo di aumentare la densità di campionamento in spazi temporali ridotti, ad esempio 100 Milli secondi, in cui si ritenga possa nascondersi un fenomeno fisico sotto indagine, la tecnica proposta in questa tesi risponde perfettamente alle esigenze.

L'obbiettivo è quello di modificare lo stadio di ingresso analogico della RedPitaya, a livello FPGA, in modo che l'attivazione di 4 canali di campionamento a radio frequenza (125MHz) si attivino sfasati di un tempo pari a ¼ di clock.

Ogni blocco Xadc salverà i dati su quattro matrici disgiunte allocate in real time in DDR3.

Un Post processor, costituito da un ben congeniato sistema di filtri digitali, ricostruirà il segnale come soma delle azioni dei quattro canali di campionamento. Potranno essere ad esempio impegnate le FFT.

Per personalizzare un IP core, oppure crearne uno ex-novo tramite Vivado IP integrator è bene prendere visione della documentazione, inclusa nell'istallazione dell'IDE, Vivado design suite users guide.

Per muovere i primi passi nello sviluppo di propri blocchi core, prendere visione della documentazione "Designing IP Subsystems using IP Integrator".

Scopriremo che sono disponibili dei wizard che ci aiutano nell'implementazione di alcune configurazioni e interconnessioni di base. La validazione del design sviluppato potrà avvenire tramite il comando TCL "validate_bd_design" nella console TCL disponibile in Vivado.

Vivado Integrated Design Environment

È il tool che ci permette di costruire nuovi blocchi IP con le caratteristiche specifiche del nostro progetto.

Lo strumento permette di specificare valori, parametri, connessioni interne, specifici seguendo i passi:

1. Selezionare l'IP dal catalogo.
2. Doppio click nell'IP selezionato oppure selezionare il comando "Customize IP" dal toolbar o dal menù di popup.
3.

Ulteriori dettagli su questa procedura si trovano nel Vivado Design Suite User Guide: Designing with IP (UG896) [Ref 2] oppure in Vivado Design Suite User Guide: Getting Started (UG910) [Ref 3].

Idea…. Invece di triggerare su latch più fronti generare due onde quadre di clock in quadratura di fase (sfasate di 90 gradi), questo risolve il problema di identificare i latch con la FPGA.

Note: Figures in this chapter are illustrations of the Vivado Integrated Design Environment (IDE).
This layout
might vary from the current version.
Continua ->

Reverse engineering di un hubswitch RJ45 da inserire come fondo di un rack misura standardizzata da quadro.
Il rach potrà ospitare un certo numero di slot in cui saranno inserite delle schede cloni della Redpitaya, ad esempio 4 o 8, dipende da quanti canali presenta l'hubswitch integrato sul sistema.
Ognuna di questa munite di un suo sistema operativo ecosystem e quindi in grado di lavorare in maniera indipendente.

Stadio di ingresso differenziale optoisolato.

The THS4520 is a wideband, fully differential operational amplifier designed for 5-V data acquisition systems. It has very low noise at 2 nV/ load. The slew rate is 570 V/µs, and with a settling time of 7 ns to 0.1% (2-V step), it is ideal for data acquisition applications. It is designed for unity gain stability.

The THS4520 is offered in a Quad 16-pin leadless QFN package (RGT), and is characterized for operation over the full industrial temperature range from −40°C to 85°C.

To allow for dc coupling to ADCs, its unique output common-mode control circuit maintains the output common-mode voltage within 0.25 mV offset (typical) from the set voltage. The common-mode set point defaults to mid-supply by internal circuitry, which may be over-driven from an external source.

The input and output are optimized for best performance with their common-mode voltages set to mid-supply. Along with high performance at low power supply voltage, this makes for extremely high performance single supply 5-V and 3.3-V data acquisition systems.

RGT Package (TOP VIEW)

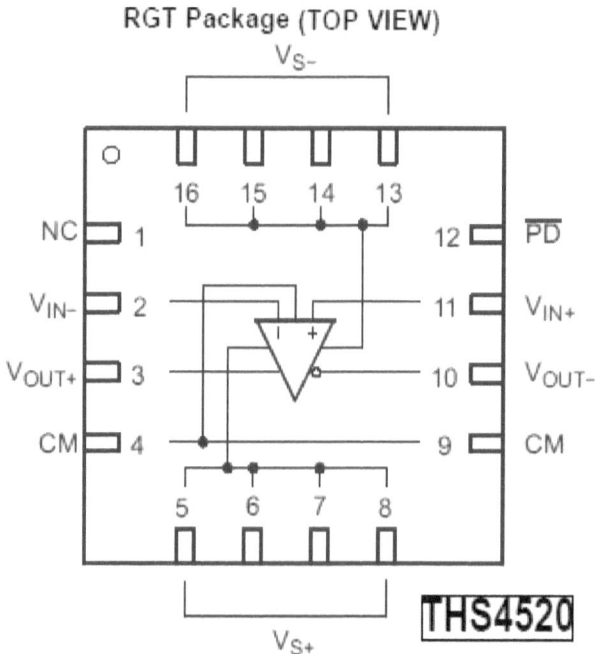

Stadio Conversione AD.

The AD7641 is an 18-bit, 2 MSPS, charge redistribution SAR, fully differential, analog-to-digital converter (ADC) that operates from a single 2.5 V power supply. The part contains a high speed, 18-bit sampling ADC, an internal conversion clock, an internal reference (and buffer), error correction circuits, and both serial and parallel system interface ports. It features two very high sampling rate modes (wideband warp and warp) and a fast mode (normal) for asynchronous rate applications. The AD7641 is hardware factory calibrated and tested to ensure ac parameters, such as signal-to-noise ratio (SNR), in addition to the more traditional dc parameters of gain, offset, and linearity. The AD7641 is available in Pb-free only packages with operation specified from −40°C to +85°C.

FUNCTIONAL BLOCK DIAGRAM

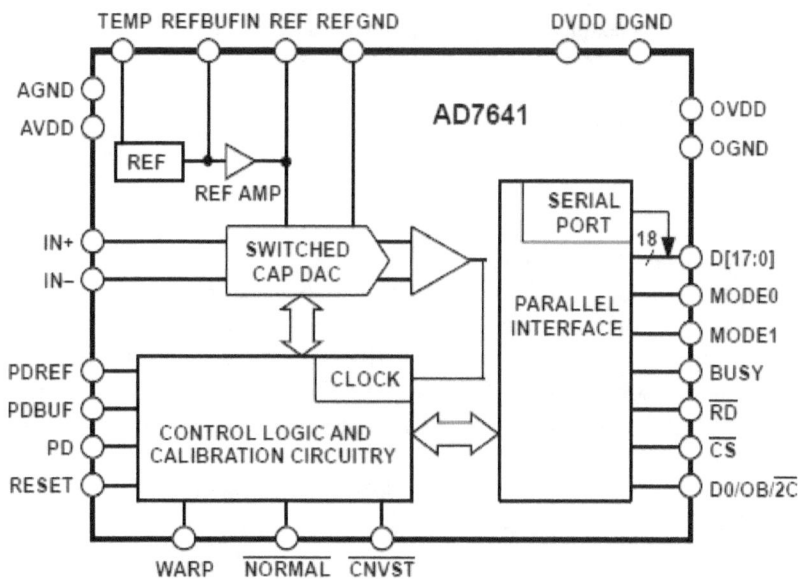

Caratterustiche
Throughput
2 MSPS (wideband warp and warp mode)
1.5 MSPS (normal mode)
INL: ±2 LSB typical, ±3 LSB max; ±8 ppm of full scale
18-bit resolution with no missing codes

Dynamic range: 95.5 dB
SNR: 93.5 dB typical @ 20 kHz (VREF = 2.5 V)
THD: −112 dB typical @ 20 kHz (VREF = 2.5 V)
2.048 V internal reference: typ drift 10 ppm/°C; TEMP output
Differential input range: ±VREF (VREF up to 2.5 V)
No pipeline delay (SAR architecture)
Parallel (18-, 16-, or 8-bit bus) and
serial 5 V/3.3 V/2.5 V interface
SPI®/QSPI™/MICROWIRE™/DSP compatible
Single 2.5 V supply operation
Power dissipation
75 mW typical @ 2 MSPS with internal REF
2 µW in power-down mode
Pb-free, 48-lead LQFP and 48-lead LFCSP_VQ
Speed upgrade of the AD7674, AD7678, AD7679
Applicazioni
Medical instruments
High speed data acquisition/high dynamic data acquisition
Digital signal processing
Spectrum analysis
Instrumentation
Communications
ATE

Microprocessor interfacing

The AD7641 is ideally suited for traditional dc measurement applications supporting a microprocessor, and ac signal processing applications interfacing to a digital signal processor. The AD7641 is designed to interface with a parallel 8-bit or 16-bit wide interface or with a general-purpose serial port or I/O ports on a microcontroller. A variety of external buffers can be used with the AD7641 to prevent digital noise from coupling into the ADC. The SPI Interface (ADSP-219x) section illustrates the use of the AD7641 with the ADSP-219x SPI-equipped DSP.

SPI Interface (ADSP-219x)

Figure shows an interface diagram between the AD7641 and an SPI-equipped DSP, the ADSP-219x. To accommodate the slower speed of the DSP, the AD7641 acts as a slave device and data must be read after conversion. This mode also allows the daisy-chain feature. The convert command can be initiated in response to an internal timer interrupt. The 18-bit output data are read with three SPI byte access. The reading process can be initiated in response to the end-of-conversion signal (BUSY going low) using an interrupt line of the DSP.

216

The serial peripheral interface (SPI) on the ADSP-219x is configured for master mode (MSTR) = 1, clock polarity bit (CPOL) = 0, clock phase bit (CPHA) = 1, and the SPI interrupt enable (TIMOD) = 00 by writing to the SPI control register (SPICLTx). It should be noted that to meet all timing requirements, the SPI clock should be limited to 17 Mb/s, allowing it to read an ADC result in less than 1 μs. When a higher sampling rate is desired, it is recommended to use one of the parallel interface modes.

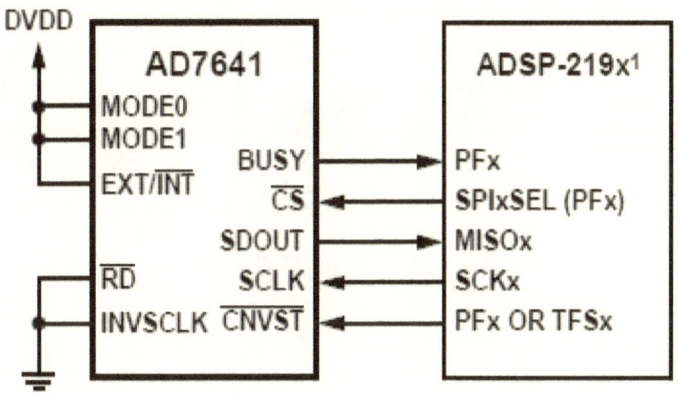

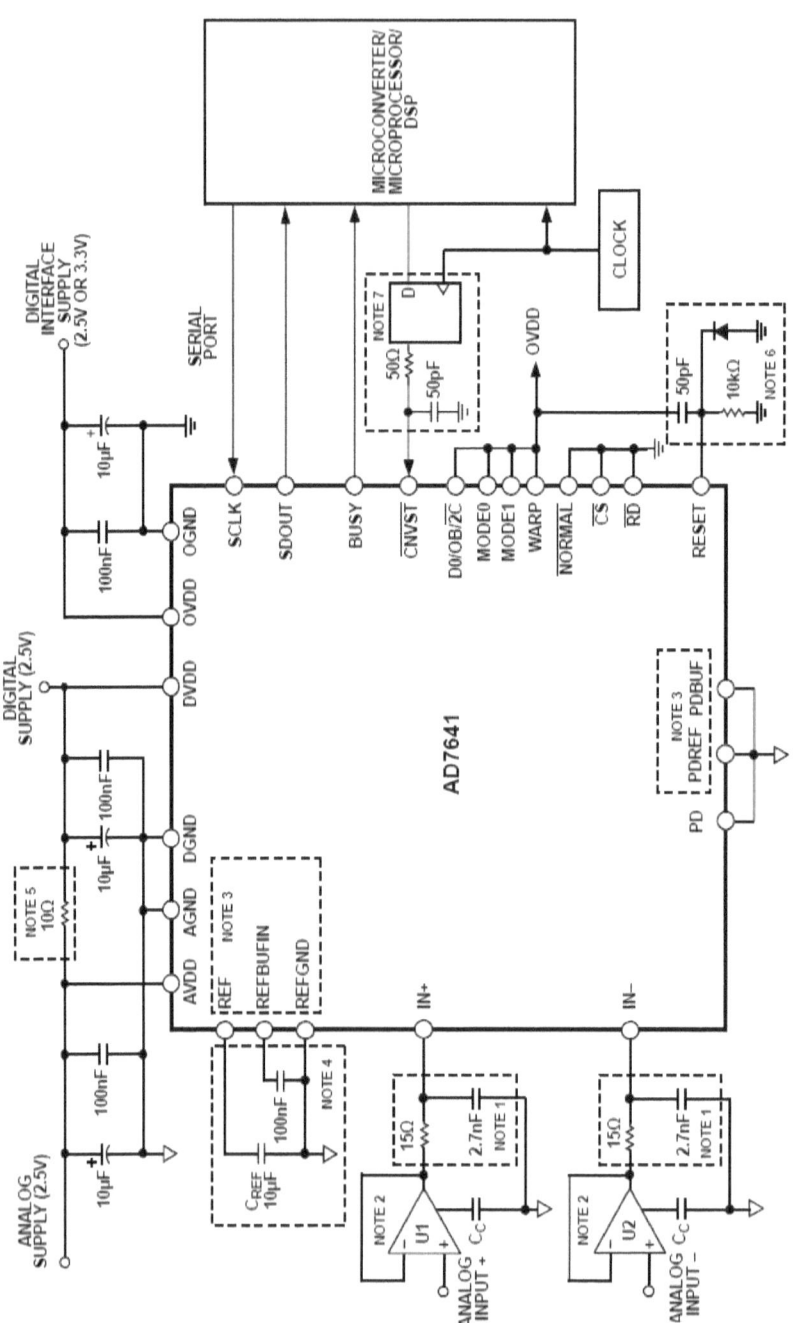

Pinout AD7641

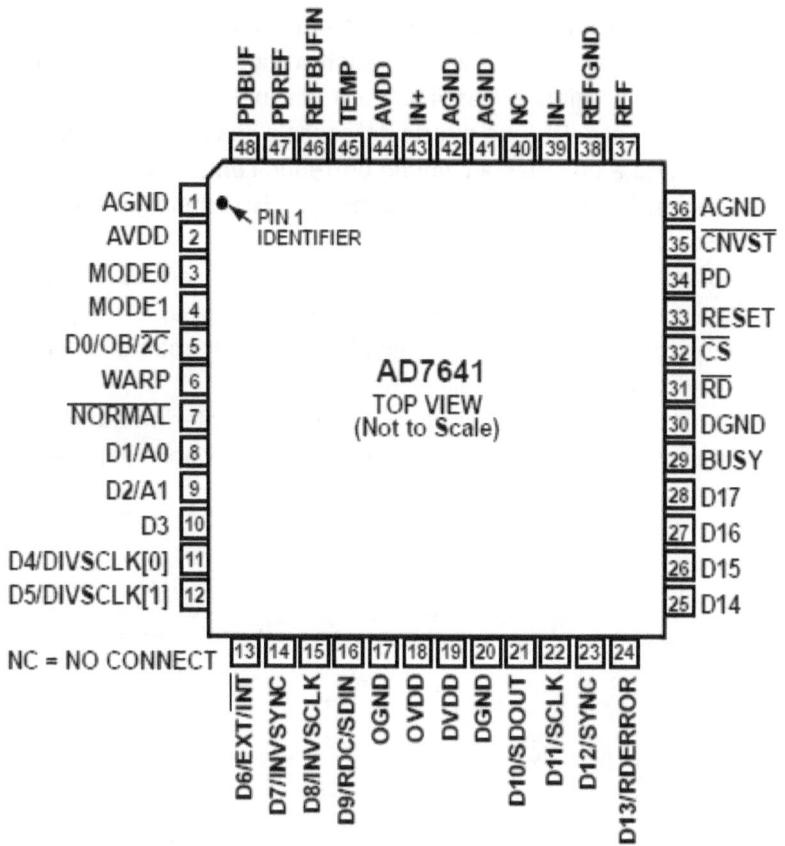

Frontend analogico differenziale.

Negli ambienti ad alto rumore elettromagnetico, ad esempio in ambito fusionistico in prossimità o addirittura a bordo dei Tokamak (le grandi macchine a confinamento magnetico del plasma), è impensabile l'acquisizione diretta del segnale analogico dal campo.
Il riferimento a una massa comune potrebbe comportare impulsi di tensione molto elevati che portano alla distruzione lo stadio di ingresso degli ADC.
Il problema si risolve acquisendo il segnale in maniera differenziale che nella sostanza è come creare un massa fittizia, o meglio un riferimento fittizio, mobile in egual maniera a quanto si possa spostare verso l'alto il segnale in ingresso.
La differenza tra il picco, per quanto alto sia, e il riferimento mobile che lo segue, restituisce sempre e comunque il valore del segnale sviluppato dal sensore.

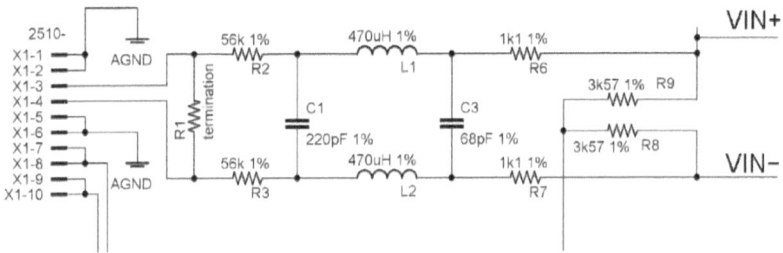

Schema elettrico della sezione differenziale in cui risulta evidente che il segnale VIN- è flottante rispetto alla massa AGND.
La componentistica discreta rappresenta un filtro passa banda e adattatore di impedenza.

Filtro anti aliasing.
Definito Rs come la velocità con cui i campioni si presentano all'uscita del campionatore, detta velocità di campionamento, si verifica un fenomeno di sovrapposizione di un segnale fittizio detto appunto aliasing secondo queste regole:
La velocità di campionamento è legata al tempo di campionamento dalla relazione: Rs=1/Ts. Essa viene perciò misurata in Sample/s o in Hertz.

Il parametro più importante in un processo di conversione A/D è la frequenza di campionamento.

Infatti da essa dipende la possibilità di poter ricostruire il segnale originale v(t) a partire dai suoi campioni vs(t). In particolare ciò dipende dal legame tra Rs e la frequenza massima del segnale d'ingresso v(t) secondo il Teorema di Shannon.

Il circuito di filtro influisce sulla larghezza di banda dell'ADC, infatti esso, durante il prelievo dei campioni, si comporta come un passa-basso in serie alla catena di misura.

La sua funzione di trasferimento incide quindi sulla quella propria dell'ADC.

Teorema di Shannon.

La ricostruzione senza ambiguità del segnale originale v(t) a partire da una sua versione campionata vs(t) è possibile se: Rs > 2 * fmax, dove fmax rappresenta la più alta frequenza del segnale d'interesse. Nel caso di un campionamento che violi la condizione posta dal Teorema di Shannon (Rs < 2*fmax) si nota che le ripetizioni periodiche di V(f), trasformata di Fourier del segnale d'interesse, si sovrappongono l'un l'altra e lo spettro finale Vs(f) appare in una forma confusa, dalla quale è impossibile risalire a V(f) mediante filtraggio.

In questo caso si parla di Aliasing.

Per evitare ciò è necessario che l'intero contenuto spettrale di v(t) appartenga alla banda di frequenza (0, Rs/2); altrimenti le componenti a frequenza superiore di Rs/2 risultano traslate all'interno della banda utile, provocando distorsione e precludendo la possibilità di ricostruire l'andamento originale di v(t) nella banda (0,Rs/2).

Si ricorre quindi ad un filtro passa-basso, detto filtro anti-aliasing, posto all'ingresso del blocco ADC, che è in grado di limitare il contenuto spettrale di v(t) ad Rs/2.

Comunicazione frontend analogico con ZYNQ.

La conversione AD è delegata al circuito integrato **AD7641** e avviene con una discretizzazione a 18bit.
Il chip integra un'interfaccia verso il sistema host che permette la comunicazione sia seriale che parallela in funzione di alcune impostazioni hardware.
La funzionalità viene controllata tramite i due segnali attivi bassi CS (pin32) e RD (pin31).
Il segnale Reset (pin33) nella scheda è posto a massa quindi non è possibile abortire la conversione in corso, cosa che avviene durante un fronte di salita in questo pin.
La scheda è configurata per la comunicazione seriale secondo il protocollo SPI.
I 18 bit della conversione sono inviati al pin 21, SDOUT.

Il segnale giunge all'isolatore IL711-s pin 3. Qui avviene la separazione galvanica dal campo.
A valle della separazione galvanica il segnale transita attraverso il driver **SN65LVDT**, il quale ha funzione di interfaccia con altri dispositivi anche al di fuori della board rendendo il sistema insensibile ai disturbi elettrostatici e elettromagnetici.

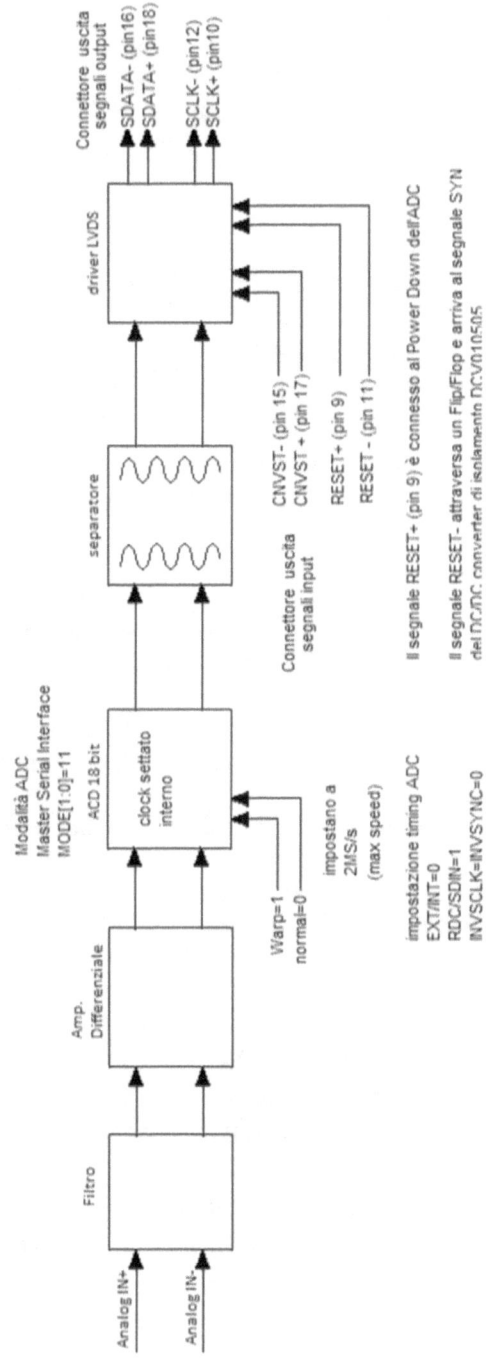

Filtro

Amp. Differenziale

Modalità ADC
Master Serial Interface
MODE[1:0]=11
ACD 18 bit

clock settato interno

separatore

driver LVDS

Connettore uscita segnali output
SDATA- (pin16)
SDATA+ (pin18)
SCLK- (pin12)
SCLK+ (pin10)

Analog IN+
Analog IN-

Warp=1
normal=0

impostano a
2MS/s
(max speed)

impostazione timing ADC
EXT/INT=0
RDC/SDIN=1
INVSCLK=INVSYNC=0

Connettore uscita segnali input

CNVST- (pin 15)
CNVST + (pin 17)

RESET+ (pin 9)

RESET - (pin 11)

Il segnale RESET+ (pin 9) è connesso al Power Down dell'ADC

Il segnale RESET- attraversa un Flip/Flop e arriva al segnale SYN
del DC/DC converter di isolamento DCV010505

Osservando lo schema a blocchi della figura sovrastante si nota che il connettore esterno presenta due coppie di segnali in input e due coppie di segnali in output.

Tutti questi passano attraverso il driver LVDS nei pin indicati in figura, nella sezione isolata dal campo ovvero quella a cui riferiremo le masse e le alimentazioni dello ZYNQ.

Segnali LVDS di uscita dal **SN65LVDT**	Segnali di ingresso **SN65LVDT** (al connettore)
SDATA +	CNVST+
SDATA -	CNVST-
SCLK +	RESET+
SCLK -	RESET-

RESET+ è connesso al Power Down dell'ADC mentre RESET- è connesso, tramite flip-flop, al segnale SYN del DC/DC converter d'isolamento DCV010505:

Per filtrare i segnali (squadrarli) e quindi pulirli da eventuali disturbi o rumore si passa attraverso al Flip/Flop prima di andare ai DCV01 che permettono la connessione anche verso altri dispositivi anche fuori dalla scheda.

Ponendo il pin **SYNCIN** basso si ferma l'oscillatore allo scopo di spegnere la scheda quando non è in uso, questo reagisce in circa 2 μs.

Nella schedina gli altri segnali vengono passati in single endend e connessi all'ADC tramite opto isolatori.

L'ADC 7641 ha l'impostazione nei pin MODE[1:0] = 11 per cui, da data book, (pagina 22) il sistema si pone nella modalità di funzionamento

MASTER SERIAL INTERFACE - Internal Clock

Altre impostazioni sono

Pin WARP = 1

pin _NORMAL = 0

Questa configurazione pone il chip alla massima velocità di acquisizione pari a 2 MS/s, detta modalità WARP.

Approfondimenti sono a pagina 15 del data book, capitolo MODES OF OPERATION.

Inoltre dallo schema:

*EXT/INT =0 RDC/SDIN =1 INVSCLK = INVSYNC =0

*per cui si fa riferimento al timing esposto in fig. 36, pag 23.

Interfacciamento all'FPGA.

Generare sul GPIO dedicato il segnale alto da inviare al comando CNVST. l'ADC esegue la conversione e risponde con una stringa seriale di 18 bit su SDOUT->SDATA, sincronizzata dal SCLK.

Se si pilotano più moduli di frontend bisognerà che l'FPGA produca per ogni modulo un' uscita RESET per abilitare l'ADC, una uscita CNVST per far iniziare la conversione e due ingressi LVDS SDIN e SCLK da collegare a uno shift register a 18 bit da definire in VHDL internamente all'FPGA.

Quindi:

Dall'FPGA si invia un segnale di CNVST all'ADC.

L'ADC invia una stringa di 18 bit come master.

quando il ciclo di caricamento dello shift register a 18 bit nell'FPGA è completato, vanno trasferiti i dati verso il DMA, vanno definiti i registri FIFO a 8 o 16 bit in cui catturare i dati.

Va poi inviato un altro CNVST per far ripartire partire il ciclo di conversione, ottenere la nuova stringa di 18 bit.

Programmare FPGA nei sistemi National.

Nei laboratori di ricerca è possibile trovare sistemi realizzati da National e programmabili tramite G-Language, linguaggio grafico, integrato nella piattaforma Labview.

Presso i laboratori di ricerca del CNR, area di Padova, che operano nel campo della fusione nucleare, è stato allestito un sistema di acquisizione dati.

Il sistema si compone di:

- Rack PXI 1033.
- Scheda NI PXI-7953 FlexRIO FPGA.
- Estensione NI6581.

E' stata realizzata una piccola interfaccia come da schema qui sotto:

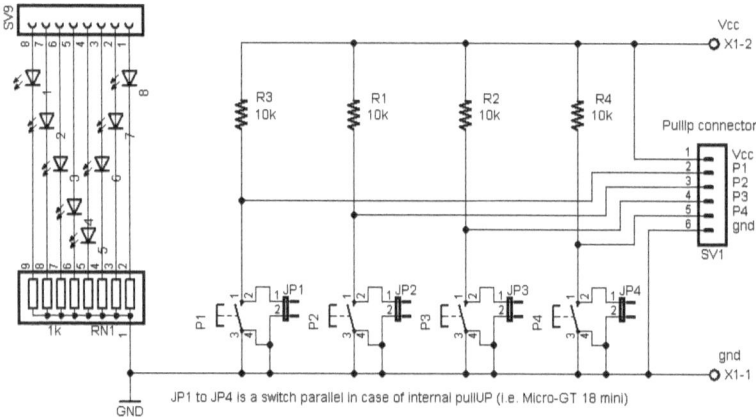

Ho connesso un LED dell'interfaccia ad una uscita della morsettiera tramite il cavo in dotazione siglato NI192681B-1R5, nella porta DDCA.

Ho predisposto i cavi di alimentazione GND e +Va, e in questo momento li sto tenendo sconnessi, ma suppongo di dover portare il riferimento della massa alla mia interfaccia ovvero GND di SV1 al pin 6, mentre al +VA suppongo si debba portare la tensione di alimentazione dell'I/O ma dalla documentazione in mio possesso non è chiaro se è fornita o la devo fornire. Alla misura non rilevo nulla. Per com'è disegnata la mia interfaccia dovrei portare la tensione invitami dalla DDCA per richiuderla alla medesima tramite i pulsanti. Non è molto chiaro se il sistema necessita di PULL UP.

Ho connesso P1 e P2 alla morsettiera dell'estensione:

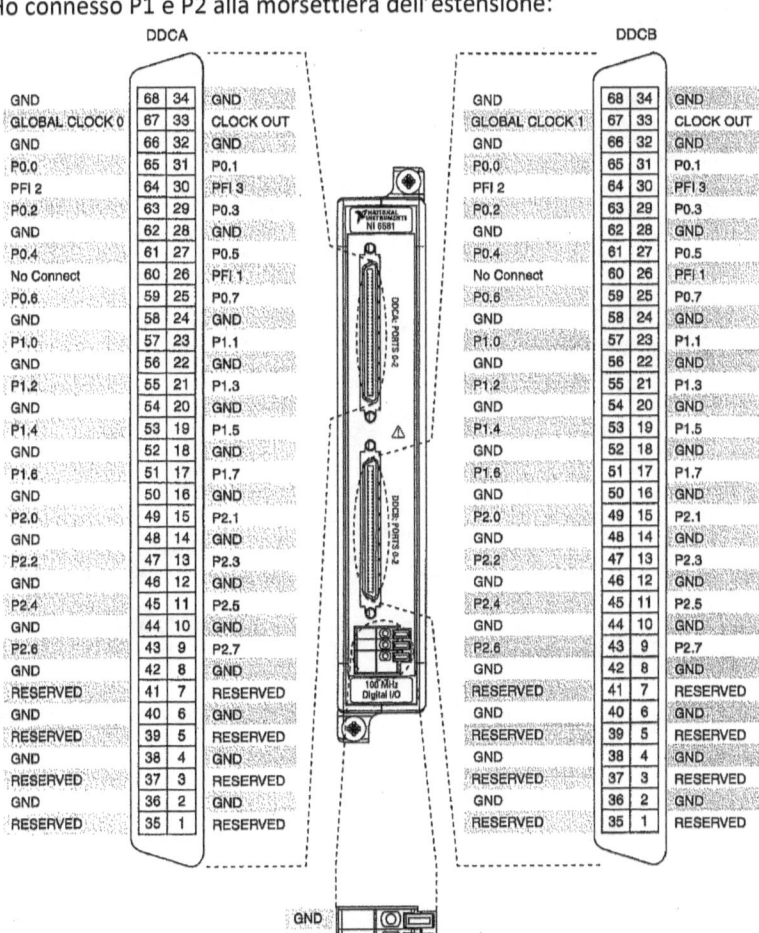

Ho realizzato un piccolo programma demo che esegue l'AND logico dei due pulsanti. Viene compilato e non restituisce errori.
Segue la descrizione:
Ho creato il programma in questo modo:
selezionare "create a new system"

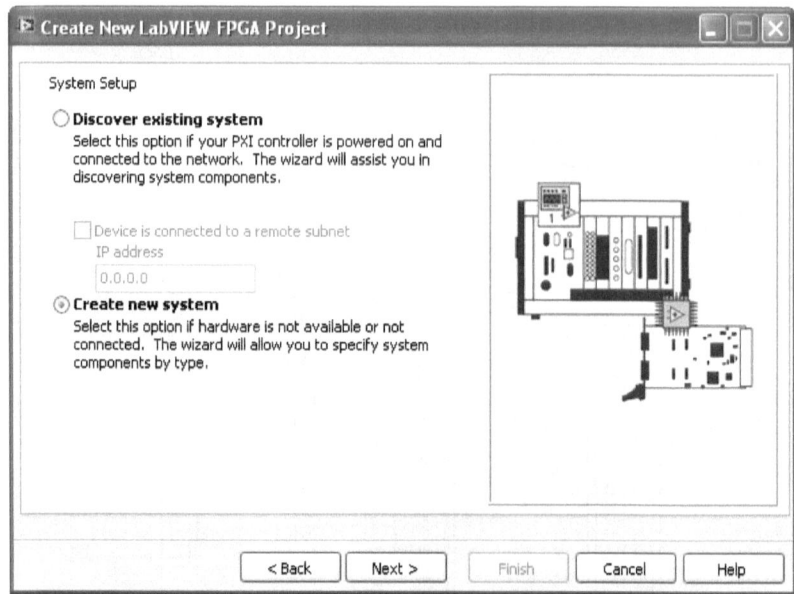

E contemporaneamente aprire il Max, che ci mostra l'hardware installato e se questo è operativo.

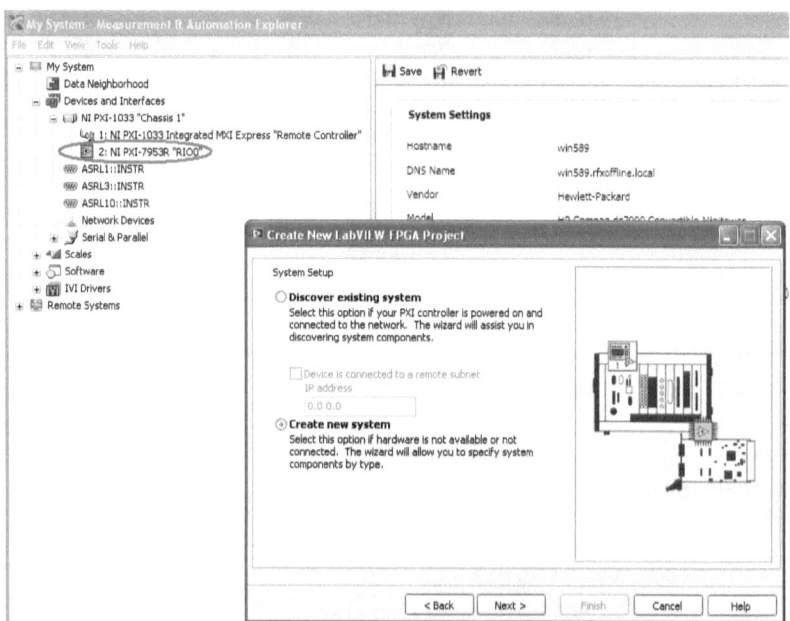

Quindi selezioniamo come new target quello indicato sul max.

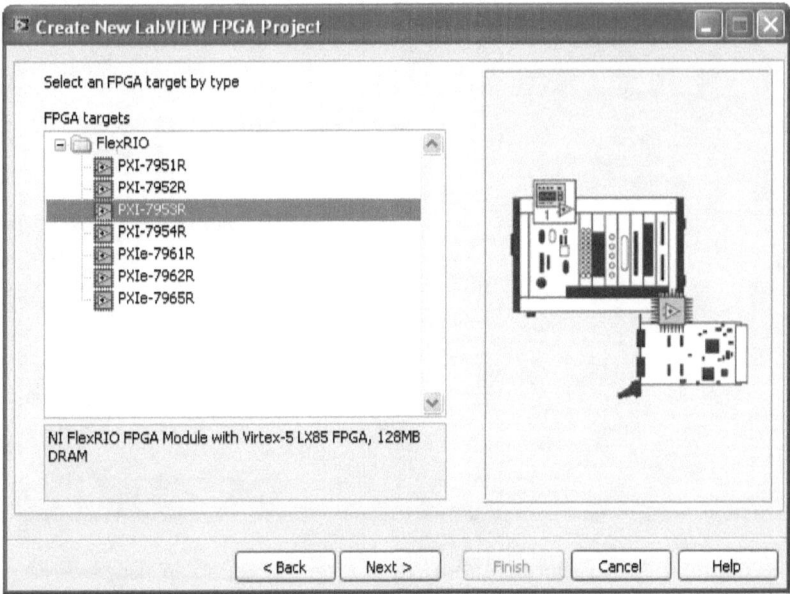

Agiamo su "next"

Se viene trovato attivo compare quanto segue:

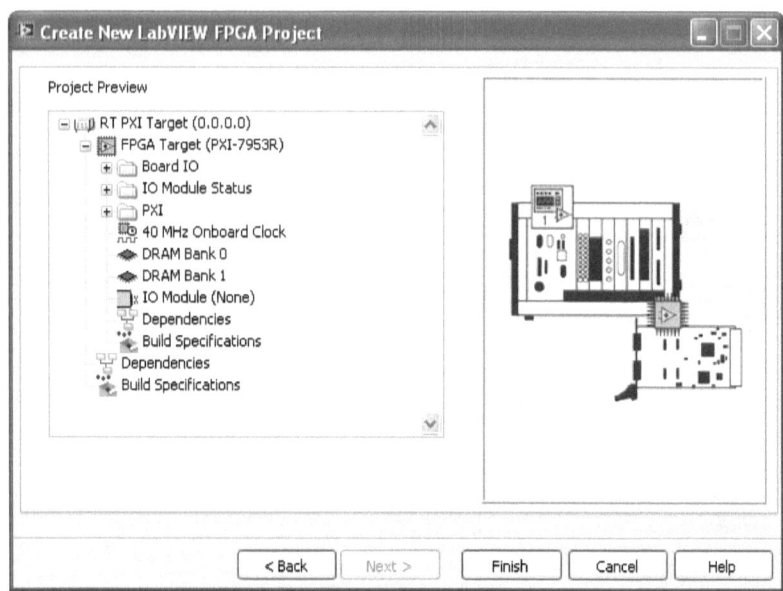

Da quanto indicato sopra sembra che il target FPGA abbia risposto ma il modulo di I/O non sia stato trovato.

"IO Module (None)"

Agiamo comunque su finish.

Si arriva alla seguente finestra di dialogo:

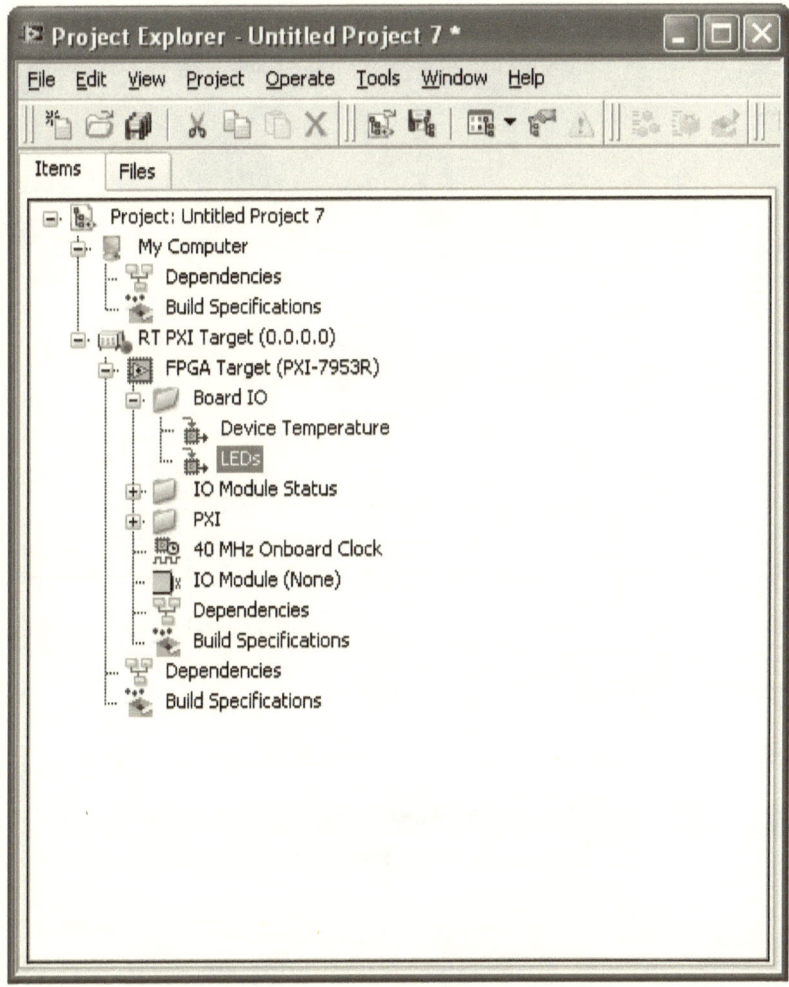

Facciamo tasto destro sull'icona dell'IO Module che risulta disabilitato (anche se presente come estensione della scheda FPGA nello slot 2, ovvero è montato ma non è visibile).

Tasto Dx -> Proprietà.

Compare

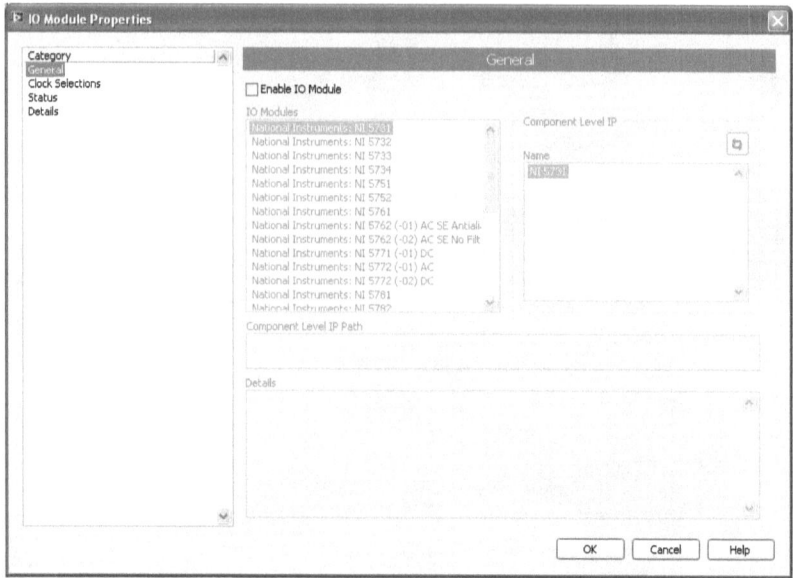

Da questo box di dialogo abilitiamo il modulo di I/O digitale.

Mettiamo il check box su "Enable IO module"

Abbiamo disponibili due opzioni. La prima mostra questa possibilità:

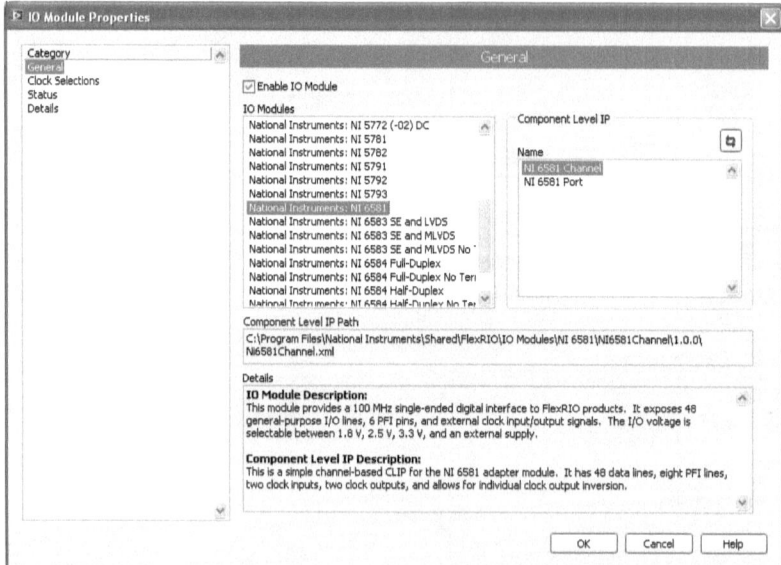

La seconda mostra quest'altra...

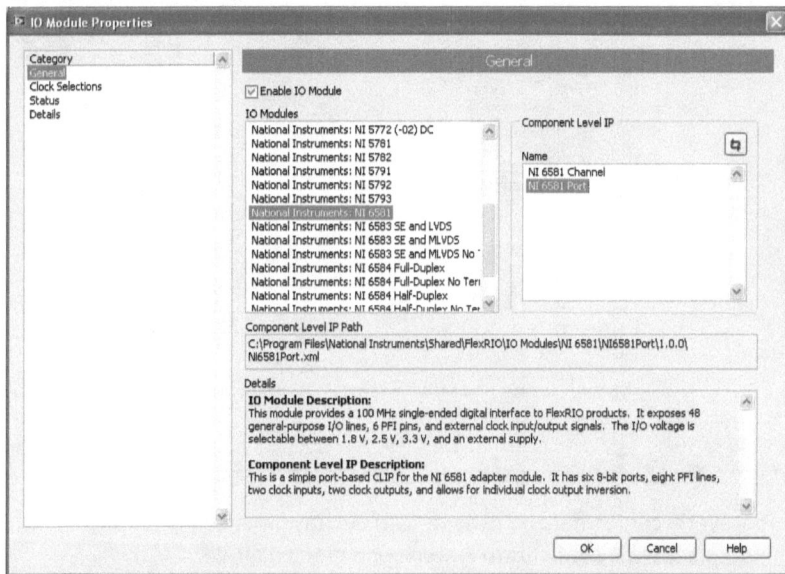

In cui le voci descrittive sono...

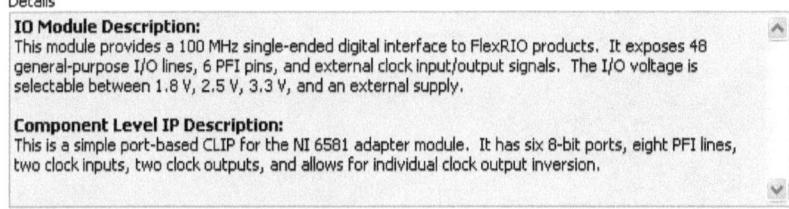

Se vogliamo avere 48 ingressi digitali in forma di bit selezioniamo la prima, se invece vogliamo acquisire 6 byte in forma di PORT (come avviene nei microcontrollori) selezioniamo la seconda.

Noi ora selezioniamo la prima.

Se vogliamo sapere A CHE TENSIONI SONO IMPOSTATI GLI INGRESSI E USCITE DIGITALI lo vediamo da qua:

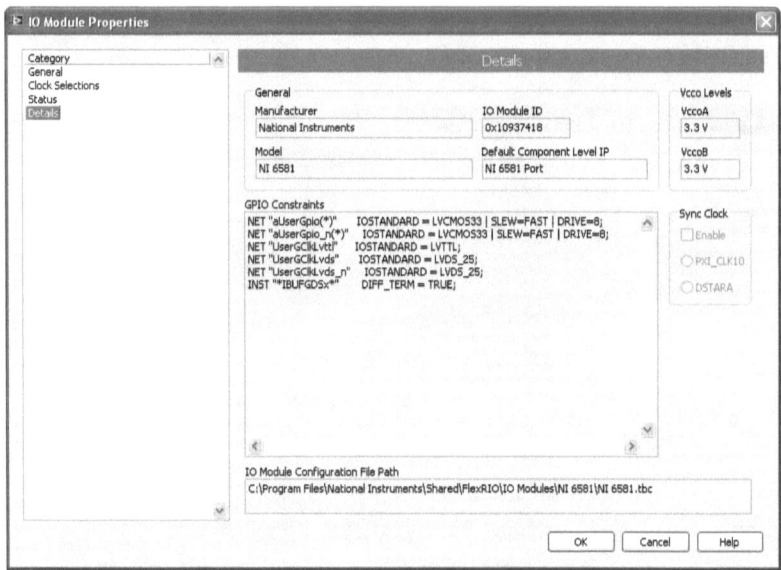

Dopo avere confermato si ottiene la risposta dal sistema target, ovvero abbiamo acceso e configurato l'interfaccia di I/O digitale.

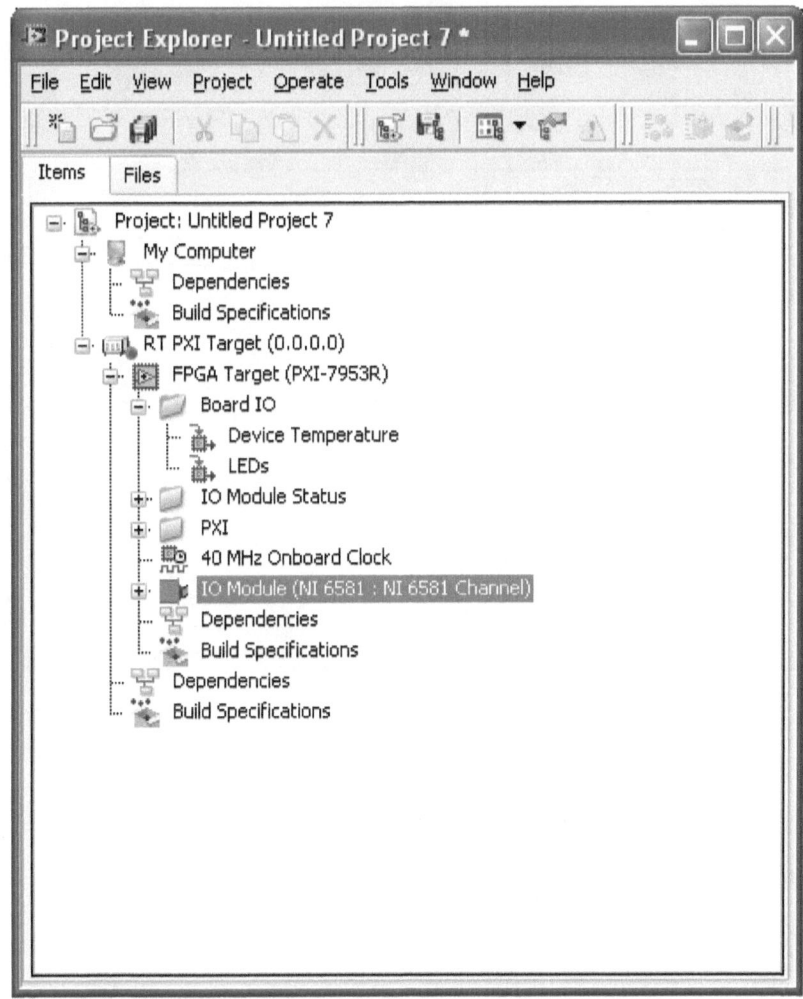

Il IO module non ha più la crocetta rossa e viene indicato nell'albero come attivo e con la modalità (in questo caso channel) scelta.

Espandiamo l'albero per vedere se c'è un'effettiva risposta dal campo.

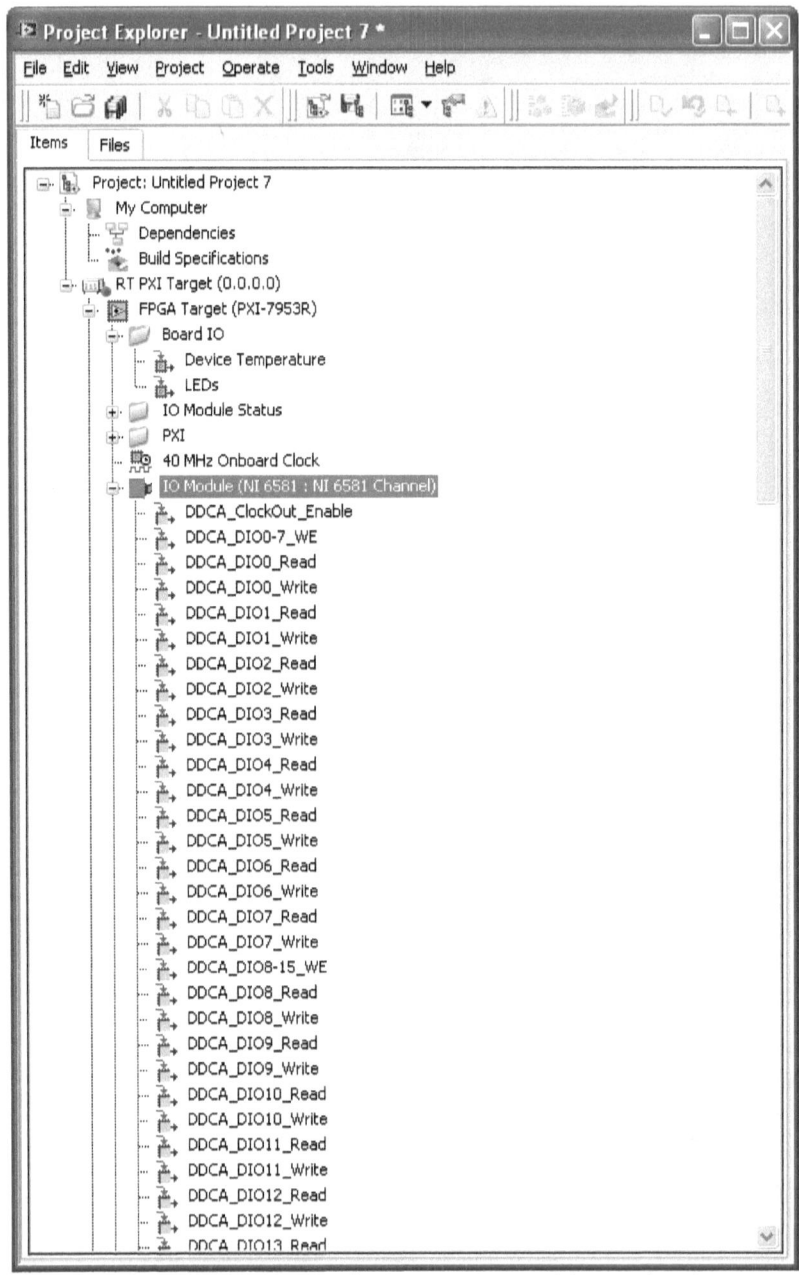

Vediamo, finalmente, i punti di I/O disponibili con abbinati gli indirizzi a cui saranno raggiungibili.

Possiamo trascinarli sul blank VI ed usarli.

Per cominciare a costruire il nuovo progetto agiamo nella finestra "Project explorer" sulla voce "New VI", come mostrato qui sotto.

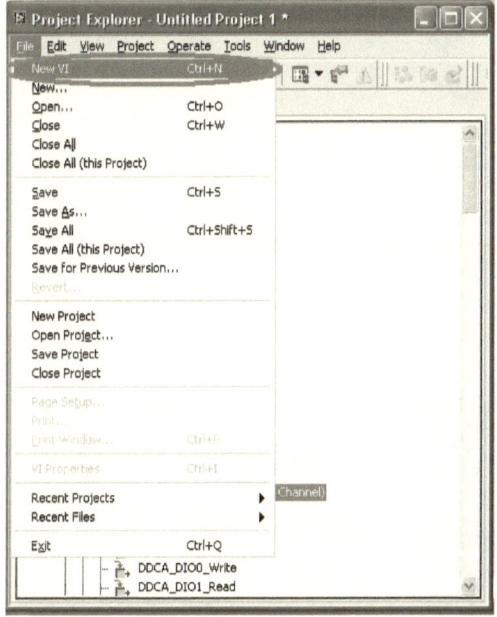

Vedrete comparire l'ambiente di lavoro costituito come di consueto da un block diagram e da un front panel.

Ora possiamo inserire gli elementi del programma nel block diagram per trascinamento, ad esempio due ingressi che pilotano un'uscita.
Questi oggetti sono i reali punti connessione presenti nelle schede di estensione del FLEX RIO, per questo motivo potrebbe essere difficile seguire

i passi qui indicati se non si possiede un sistema oppure questo non è online oppure non correttamente configurato.

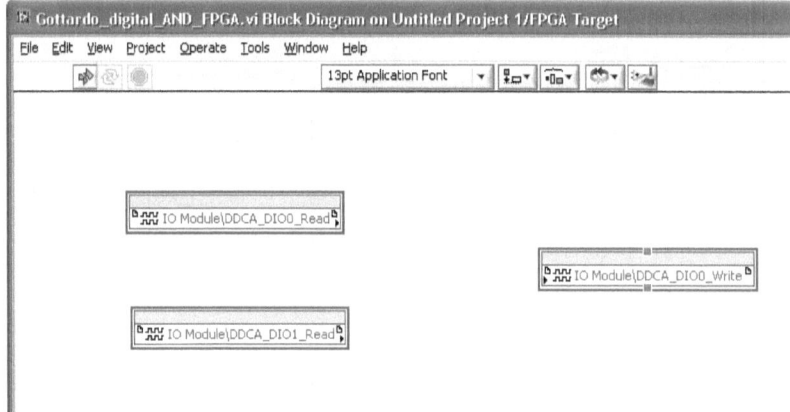

Facendo tasto destro sugli oggetti compaiono due diversi menu.
1) cliccando destro sulla fascetta rosa.
2) Cliccando destro sull'area con la scritta verde.

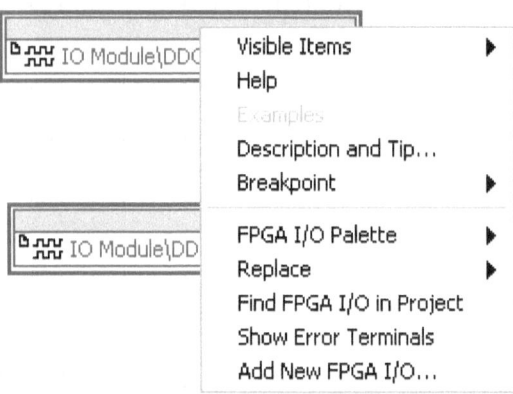

primo caso, cliccando sulla fascia rosa

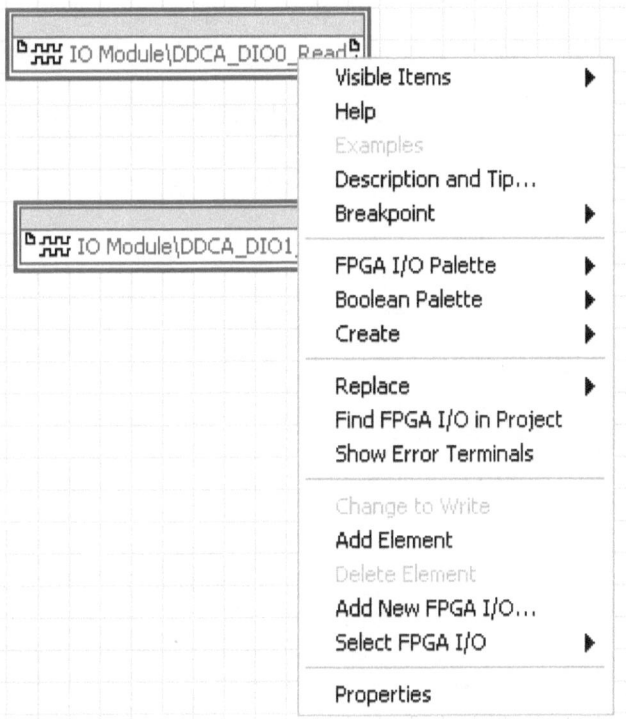

Cliccando sul testo che caratterizza il tag si ha la possibilità' di configurarlo e/o abilitarlo.

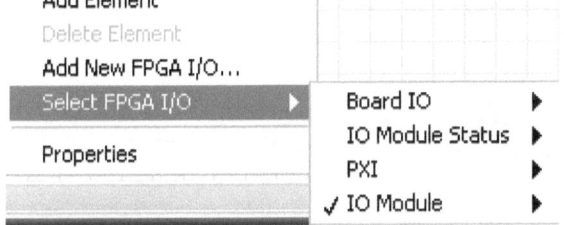

Se portiamo il mouse sopra alla voce spuntata, IO module, compaiono tutti i punti di IO disponibili ed è possibile reindirizzare al volo un ingresso o uscita.

Per collegare tra loro gli ingressi/uscite è sufficiente usare lo strumento rocchetto, come usuale in Labview.

Il box che contiene le Function compare facendo click con il tasto destro in area.

Sono disponibili molte funzioni, ad esempio conversioni di tipo, manipolazioni di matrici, impostazioni di subVI complessi, ed anche semplici operazioni booleane.

Facciamo una prima esperienza eseguendo un OR esclusivo di due ingressi digitali.

Nelle successive immagini vediamo come predisporre il programma.

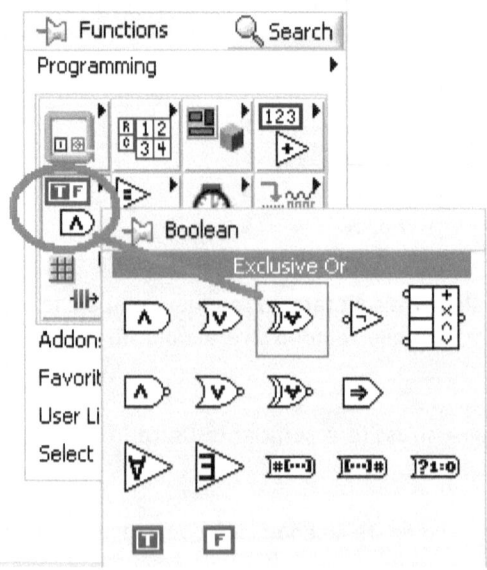

La compilazione

Per compilare il programma e ottenere del codice eseguibile agire su RUN
Comparirà la progressione della compilazione che potrà' avvenire online o
offline.
Nel primo caso non si avrà alcuna risposta dal campo.

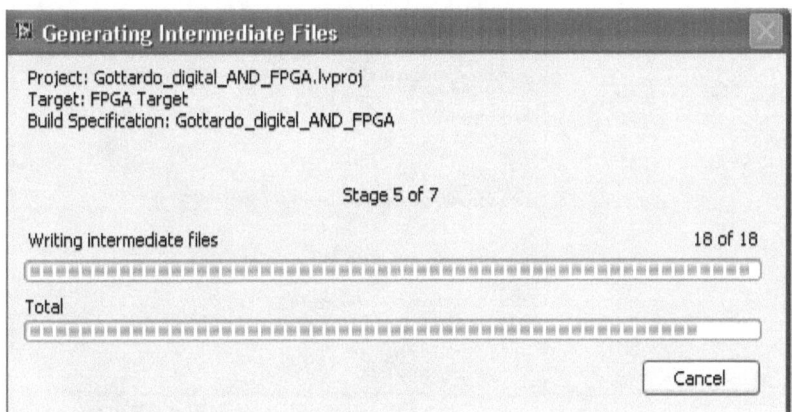

Dopo questa fase preparatoria il sistema effettua automaticamente la reale
compilazione per generare il codice nelle FPGA del sistema target.

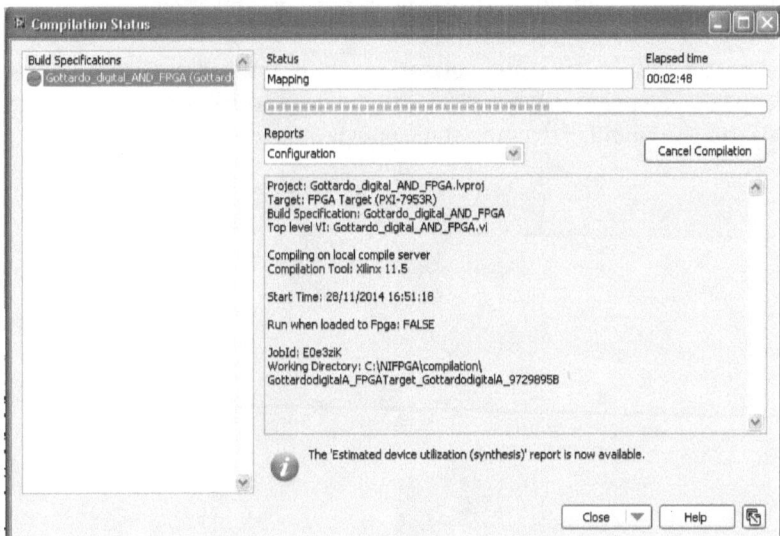

Un programma semplice come questo impiega ben 16 minuti per essere
compilato.

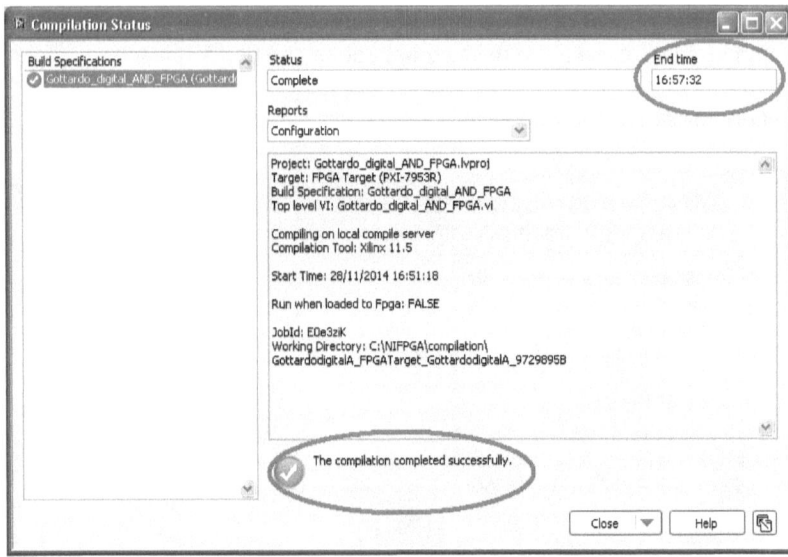

Esecuzione del programma sulla FPGA.

Per vedere concretamente in esecuzione il programma è necessario interfacciare i connettori frontali ad un sistema di simulazione.
Come da schema mostrato all'inizio.
Nel nostro caso bastano due pulsanti muniti di resistenza di pull up e un diodo LED con una resistenza di limitazione della corrente che tenga conto del fatto che i punti di I/O sono stati configurati per una tensione di 3v3 .

Appendice.
Elettronica digitale.

L'elettronica digitale è quella scienza che consente di sintetizzare reti combinatorie o sequenziali a partire rispettivamente da tabelle logiche di verità, che esprimono funzioni booleane, e automi a stati finiti.

Le reti combinatorie permettono di generare istantaneamente combinazioni di "m" uscite considerando "n" ingressi presenti all'ingresso. L'unico ritardo sarà quello tipico della somma dei ritardi, Slew rate, dei componenti attraversati ovvero somme di nano secondi. Nelle reti combinatorie non è importante il valore "m" e "n", le tecnica di sintesi è la stessa. Le reti sequenziali hanno invece effetti di memoria e si sviluppano basandosi sullo sviluppo di automi a stati finiti quindi con grafi dall'aspetto di nodi e archi variamente interconnessi.

Benché nella metà del diciannovesimo secolo i computer non esistessero, l'algebra binaria, su cui si baseranno a partire dal secolo ventesimo venne già sviluppata a opera di Boole.

Boole = George Boole (1815–1864).
Nel 1854, pubblica "An investigation into the Laws of Thought, on Which are founded the Mathematical Theories of Logic and Probabilities". Boole riduce la logica a semplice algebra, incorporandola nella matematica. Evidenzia l'analogia tra i simboli algebrici e quelli delle forme logiche. L'algebra booleana trova applicazioni nella progettazione dei calcolatori.

L'algebra di bool si basa sulle seguenti leggi:

Idempotenza	$a + a = a$	e	$a \cdot a = a$
Leggi di De Morgan	$\overline{a + b} = \bar{a} \cdot \bar{b}$	e	$\overline{a \cdot b} = \bar{a} + \bar{b}$
Doppio complemento	$\bar{\bar{a}} = a$		
Elemento nullo	$a + 1 = 1$	e	$a \cdot 0 = 0$

Definizioni binarie fondamentali

1) □ bit
4) □□□□ nibble
8) □□□□□□□□ byte
16) □□□□□□□□□□□□□□□□ word
32) □□□□□□□□□□□□□□□□ | □□□□□□□□□□□□□□□□ Double word

Attenzione: La corretta definizione di word è relativa al numero max di bit indirizzabili singolarmente.
Qui si considera un uP a 16 bit.

Distanza tra due numeri binari.

Si definisce distanza tra due numeri aventi necessariamente lo stesso numero di cifre, il numero di bit per cui essi riferiscono. I bit vengono confrontati a parità di peso.

Esempio: I numeri 01101 e 11110 hanno distanza 3 come si vede facilmente confrontando bit a bit.

$$01101$$
$$11110$$

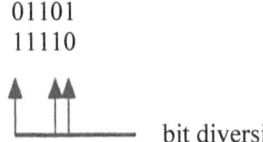 bit diversi

Operazione binarie

Moltiplicazioni: si esegue con le stesse regole di quella decimale. Un utile promemoria è che i prodotti parziali valgono tutti o 0 o il moltiplicando stesso:

Esempio: moltiplichiamo 110 * 101

```
    110
    101
    110
   000
  110
  11110
Riporto: 0
```

Se a causa dei vari riporti, il numero finale non può essere contenuto nello spazio originariamente a disposizione, (registro), si dice che si è verificato un overflow. N.B. In caso di overflow, il numero che rimane sul registro non è il risultato reale dell'operazione, si è quindi verificato un errore che deve essere segnalato.

Se sottraendo un numero ad un altro se ne ottiene uno che è più piccolo del minore rappresentabile, si va incontro ad un errore analogo detto di underflow.

Leggi di De Morgan

Permettono tramite opportune procedure di negazione di esprimere prodotti come somme e viceversa.

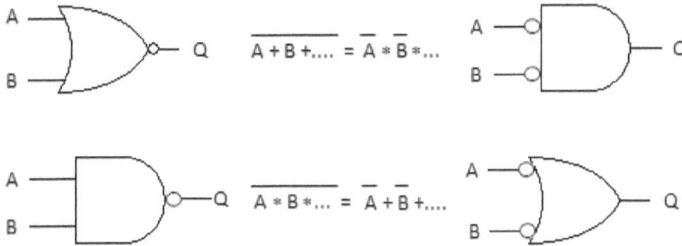

Concetto di dualità basato su De Morgan.

Se un design elettronico implementato all'interno di una FPGA, o in una normale scheda elettronica digitale è realizzata una certa funzione booleana è possibile ottenere il complemento scambiando gli AND con le OR e complementando (invertendo) le variabili in ingresso.

$$F = A + B$$
$$\overline{F} = \overline{A + B} = \overline{A} * \overline{B}$$

$$F = A * B$$
$$\overline{F} = \overline{A * B} = \overline{A} + \overline{B}$$

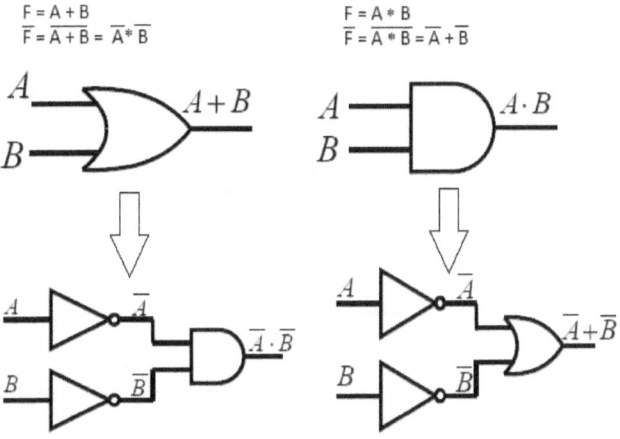

La codifica binaria:Codice BCD 8421

Uno dei metodi più importanti per effettuare la codifica dell'informazione è quella di rappresentarla nel codice BCD (binary decimal code).

Il codice prevede l'utilizzo di 4 bit, di peso 8-4-2-1,una buona regola mnemonica per la costruzione, è quello di dare una periodicità al bit 1 nelle colonne pari al peso ad esse associate.

PESI	8	4	2	1	valore
	B3	B2	B1	B0	decimale
	0	0	0	0	0
	0	0	0	1	1
	0	0	1	0	2
	0	0	1	1	3
	0	1	0	0	4
	0	1	0	1	5
	0	1	1	0	6
	0	1	1	1	7
	1	0	0	0	8
	1	0	0	1	9

CONFIGURAZIONI RIDONDANTI

1	0	1	0	10
1	0	1	1	11
1	1	0	0	12
1	1	0	1	13
1	1	1	0	14
1	1	1	1	15

Si fa notare che il codice BCD viene costruito con 4 bit i quali generano 24=16 combinazioni, siccome il suo carattere decimale richiede solo 10 simboli si ha che 6 di essi sono privi di significato (ridondanti).

Un numero può essere convertito in maniera molto rapida dalla base 10 alla base 2 usando il codice BCD.

La conversione avviene per sostituzione diretta delle cifre decimali con la corrispondente posizione BCD, cioè il codice numerico si espande di 4 volte.

Esempio: portare in notazione binaria BCD il numero 1649.

$$1 \quad 6 \quad 4 \quad 9$$
$$0001\ 0110\ 0100\ 1001$$

Il numero binario BCD ottenuto è:

$$1011001001001_{BCD}$$

E' evidente che esistendo più maniere per esprimere un numero con un codice binario bisogna dichiarare in quale codifica è espresso prima di tentare una conversione di base. Supponiamo di voler convertire una "stringa di bit" un'altra base diversa dalla 2. Le cose sono notevolmente semplificate se la base del numero che si vuole convertire è una potenza di 2, infatti sussiste la formula:

$$2^n = base$$

dove 2 è il numero di stati possibili, n è il valore di cui bisogna elevare 2 per ottenere la base in cui si vuole esprimere il numero.

Da ciò risulta chiaro che per esprimere la stringa di bit, ad esempio in base 8, sarà sufficiente raggruppare i bit a tre a tre partendo dal meno significativo (il più a destra) e sostituire le terne con la loro conversione decimale.

Esempio:

$$11\ 101\ 001\ 000\ 100\ 011\ 010$$
$$3 \quad 5 \quad 1 \quad 0 \quad 4 \quad 3 \quad 2$$

Quando procedendo verso sinistra si arriva alla fine della stringa in modo che l'ultima ennupla risulta incompleta, la si completi con degli zeri.
Nell'esempio quindi l'ultima ennupla è rappresenta un 3; difatti:

$$011$$
$$3$$

La conversione della stringa in base 8 è dunque :

$$3510432_8$$

Una prima verifica della correttezza della conversione si ha accertandosi del fatto che non ci sono cifre superiori oppure uguali al valore della base, difatti nell'esempio si sono ottenuti solo valori compresi tra 0 e 7.

La lunghezza degli spazi disponibili a contenere bit all'interno dei microprocessori è limitata (registri), se essi risultano riempiti parzialmente da un valore convertito in binario ,i rimanenti bit verranno posti a 0.

Esempio: Si supponga di avere a disposizione un processore con registri interni a 8 bit.

In uno dei registri viene inserito il numero decimale 3_{10} Il registro dopo l'inserimento sarà uguale a:

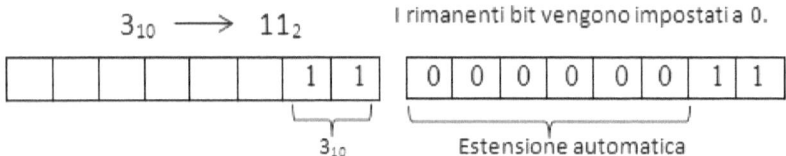

E' evidente come questa codifica dei bit sia particolarmente adatta per il controllo dei display a digit a sette segmenti LED in abbinamento al circuito integrato CD4511 o un equivalente decoder.

Basi superiori a dieci

Quando il numero dei simboli numerici disponibili è minore del numero che esprime la base, si ricorre ai simboli alfabetici ordinati.

A titolo di esempio si riporta la tabella di conversione del codice esadecimale (base 16).

b3	b2	b1	b0	Dec	Hex
0	0	0	0	0	0
0	0	0	1	1	1
0	0	1	0	2	2
0	0	1	1	3	3
0	1	0	0	4	4
0	1	0	1	5	5
0	1	1	0	6	6
0	1	1	1	7	7
1	0	0	0	8	8
1	0	0	1	9	9
1	0	1	0	10	A
1	0	1	1	11	B
1	1	0	0	12	C
1	1	0	1	13	D
1	1	1	0	14	E
1	1	1	1	15	F

Vediamo un esempio di conversione:
convertire il numero:

$$11010101_2$$

Si procede dividendo il numero in nibble, e confrontando con la tabella sovrastante.

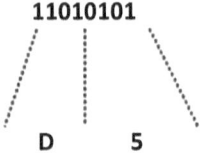

11010101

D   5

Il numero in base 16 è:

$$D5_{16}$$

Osservazione:
Da un numero composto di 8 cifre abbiamo ottenuto lo stesso numero espresso con sole due cifre.

Deduzione:
Più alto è il valore della base e più compatto è il codice.

Operatori logici fondamentali. <u>Analogie elementari</u>

Vediamo come le porte logiche possano essere rappresentate ed implementate con l'ausilio di soli cavi di connessione ed interruttori manuali.

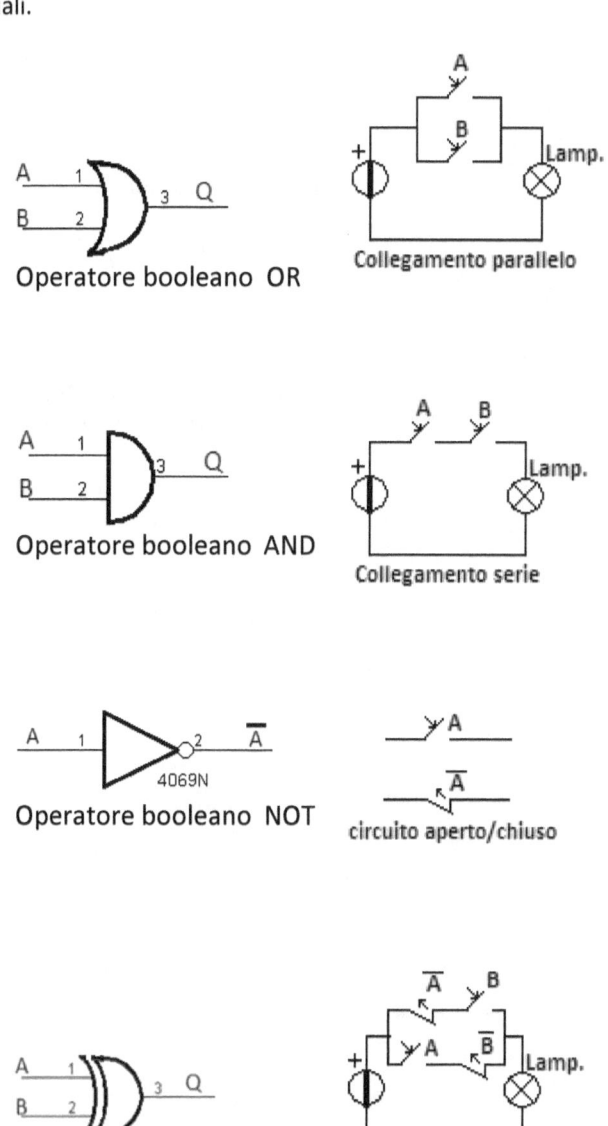

Operatore booleano OR

Collegamento parallelo

Operatore booleano AND

Collegamento serie

Operatore booleano NOT

circuito aperto/chiuso

Operatore booleano Ex-Or

Tele invertitore

Osservazione

Supponiamo di voler applicare quanto visto al medesimo ingresso diretto e negato, si ottiene che le espressioni equivalgono alle seguenti frasi logiche.

A= oggi piove

(NOT A) $\overline{A}$= oggi non piove

A+$\overline{A}$= oggi piove o oggi non piove (sempre vero, in bibliografia è detta tautologia)

A•$\overline{A}$= oggi piove e oggi non piove (sempre falso)

Le condizioni sempre vere o sempre false introducono delle ridondanze che è bene evitare. Una condizione sempre vera può essere espressa circuitalmente da un filo sotto tensione, la condizione sempre falsa dalla mancanza del filo, in ogni caso si risparmiano due porte.

Somma logica (Porta OR).

Presenta due o più ingressi ed una sola uscita che assume lo stato uno se almeno uno degli ingressi assume lo stato logico 1.

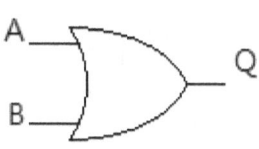

A	B	Q
0	0	0
0	1	1
1	0	1
1	1	1

$$\overline{A + 0 =}$$
$$\underline{A}$$
$$\overline{A + 1 =}$$
$$\underline{1}$$
$$\overline{A + A =}$$
$$\underline{A}$$

Si noti che l'uscita Q della porta logica assume lo stato 1 ingressi è un numero quando la somma degli maggiore o uguale ad 1. La porta OR é utile anche come sistema di controllo di segnali variabili nel tempo. Considerando l'ingresso A come ingresso di controllo si otterrà un diagramma temporale del tipo rappresentato in figura.

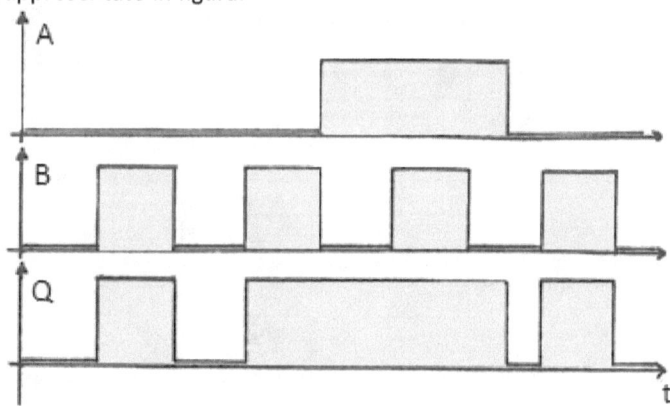

Si noti che l'uscita Q è alta quando risultano alte una oppure l'altra delle linee di ingresso.

Prodotto Logico (porta AND).

Presenta due o più ingressi ed una sola uscita che assume lo stato logico 1 se e solo se a tutti gli ingressi assumono lo stato logico 1.

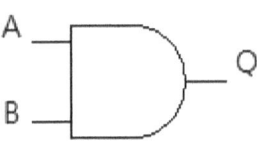

A	B	Q
0	0	0
0	1	0
1	0	0
1	1	1

Analizzando la tabella di verità si verificano facilmente le sottostanti .

A • 0 = 0

A • 1 = A

A • A = A

Vediamo che tipo di controllo introduce la porta AND in segnali che si evolvono nel tempo. (L'ingresso A è quello di controllo)

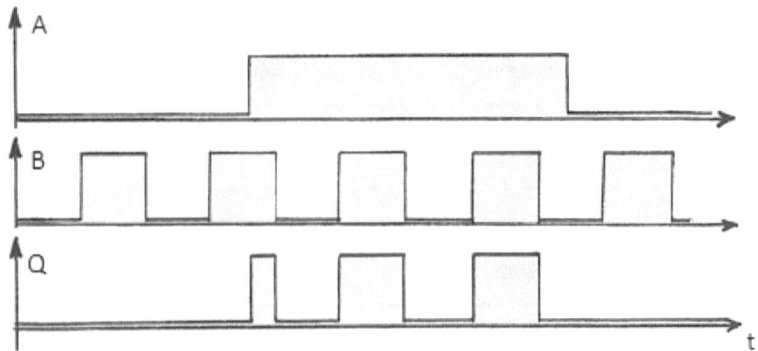

Dalla tabella di verità si può facilmente notare che l'ingresso di controllo funziona da "abilitatore", cioè esso ripercuote in uscita il segnale di B solo quando si trova nello stato alto.

254

Invertitore (Porta NOT)

Il simbolo grafico della porta NOT, detta anche invertitore, è il sottostante:

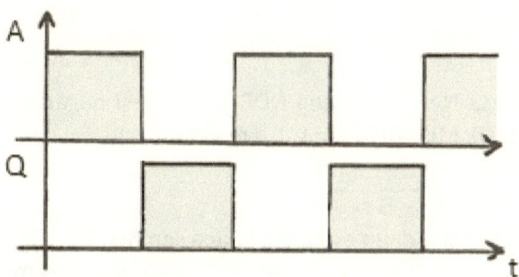

Questo operatore logico è unario, nel senso che ha un unico ingresso. Il valore dell'ingresso risulta istante per istante invertito all'uscita.

A	Q
0	1
1	0

Operatori logici negati
Possono essere ottenuti dagli operatori già visti facendogli seguire o precedere delle porte NOT.

Porta NOR
La porta NOR ha due o più ingressi e una sola uscita e corrisponde all'operazione OR negato.

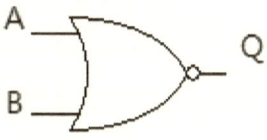

La stessa tabella di verità si ottiene antecedendo le negazioni alla porta AND "Teorema di De Morgan".
Porta NAND (Operatore logico fondamentale)

A	B	Q
0	0	1
0	1	0
1	0	0
1	1	0

La porta NAND presenta due o più ingressi ed una sola uscita e corrisponde all'operazione AND negata.

Questo operatore può anche essere ottenuto da una porta OR alla quale vengono negati gli ingressi.

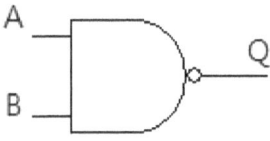

A	B	Q
0	0	1
0	1	1
1	0	1
1	1	0

La sostituzione della porta NAND con una NOR ad ingressi negati è resa possibile dal **teorema di DE MORGAN** qui sotto riportato.

$$\overline{A \cdot B} = \overline{A} + \overline{B}$$

Che consente la trasformazione di un prodotto in una somma.

Vista l'esistenza del teorema di **DE MORGAN**, possiamo facilmente verificare che con opportune combinazioni di porte NAND si può ottenere qualsiasi altra porta.

Porta Ex-OR (Operatore somma esclusiva)

L'ultimo degli operatori logici fondamentali è la porta ex-or, la quale ha più ingressi ed una unica uscita. E' la più restrittiva del set, difatti è quella che pone più condizioni.

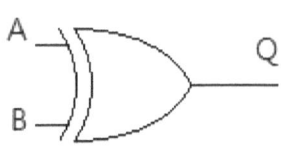

A	B	Q
0	0	0
0	1	1
1	0	1
1	1	0

L'uscita Q risulta alta solo quando la somma degli ingressi vale 1

Comparatori logici di uguaglianza e disuguaglianza.

L'operatore OR esclusivo, visto in precedenza, rispetto all'operatore OR standard esclude dalle condizioni che attivano l'uscita quelle in cui i segnali in input siano uguali di conseguenza è in grado di discriminare la diversità dei segnali a suoi ingressi.

La porta ExOR è un rilevatore di disuguaglianza, un LED connesso alla sua uscita si accende quando I segnali ai suoi ingressi sono diversi.

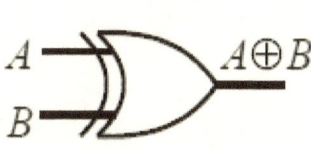

A	B	$A \oplus B$
0	0	0
0	1	1
1	0	1
1	1	0

Il suo complementare è il NOR esclusivo che risulta in grado di rilevare l'uguaglianza dei segnali in ingresso.

In questo caso un LED collegato all'uscita si accende quando I segnali in ingresso sono uguali.

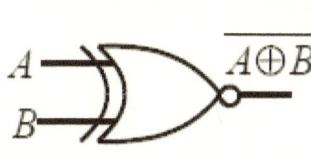

A	B	$\overline{A \oplus B}$
0	0	1
0	1	0
1	0	0
1	1	1

Questi operatori risultano essere molto utili per controllore lo stato di trasmissione di bit nei bus e per realizzare codici di codifica.

Sono fortemente usati nel circuito che esegue somme e semisomme binarie, a tal proposito si guardi la configurazione interna del famoso circuito integrato SN7487 (semisommatore a 4 bit, emulabile con HDL nelle FPGA), oppure il sommatore complete (Full Adder) SN7483A.

Il convertitore di codice da BCD a Grey è implementabile tramite 3 porte EX-OR e un filo passante.

Di questo ne viene lasciata l'implementazione al lettore come utile esercizio.

Sintesi elementari di reti.

Come visto in precedenza l'operatore NAND è il fondamentale quindi con opportune combinazioni di esso è possibile implementare qualsiasi altra porta logica.

Nello schema sottostante viene realizzata la funzione ExOR impegnando solo porte NAND.

Viene lasciato al lettore l'utile esercizio di sviluppare la tabella di verità verificando la funzione logica implementata.

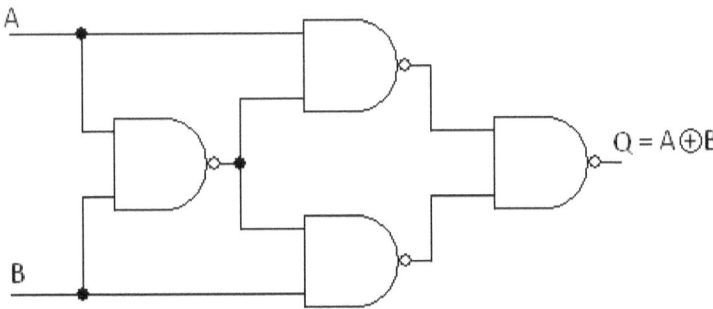

Come secondo esercizio si verifichi, nello schema sottostante, l'applicabilità delle leggi di De Morgan allo scopo di implementare una porta OR.

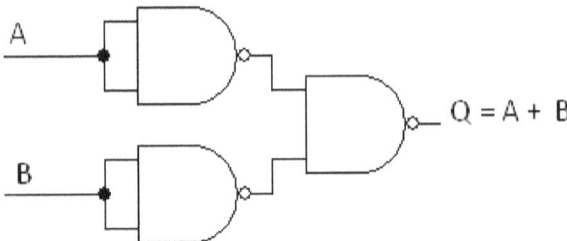

I circuiti sequenziali.

Gli automi a stati finiti.

Con il termine automa intenderemo un sistema elettromeccanico in grado di eseguire sequenze di istruzioni suddivise in queste tre principali categorie:

- **ciclo manuale**, se ad ogni transizione di stato è richiesto il consenso/intervento dell'operatore
- **ciclo semiautomatico**, se identificata una particolare condizione di bordo macchina*, che chiameremo "zero macchina*" si esegue una particolare sequenza di transizione tra più stati stabili fino a che l'automa si riposiziona a zero macchina, in cui si pone in attesa di un nuovo consenso da parte dell'operatore ed eseguire quindi un nuovo ciclo.
- **ciclo automatico**, se identificata la condizione di bordo macchina che rappresenta lo "zero macchina" l'automa è in grado di eseguire la transizione tra due stati stabili attraverso di esso senza l'intervento dell'operatore, in sostanza l'automa è in grado di auto darsi il consenso di ripetizione del ciclo sia per un numero preimpostato di volte che eventualmente all'infinito.

Una definizione più assiomatica di automa in questo momento è forviante e si preferisce evitarla. Vengono qui portati brevi accenni per dovere di correttezza.

Si definisce automa_un sistema dinamico discreto ed invariante in cui gli insiemi dei valori di ingresso e di uscita sono finiti.

Un **automa finito** è un automa con l'insieme degli stati finito.

Dinamico = effettua delle transizione di stato ovvero delle variazioni di posizione da una situazione stabile ad un'altra anche se spesso transitoria con tempo più o meno lungo.

Discreto = ogni variazione di stato è macroscopica, ad esempio costituita da una evoluzione cinematica quale una corsa di una parte mobile, una rotazione finita di trasmissioni a puleggia o accoppiamenti ad ingranaggio a cardano ecc.

Invariante = le medesime condizioni costituiscono il medesimo step del cinematismo dell'impianto. Una di queste condizioni viene scelta come condizione di inizio dell'evoluzione ciclica e assumerà il nome di zero macchina.

La descrizione della funzionalità di un automa può essere descritta usando due metodi diversi:
1)   Tavole di transizione e di trasformazione di uscita
2)   Grafi di transizione

La **tavola di transizione** è una tabella con tante righe e tante colonne quanti sono rispettivamente gli stati e gli ingressi, quindi una sorta di true table ma le colonne sono indicizzate con soli ingressi. L'elemento della tabella che compare all'incrocio della riga j e della colonna k è da intendersi così:
a)   l'automa si trova attualmente nello stato j-esimo
b)   ha come attuale ingresso quello che compare scritto in cima alla colonna k-esima
c)   a seguito dell'ingresso passa allo stato che leggiamo all'incrocio.

Stessa cosa per **la tabella di uscita**, solo che all'incrocio tra riga e colonna si individua l'uscita corrispondente.
Per comodità di rappresentazione è possibile in certi casi rappresentare le due tabelle con un'unica tabella.
Un **grafo di transizione** è una rappresentazione basata sulla teoria delle reti studiate in ricerca operativa con tanti nodi quanti sono gli stati di un automa, connessi da archi orientati che rappresentano le transizioni da uno stato all'altro a seguito di un particolare ingresso.
Per l'automa di **Mealy** su ogni arco è anche indicata la corrispondente uscita.
Per l'automa di **Moore**, in cui l'uscita è funzione del solo stato interno, questa viene segnata all'interno di ogni cerchio.
Un esempio di automa di Moore è descritto dal grafo e dalla tabella seguenti con gli insiemi IN,STATI,OUT così definiti IN={0,1}; STATI={0,1}; OUT={q0,q1,q2,q3}

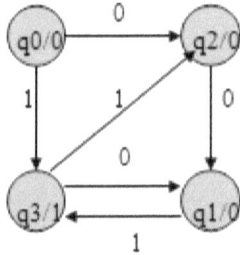
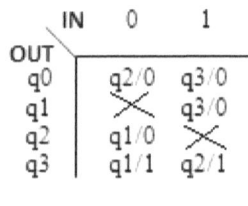

Quando alcuni elementi della tavola di transizione sono vuoti ciò significa che non sono stati previsti tutti i possibili ingressi per ogni stato; l'automa non è completamente definito.

Esistono delle transizioni che possono costituire dei loop, che nella teoria dei grafi sono noti come lacci o cappi. Ecco un esempio:

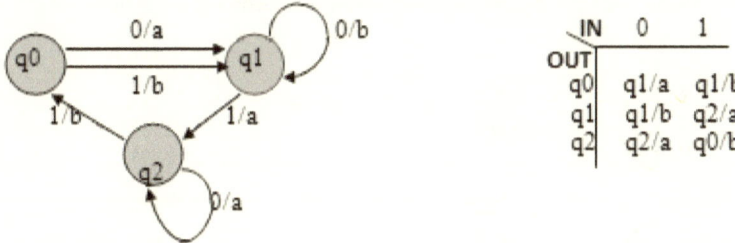

IN OUT	0	1
q0	q1/a	q1/b
q1	q1/b	q2/a
q2	q2/a	q0/b

Circuiti sequenziali

Quando un segnale ha la possibilità di percorrere un circuito seguendo un percorso a cascata e attraversando porte logiche di qualsiasi tipo, si dice che esso ha attraversato una rete di tipo combinatorio.

Nel momento in cui il segnale cessa di esistere in ingresso, sparirà anche la sua elaborazione in uscita.

Quando una rete, riporta parte del segnale di uscita in ingresso, risulta in grado di autosostenersi, e la mancanza improvvisa del segnale d'ingresso non determina la scomparsa del segnale di uscita.

Tale fenomeno prende il nome di memoria.

Il collegamento tra l'uscita e l'ingresso prende il nome di "rete di retroazione".

I sistemi con rete di retroazione si dicono retro azionati, ed essi hanno la caratteristica di avere in uscita un segnale che dipende non solo da ciò che è ora presente in ingresso, ma anche da ciò che c'è stato in passato.

Consideriamo una particolare configurazione di porte NAND.

Flip Flop

Il Flip Flop sarà implementato in funzionale, che assomiglia fortemente a uno schema elettromeccanico, tramite un segmento di auto ritenuta.

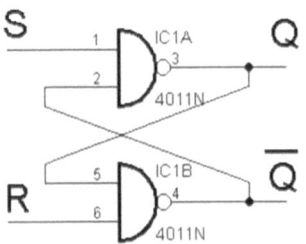
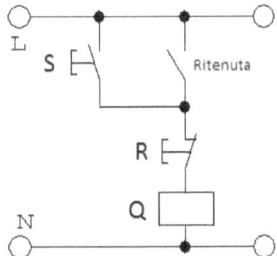

Schema circuitale di un FLIP FLOP SET RESET realizzato con porte logiche NAND.

All'atto dell'accensione di un circuito simile, bisogna supporre che gli ingressi siano forzati ad una condizione nota, es.: S=1 e R=0, mentre le uscite possono trovarsi in una condizione qualsiasi (si porteranno istantaneamente alla condizione calcolata in funzione degli ingressi).

Per calcolare come si modificano le uscite è opportuno seguire i collegamenti ed effettuare i dovuti calcoli.

Si nota facilmente che forzando ambo gli ingressi a 1 si ottiene la conferma dello stato precedente (situazione stabile del sistema), mentre forzando ambo gli ingressi a 0 si ha una continua oscillazione delle uscite (configurazione non ammessa all'ingresso del Flip Flop).

Se il collegamento viene eseguito con porte NOR, anziché con porte NAND, ciò che si ottiene è ancora un flip flop set reset, ma con la condizione di stabilità e non ammessa invertita rispetto al precedente.

Riportiamo lo schema circuitale del flip flop a porte NOR e le tabelle degli stati possibili:

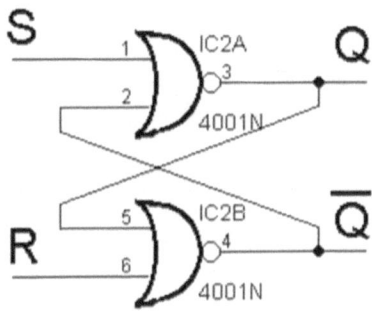

Porta NAND   **Porta NOR**

S	R	Q	$\overline{Q}$		S	R	Q	$\overline{Q}$
0	0	n.a. X	n.a. X		0	0	Conf.	Conf.
0	1	1	0		0	1	1	0
1	0	0	1		1	0	0	1
1	1	Conf.	Conf.		1	1	n.a. X	n.a. X

Vista la loro natura di essere in grado di auto sostenersi, i flip-flop possono essere considerati delle celle elementari di memoria.

Un'importante applicazione dei flip-flop Set Reset è il filtro anti rimbalzo che impedisce oscillazioni della tensione di comando in un ingresso o anche dell'alimentazione eliminando i transitori.

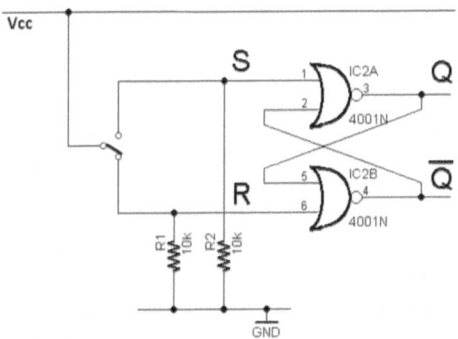

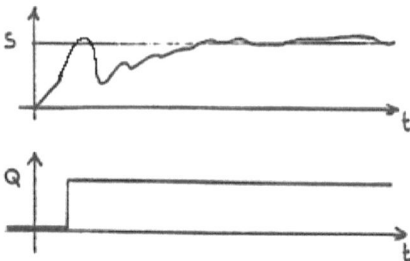

Andamento della tensione all'istante di chiusura di un interruttore.

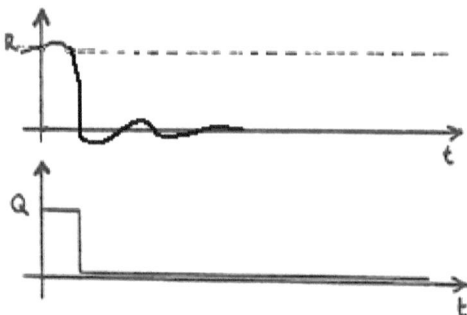

Andamento della tensione di apertura di un interruttore.

Collegando in maniera opportuna delle cascate di flip-flop, si possono ottenere dei circuiti molto utili, quali dispositivi atti al conteggio, registri di memorie, eccetera.

Es.:   Registro a scorrimento

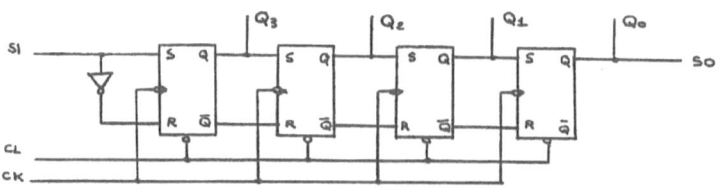

L'informazione si presenta all'ingresso del registro SI sotto forma di "trenino di bit", cioè in maniera seriale.

Dopo aver ricevuto un comando di clear "impulso basso" che forza a 0 tutte le uscite, il registro comincia a caricare i bit continui nel trenino che arriva in ingresso.

Sincronizzati dal segnale di clock, i bit vengono trasmessi da un flip-flop all'altro.

264

Una volta che il registro è stato caricato, si ha l'informazione disponibile nelle uscite:

$$Q_0/Q_1/Q_2/Q_3$$

Si noti che è avvenuta una trasformazione seriale-parallelo. (SIPO)
Se invece si è interessati a mantenere la natura seriale del segnale, basterà abilitare un contatore che conti gli impulsi del clock, e prelevare il segnale solo all'uscita Q_0 . Naturalmente esiste anche il registro PISO e per ovvia estensione PIPO e SISO.
riportiamo il simbolo con cui rappresenteremo d'ora in avanti il FlipFlop Set Reset.

Simbolo del FlipFlop

DMA.

I dati provenienti dalle periferiche di input vengono processati transitando attraverso la CPU che poi provvede al loro smistamento.

Il metodo comporta dei limiti perché l'ammontare dei dati da manipolare potrebbe eccedere la dimensione della RAM oppure il tempo di transito tramite i bus e i registri di accumulo sia troppo elevato per una corretta acquisizione.

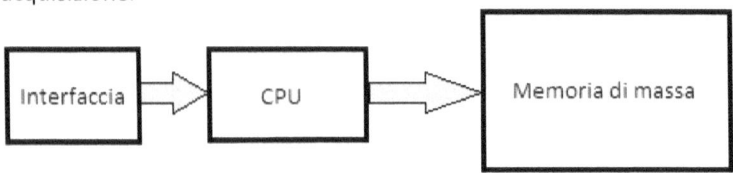

La soluzione consiste nell'eseguire l'accesso direttamente alla memoria saltando il transito nella CPU quindi nel fare un Direct Access Memory o DMA.

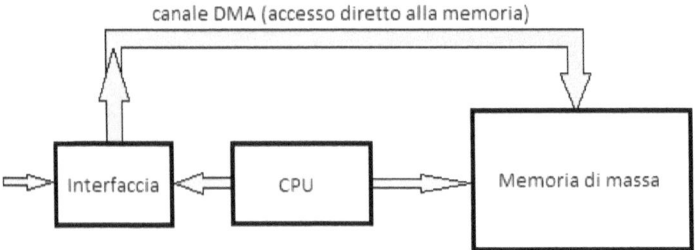

La tecnica è realizzabile in due maniere.

1. La CPU si pone in stato d'interrupt alla richiesta del controllo DMA.
2. La CPU viene sospesa per tutto il ciclo necessario al trasferimento, nel senso che il controllo DMA richiede alla CPU di riservagli un certo intervallo di clock da sottrarre al tempo necessario alla normale elaborazione (cycle stealing, furto di ciclo).

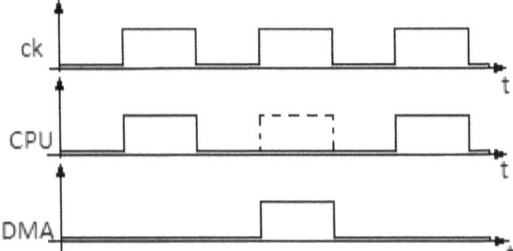

Linux Ubuntu: Comandi essenziali da terminale.
apt-get

sudo apt-get install nome_pacchetto: Installa un nuovo pacchetto.

sudo apt-get remove nome_pacchetto: Rimuove il pacchetto selezionato.

sudo apt-get --purge remove nome_pacchetto: Rimuove un pacchetto, compresi tutti i file di configurazione.

sudo apt-get autoremove nome_pacchetto: Rimuove un pacchetto e tutte le dipendenze inutilizzate.

sudo apt-get -f install: Tenta di di riparare i pacchetti con delle dipendenze non soddisfatte.

sudo apt-get clean: Rimuove dalla cache di apt i pacchetti .deb.

sudo apt-get update: Aggiorna la lista dei pacchetti disponibili dai repository.

sudo apt-get upgrade: Scarica e installa gli aggiornamenti per tutti i pacchetti installati.

sudo apt-get dist-upgrade: Aggiorna l'intero sistema ad una nuova versione.

apt-cache search stringa_da_cercare: Cerca una stringa nella lista dei pacchetti conosciuti.

Pacchetti e repository

sudo gedit /etc/apt/sources.list Apre, e consente di modificare, la lista dei repository.

sudo cat -n /etc/apt/sources.list > ~/Sources_list.txt Crea un file di testo con la lista dei repository e i numeri delle

righe nella home.

sudo dpkg -i nome_pacchetto.deb Installa un pacchetto .deb da terminale.

sudo dpkg -r nome_programma Rimuove un pacchetto da terminale.

sudo dpkg -P nome_programma Per rimuovere pacchetti che con apt-get non si è riuscito a

rimuovere.

sudo alien -k nomefile.rpm Converte i pacchetti .rpm in .deb

gpg --keyserver keyserver.ubuntu.com --recv XXXXXXXX &&

gpg --export -a XXXXXXXX | sudo apt-key add -

Importare chiave di autenticazione repository, sostiuire alle X la

chiave o le ultime 8 cifre della chiave stessa.

dpkg --configure -a Tenta di riparare pacchetti danneggiati .

dpkg --get-selections Stampa tutto il software installato.

dpkg --get-selections > ~/pacchetti_installati.txt Salva la lista dei pacchetti installati, se la si salva può essere

usata per ripristinare il sistema.

sudo bash

dpkg --set-selections < ./pacchetti_installati.txt

&& apt-get dselect-upgrade

Usa la lista creata dal comando precedente per installare, in caso di reinstallazione tutto il software che si aveva precedentemente.

Sistema

top Mostra i processi in esecuzione.
free Mostra lo stato della memoria.
free -m Mostra lo stato della memoria in Mb
sudo halt Spegne il PC da terminale.
sudo reboot Riavvia il PC da terminale.
 uname -a Mostra tutte le informazioni disponibili sul sistema.
uname -s Mostra il nome del Kernel in uso.
uname -r Mostra la release del Kernel in uso.
uname --help Per conoscere le altre funzioni di uname
sudo fdisk -l Stampa le partizioni sul disco.
lsusb Stampa i dispositivi usb connessi.
sudo lshw -c video Stampa informazioni sulla scheda video.
ifconfig Informazioni sulla rete.
iwconfig Informazioni sulla rete senza fili.
sudo /etc/init.d/networking restart Reimposta la rete dopo configurazioni manuali.
sudo gedit /etc/network/interfaces Apre, e consente di modificare, il file di configurazione manuale
della rete.
lspci Elenca le periferiche e i bus PCI.
lshw Stampa l'elenco completo dell'hardware di sistema.
cat /proc/cpuinfo Mostra informazioni sul processore.
cat /proc/meminfo Mostra informazioni sulla memoria.
cat /proc/swaps Mostra la partizione di swap.
cat /proc/mounts Mostra i filesystem montati.
sudo lshw > ~/Scrivania/Hardware.txt Crea un documeto "Hardware.txt" sulla scrivania con le info
sull'hardware.
lspci | grep VGA Vede la compatibilità della scheda video
pstree Mostra un diagramma ad albero dei processi.
du Visualizza l'occupazione del disco.
sudo nautilus Apre il file manager con permessi di root.
xkill Termina la finestra selezionata dal puntatore.
sudo shutdown hh:mm Spegne il PC all'orario specificato.
sudo shutdown -c Elimina uno spegnimento pianificato.
whoami Mostra l'utente con cui si è loggati.
lsb_release -a Mostra tutte le informazioni sulla distribuzione.
lsb_release -d Mostra la descrizione della distro.

lsb_release --help Per conoscere le altre funzioni di lsb_

df -h Mostra lo spazio libero di tutti i File System montati.

ps aux | awk '{print $2, $4, $11}' | sort -k2r |
head -n 20
Stampa informazioni sui programmi in esecuzione e il loro
consumo di ram.

nohup nome_programma & Chiude la shell senza chiudere il programma lanciato dal
terminale.

ps Stampa l' elenco dei processi correnti.

ps -l Stampa l' elenco dei processi correnti, in formato esteso.

ps -r Stampa i soli processi attivi.

ps -x Stampa anche i processi non controllati dal terminale.

ps --help Per conoscere tutte le funzioni di ps.

ps -e | grep nome_programma Indica se un programma è attivo .

kill XXX Terminare un processo. Bisogna sostituire XXX con il PID ricavato
da ps-x.

killall -9 nome_programma Per terminare un processo con il nome del programma.

bg Elenca i job fermati o in sottofondo; ripristina un job fermato e
messo in sottofondo .

fg Porta il job più recente in primo piano .

fg n Porta il job n in primo piano .

sudo update-grub Per aggiornare il bootloader.

rsync -auv --exclude=.local --exclude=.thumbnails
--exclude=.mldonkey --delete --stats /home/NOMEUTENTE/
/media/PERCORSO/BACKUP-UTENTE
effettua un back-up della home di NOMEUTENTE in
/media/PERCORSO/ col nome BACKUP-UTENTE

sudo dpkg-reconfigure tzdata Reimposta la data.

find /home/nomeutente/Musica/ -name Thumbs.db -delete Trova ed
elimina tutti i files Thumbs.db lasciati da Windows in
Musica.

sudo gedit /boot/grub/grub.cfg Apre, e consente di modificare, il file di configurazione del
bootloader grub.

sudo /etc/init.d/gdm restart Riavvia il server X e ritorna alla schermata di accesso (GNOME).

sudo /etc/init.d/kdm restart Riavvia il server X e ritorna alla schermata di accesso (KDE)

sudo gedit /etc/X11/xorg.conf Apre, e consente di modificare, il file di configurazione del server grafico X.

sudo dpkg-reconfigure -phigh xserver-xorg Reimposta la configurazione del server X .

Pacchetti e repository

alsamixer Gestisce l'audio da terminale.

dd if=/dev/dvd of=image.iso Crea un immagine ISO del DVD nel lettore .

dd if=/dev/cdrom of=image.iso Crea un'immagine ISO del CD nel lettore.

growisofs -Z /dev/scd0 -R -J
/percorso/dati_da/masterizzare.

Scrive i dati specificati dal percorso su disco.

dvd+rw-format -force[=full] /dev/scd0 Formatta un DVD riscrivibile .

shnconv `shnsplit -f CDImage.cue -t %t CDImage.ape `-o
flac *.wav

converte dei file musicali .waw in .flac (compressione lossyless) da un formato immagine .ape (avendo a disposizione anche il .cue)

mencoder nome_file -ffourcc DX50 -ovc lavc -oac
mp3lame -o nome_file

converte i Divx dichiarandone il formato come MPEG4 ed aumentandone quindi le possibilità di riconoscimento da parte dei lettori multimediali, sia del PC che da tavolo .

vlc -I ncurses Avvia vlc da terminale.

smv_encode -g 220x176 -f 24 -n 11 -r -1 -q 80
/percorso/del/file.xxx

Crea un'immagine .smv (unica letta dai lettori multimediali Philips) di una video .

mencoder mf://*.jpg -mf w=640:h=480:fps=25:type=jpg
-ovc lavc -lavcopts vcodec=mpeg4:mbd=2:trell -oac copy
-o output.avi

Crea un filmato di immagini.

chattr +i nomefile Aggiunge l'attributo "i" ad un file, rendendolo incancellabile anche
da un amministratore .

bchunk file.bin file.cue file.iso Trasforma un'immagine .cue .iso.

ccd2iso file.img immagine.iso Trasforma un'immagine .img in .iso.

poweriso convert immagine.daa -o immagine.iso Trasforma un'immagine .daa in .iso.

iat archivo.XXX immagine.iso Trasforma un'immagine mdf/mds, bin, mdf, pdi, cdi, nrg, e b5l in
.iso

growisofs -use-the-force-luke=dao -use-the-forceluke=
break:1913760 -dvd-compat -speed=1 -Z

/dev/dvd=nomefile.iso
Masterizza le immagini dei dischi dell'XBox360.

Archivi

cat file.zip.part1 file.zip.part2 file.zip.part3 > file.zip Unisce gli i files divisi in vari archivi che spesso si trovano nei siti
di sharing .

lxsplit -s grossofile.estensione 15M Divide in archivi di 15Mb un file molto grande.

lxsplit -j pezzettino.estensione.001 ricompone un archivio partendo dal file pezzettino.estensione.001
ed andando a cercarsi 002 ... 00n

rar a archivio.rar file.xxx Crea un archivio "archivio.rar" che comprende "file.xxx".

rar a archivio.rar file1.xxx file2.xxx filen.xxx Crea un archivio "archivio.rar" che comprende
"file1.xxx,file2.xxx,filen.xxx"

rar x archivio.rar Decomprime l'archivio rar "archivio.rar".

Unrar x archivio.rar Decomprime l'archivio rar "archivio.rar"

zip archivio.zip file1.xxx Crea un archivio "archivio.zip" che comprende file1.zip

zip -r archivio.zip file1 file2 car1 Crea un archivio "archivio.zip" che comprende i file "file1,file2" e
la cartella "car1".

unzip archivio.zip Decomprime l'archivio zip "archivio.zip".

Cartelle e file

cd /percorso/cartella Entra nella cartella specificata.

cp file_da_copiare /home/utente/cartella_in_cui_copiare Copia il file indicato nella cartella specificata.

cp -r sottocartella /home/utente/cartella_in_cui_copiare Copia la sottocartella nella cartella specificata

cp --help Per conoscere tutte le altre funzioni di cp.

mv file_da_spostare /home/utente/cartella_in_cui spostare Per spostare un file o una cartella.

mv nome_vecchio nome_nuovo Per rinominare un file.

ls /home/utente/cartella_da_esaminare Stampa i files e le cartelle presenti nella cartella indicata.

ls -A Stampa files e cartelle , anche nascosti, presenti nella cartella indicata.

ls --help Per conoscere tutte le altr funzioni di ls.

mkdir /home/utente/nuova_cartella Per creare una nuova cartella al percorso specificato.

mkdir --help Per conoscere le altre funzioni di mkdir.

rmdir /home/utente/cartella_da_eliminare Per eliminare la cartella vuota.

rmdir --help Per conoscere le altre funzioni di rmdir.

rm -rf /home/utente/cartella_da_eliminare Per eliminare la cartella e gli eventuali files a suo interno.

rm --help Per conoscere le altre funzione di rm.

pwd Mostra directory di lavoro corrente .

ln -s file1 link Crea un collegamento simbolico "link" al file "file1".

touch file 1 Crea o modifica il file "file1".

cat > file1 Redireziona lo standard input nel file "file1".

more file1 Mostra il contenuto del file "file1".

head file1 Mostra le prime 10 linee del file "file1".

tail file1 Mostra le ultime 10 linee del file "file1".

tail -f file 1 Mostra il contenuto del file "file1" mentre viene aggiornato iniziando dalle ultime 10 linee .

Ufficio

pdftk file_uno.pdf file_due.pdf file_tre.pdf cat output
123.pdf
Unisce più pdf in un unico file.

pdftk *.pdf output unito.pdf Unisce tutti i pdf della cartella in questione.

cal Visualizza il calendario del mese.

convert input.pdf output.png Converte pdf in un'immagine .png o in altri formati.

echo "testo della mail" | mutt -s "oggetto"
indirizzo@email.com
Manda una mail da terminale. Il client e-mail mutt deve essere configurato.

echo "testo della mail" | mutt -s "oggetto" -a
/percorso/del/file -- indirizzo@email.com
Manda una mail con allegato da terminale. Il client e-mail mutt deve essere configurato.

ps2pdf nomefile Converte il file da Postscript a .pdf.

pdfnup filename.pdf --nup mxn Stampa in pdf più pagine in un unico foglio disponendole in m
 righe ed n colonne

Utility

tasto "TAB" Svolge una funzione di autocompletamento per files, directory.

man comando Specificando il comando si apre la pagina di manuale del comando
stesso.

sudo rm -rf ~/.local/share/Trash/info/

sudo rm -rf ~/.local/share/Trash/files/

Forza lo svuotamento del cestino .

du -h ~ | grep '[[:digit:]]G\b' | sort -n -r Stampa le directory che superano 1GB.

eject Apre l'unita ottica.

eject -t Chiude l'unità ottica.

file /home/utente/cartella/file Indica la reale estensione di un file .

md5sum /home/utente/cartella/file.iso Stampa il checksum di una .iso.

rm -r ~/.mozilla/firefox/*/Cache/* Rimuove la cache di Firefox.

history Stampa la lista degli ultimi comandi lanciati da terminale.

apropos xxxxxxxx Cerca in man l'argomento specificato al posto delle x.

sudo !! Esegue da amministratore un precedente comando che per disattenzione era stato editato senza anteporre sudo .

sudo hdparm -tT /dev/sda Esegue test di lettura sull'hard-disk.

sudo hdparm -i /dev/sda Mostra informazioni relative all'hard-disk.

find */nome_file.xxx Cerca "nome_file" in ogni cartella, sostituire "xxx" con l'estensione
del file.

sudo os-prober Rileva e stampa tutti i sistemi operativi installati.

sudo iwlist scan Rileva reti senza fili .

grep pattern files1 Cerca la stringa "pattern" nel file "file1".

command | grep pattern Cerca la stringa "pattern" nell'output del comando "command".

locate file 1 Trova tutte le occorrenze di "file1".

Internet

w3m www.indirizzo_website.it Browser testuale.

netstat -tupan Elenca le connessioni tcp/udp in ascolto o stabilite nel sistema .

links2 -g google.com Apre in modalità grafica la pagina di cui si fornisce il link .

host www.indirizzo_website.it Mostra l'IP del sito in questione.

wget -r -l 2 Hwww.indirizzo_website.it Scarica un sito internet con i suoi links ricorsivamente fino al
livello 2

sudo nast -i wlan0 -m Indica chi è connesso alla rete.

sudo nmap -A XXX.XXX.XXX.XXX Fornisce informazioni sul determinato IP ricavato dal comando precedente .

nc -l -p 2342 | tar -C /target/dir -xzf – (nel server di destinazione)

tar -cz /source/dir | nc ip_server_di_destinazione 2342 (nel server di partenza)

Dati nell'ordine, trasferiscono il contenuto di /source/dir dalla partenza alla destinazione attraverso la porta 2342. I files vengono automaticamente compattati all'invio e scompattati alla ricezione .

ufw enable Attiva il firewall .

ufw disable Disattiva il firewall

ufw default allow Consenti tutte le connessioni per impostazione predefinita

ufw default deny Blocca tutte le connessioni per impostazione predefinita

ufw status Stato corrente e regole

ufw allow xx Consenti traffico sulla porta "xx".

ufw deny xx Blocca traffico sulla porta "xx".

ufw allow from xxx.xxx.xxx.xxx Consenti l'indirizzo ip "xxx.xxx.xxx.xxx".

ufw deny from xxx.xxx.xxx.xxx Blocca l'indirizzo ip "xxx.xxx.xxx.xxx"

Glossario

ACP= Accelerator Coherent Port, è la sezione hardware dell'architettura interna dei chip Zynq e in generale di tutti quelli che contengono un'interfaccia AXI avente lo scopo di sincronizzare i segnali ad alta velocità, in burst o in streaming, per l'interconnessione di più device interni.

ARM = in origine la sigla significava **Acorn RISC Machine** successivamente trasformata in **Advanced RISC Machine** quando anche altre case costruttrici hanno aderito alla filosofia costruttiva. Si tratta di una famiglia di processori multicore a 32 o anche 64 bit (quest'ultima introdotta a partire dal 2011) particolarmente adatti allo sviluppo di tecnologia mobile grazie al basso consumo energetico abbinato a una grande potenza di calcolo. I primi smartphone erano sviluppati attorno alle versioni ARMv6 e ARMv7, ma a partire dal 25 settembre 2011 sono state rilasciate le versioni ARM6 e ARM7 (prive della lettera v) che oltre a potenziare il set di istruzioni migliorano le caratteristiche generali in particolare modo il consumo. VA detto che le sigle precedentemente citate indicano più una generazione di set istruzioni che un particolare chip fisico. Normalmente software/firmware sviluppati per versioni precedenti dovrebbero essere eseguite anche nelle nuove piattaforme, ma non viceversa. I primi iPhone di Apple erano sviluppati con il set di istruzioni ARM11 in maniera estesa l'ambiente ARM1176JZF-S. A partire dalla terza generazione di device mobile, i così detti 3G, hanno cominciato l'utilizzo dei Cortex A8 multicore con tecnologia software ovvero set di istruzioni ARM7.

AXI = Sistema di interfaccia tra le periferiche veloci di un chip FPGA di molte famiglie ad esempio quella abbinate al sistema di sviluppo di Xilinx. L'interfaccia si divide in:

- Memory Mapped AXI interface
- AXI Master, per la comunicazione con il subsystem ARM, ad esempio una CPU MicroBLaze oppure, come si tende a fare oggi, con la sezione ARM Cortex A9 dual core contenuta negli ZYNQ-7000.
- AXI Slave, suddivisa nelle sezioni:
    - AXI interrupt controller
    - AXI timer
    - AXI UART
    - AXI DRAM controller
    - AXI BRAM controller (block RAM).

Amba = Le interfacce Amba (Advanced Microcontroller Bus Architecture) del tipo Advanced Extensible Interface, utilizzate per l'integrazione in chip della parte ARM con la parte FPGA, consentono al processore di caricare nella logica programmabile una singola configurazione, oppure di scegliere dinamicamente tra diverse configurazioni a seconda delle necessità, o ancora di effettuare riconfigurazioni parziali. L'interconnessione tra FPGA e ARM è trasparente per l'utilizzatore che avrà l'impressione di utilizzare un singolo dispositivo. Il collegamento tra dispositivi master e dispositivi slave, attraverso l'interfaccia Axi, è gestito assegnando a ogni slave una certa gamma di indirizzi. Più master possono accedere a più slave contemporaneamente e ciascuna interconnessione **Axi** risolve le contese tramite un meccanismo di arbitraggio a due livelli.

Clock = Segnale di sincronia, ad onda quadra, che può essere generato sia internamente al PIC che esternamente. Il clock esterno si origina con una configurazione a P-greca costituita da un quarzo e da due condensatori ceramici i cui valori sono abbastanza standardizzati, ad esempio Q=4Mhz -> C=22pF, oppure Q=20Mhz -> C=18pF.   Le nuove serie di microcontrollori dispongono di clock interni molto stabili e veloci.

Cortex A9 = Il processore prescelto da Xilinx, Arm Cortex-A9 MPCore, offre di per sé prestazioni elevate: è composto di due CPU con clock fino a 800 megahertz, ciascuna delle quali corrisponde a un Cortex-A9 dotato di co-processore Neon (un'architettura specializzata nell'elaborazione di audio, video e grafica) e di un'unità a virgola mobile a doppia precisione. Il Cortex-A9 è una macro cella Arm ad alte prestazioni e basso consumo dotata di un sottosistema cache L1 che fornisce complete funzionalità di memoria virtuale. Il processore implementa l'architettura ARMv7 ed esegue istruzioni ARM a 32 bit, istruzioni Thumb a 16 e 32 bit e bytecode Java a 8 bit in stato Jazelle. Il sistema di elaborazione comprende inoltre una Snoop Control Unit, un controllore di cache di livello 2, SRAM integrata sul chip, timer/contatori, DMA, registri per il controllo di sistema e un sistema ARM CoreSight. Per il debug, il processore comprende un Embedded Trace Buffer, un Instrumentation Trace Macrocell e un modulo Cross Trigger realizzati da Arm. Include inoltre un Axi Monitor e un modulo Fabric Trace realizzati da Xilinx. Il processore Arm, implementato completamente in forma "hardwired", è infine dotato di numerose periferiche, tra cui controllori di memoria, interfacce Can, Usb, Gigabit Ethernet, SD-Sdio, Uart, convertitori analogico-digitale ecc.

CUDA = Computer Unified Device Architecture, è un'architettura hardware per l'elaborazione parallela creata da NVIDIA. Tramite l'ambiente di sviluppo per CUDA, i programmatori di software possono scrivere applicazioni capaci di eseguire calcolo parallelo sulle GPU delle schede video NVIDIA.

I linguaggi di programmazione disponibili nell'ambiente di sviluppo per CUDA, sono estensioni dei linguaggi più diffusi per scrivere programmi. Il principale è 'CUDA-C' (C con estensioni NVIDIA), altri sono estensioni di Python, Fortran, Java e MATLAB.

DDR = double data rate, tipologia di memoria RAM controllate da un segnale di clock a frequenza internamente doppia.

ECC = Error correction code, riferito a tipologia di memoria in tecnologia ad accesso casuale (RAM) in grado di effettuare il controllo sul dato memorizzato. Il processo di controllo e, a volte, correzione del dato comporta una maggiorazione del costo del banco di memoria accompagnato a una minore velocità rispetto allo stesso non ECC. L'applicazione è tipica nei server e ambiti di lavoro dove non sono ammesse imprecisioni e incertezze come nella ricerca e nella finanza.

EDK = Embedded Development Kit ovvero sistema di sviluppo per il firmware di sistemi integrati.

FSBL = First stage boot loader, Consente l'avvio del sistema SoC (System on Chip). Viene creato, alla datta della scrittura del testo, tramite il tool SDK (software development kit) integrato in Xilinx Vivado toolsuite. Il tool crea, dopo avere configurato il device con Vivado wrapper, il file boot.ini. Per avviare il sistema è necessario anche un secondo file U-boot.elf Va poi eseguita la copia dei file nella corretta destinazione al fine di avviare il sistema.

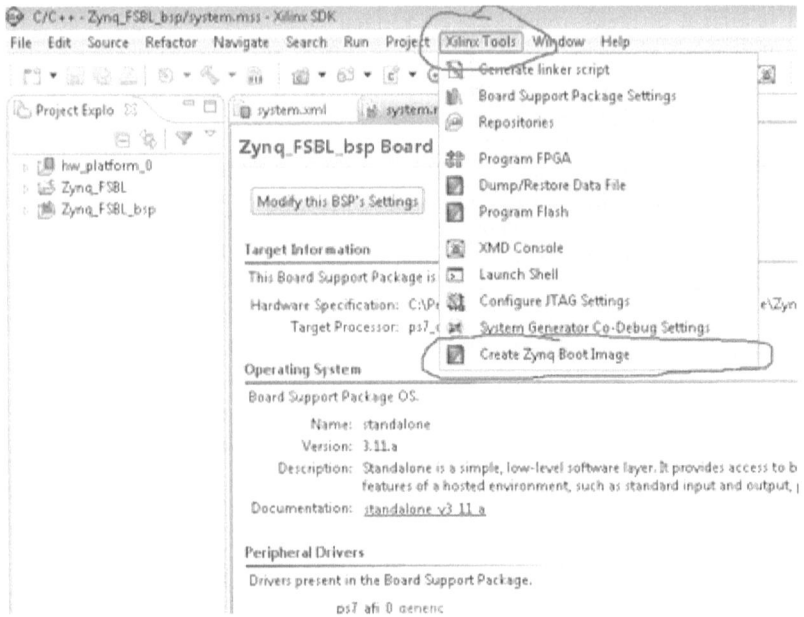

L'azione avvia il wizard di creazione del file boot, verrà chiesto il nome e l'estensione sarà .bif. Il file creato andrà rinominato da output.bin a boot.bin. Utilizzare questo file bin anche per l'eventuale avvio da schede SD.

GFlops = In informatica FLOPS è un'abbreviazione di **FLo**ating point **Op**erations Per **S**econd e indica il numero di operazioni in virgola mobile eseguite in un secondo dalla CPU. Per stimare la potenza di calcolo di un processore si usa la nota formula FLOPS= cores x clock x (Flops/cycle) quindi il numero di cores, a parità di clock, influisce direttamente.

L'equazione è da considerarsi approssimativa perché non tiene conto del tipo di accesso e di banda disponibile verso la memoria DDR, fattore che può rallentare il sistema, e altri parametri come ad esempio la banda passante dei vari bus d'interconnessione e la loro gestione.

Fondamentale è sapere che la stima classifica più che la CPU l'unità floating point, ovvero il coprocessore, oggi presente in ogni sistema. Risulta utile per la stima delle potenza delle moderne GPU utilizzate in ambito CUDA.

HDMI = High-Definition Multimedia Interface (HDMI®). Nella scheda "Parallela" presentata in questo testo, implementato hardware tramite il circuito integrato ADV7513, in grado di trasmettere I segnali nei bus a 165MHz quindi ideale per DVD players, stazioni di gioco, DVR, ecc.

IP = Intellectual property, termine con cui ci si riferisce, solo in ambito FPGA e ai suoi IDE, alla creazione di una architettura customizzata, ovvero un applicativo utente. Ad esempio, la realizzazione di un oscilloscopio all'interno della scheda RedPitaya costituisce uno degli IP 8 core disponibili. In fase di programmazione della sezione FPGA di un chip zynq, o analogo, all'interno dell'IDE software (sistema di sviluppo ovvero programmazione) ci si porterà nella sezione IP per sviluppare l'architettura del nuovo applicativo.

LVP = programmazione a bassa tensione, è quella tecnica che consente all'area flash eeprom del PIC di essere sovrascritta con livelli di tensione tipicamente TTL. Quando si usa questa tecnica è necessario istallare un bootloader nel PIC e usare un downloader nel PC. Il primo è un firmware e il secondo un software. Benché sia consigliato usare le porte COM hardware, ovvero usi il protocollo seriale EIA-RS232C come nativo, è ben testato al funzionamento con i comuni adattatori USB->RS232, molto diffusi ed economici. Molti video su youtube mostrano il funzionamento della Micro-GT mini con questi adattatori abbinati anche ai netbook.

ICSP=programmazione dell'area flash del PIC in modalità seriale e senza rimuovere il chip dalla scheda elettronica finale. La programmazione ICSP avviene tramite un connettore a 5 fili. La Micro-GT mini dispone di questo connettore ed è direttamente interfacciabile ai dispositivi di programmazione PICKIT2 e PICKIT3 della casa MicroChip. Quando si programma la Micro-GT tramite uno di questi due dispositivi si essa verrà riconosciuta, anche se indirettamente, dal MP-LAB.

IP = Intellectual property. Nello specifico argomento FPGA non ha nulla a che fare con il protocollo internet, ma si tratta di una funzionalità accessibile dal menù "Flow navigator" dell'IDE di XILINX Vivado. Gli **IP** sono i macroblocchi che implementano una regione hardware configurabile della FPGA, ad esempio AXI_GPIO che implementa la gestione del collegamento tra l'interfaccia AXI e i PORT digitali esterni, AXI_bram_ctrl_0 che implementa il controller del blocco RAM tramite interfaccia AXI, BLK_mem_gen_0 che implementa il generatore di blocchi di memoria RAM.

In sostanza, ogni elemento interno a cui sia assegnata una funzione è identificato dal compilatore Vivado come un IP.

La sigla di per se stessa ha due significati "intellectual property" a titolo di promemoria che i macroblocchi usati, benchè fruibili, sono sviluppati da altri, oppure "Integrated Peripheral" con significato arbitrariamente assegnato ma più contestualizzabile.

MDM = Microprocessor Debug module, definito come istanza VHDL per accedere al controllo della funzionalità dell'architettura disegnata.

MI = (Master Interface), complementare a SI (Slave Interface) presente in quasi tutti i blocchi IP del linguaggio HDL. Permette l'interconnessione.

OCM = on-chip memory (OCM).

PIC = Controllore di periferiche integrate, è diverso da un microprocessore perché oltre al core integra nello stesso chip un numero anche molto elevato di dispositivi atti al controllo dl campo o alla ricezione di segnali da esso.

PTP = Standard IEEE1588v2 "Precision Time Protocol", utile per la connessione di elementi interno dell'FPGA a periferiche di comunicazione ad alta velocità come la porta ethernet Gigabit Ethernet MACs (GEM) di cui cura il time stamping. Sono gestiti da questo protocollo anche i contatori hardware "nanoseconds counter". La famiglia Zynq-7000, al top tecnologico abbinabile all'elettronica consumer nell'anno 2016, dispone di una coppia di unità hardware di time stamping "Time Stamping Units" (TSUs) per entrambi gli apparati GEM dei due moduli di processore dato che si tratta di un dual core. Le due unità possono lavorare in maniera indipendente.

RedPitaya = Scheda di tipo SoC, sviluppata sulla base del processore della famiglia Zynq 7020, che integra un potente ARM Cortex 9A dual core e una moderna sezione FPGA che la rende particolarmente adatta per la realizzazione di strumenti di misura e acquisizione dati. Questa caratteristica gli fa occupare una posizione di mercato completamente diversa da altri prodotti SoC quali RaspBerry e simili. Nell'immagine vediamo il layout del PCB con le dimensioni fisiche e le componenti principali.

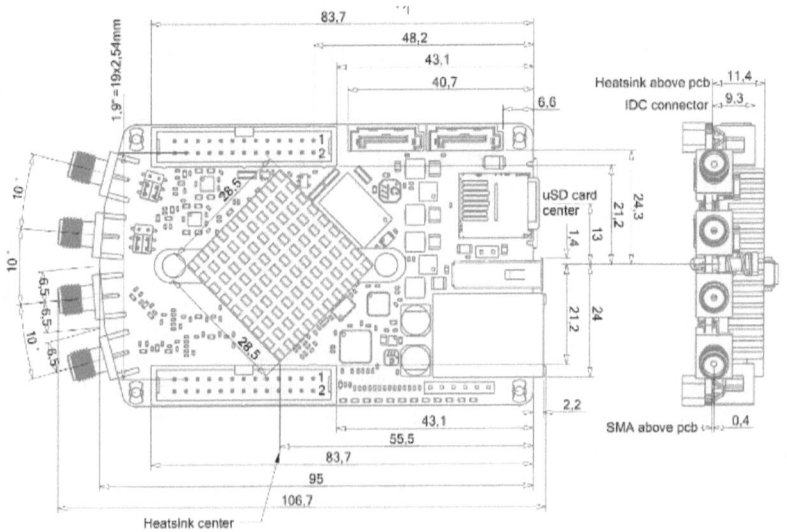

SDK = Software Development KIT, termine generico con cui si identificano i sistemi di sviluppo dei sistemi programmabili. Esiste per tutte le famiglie dai microprocessori ai microcontrollori e alle FPGA. Alla data odierna (gennaio 2016) sono spesso basati su Eclipse IDE che lancia gli specifici compilatori e manipola le cartelle dei progetti.

SI = Slave Interface, complementare al MI (Master Interface), presente in quasi tutti i blocchi IP del linguaggio HDL. Permette l'interconnessione.

SoC = System on a chip (SoC), termine che spesso si trova con riferimento ai nuovi processor ARM che grazie all'architettura interna, anche multicore, sono in grado di caricare e eseguire un Sistema operativo residente in un'area ROM, o EPROM o flash, ad esempio una scheda SD. I nuovi smartphone sono basati su questa tecnologia.

Throughput = Ammontare di materiale che attraversa un sistema in un tempo campione. Nell'ambito informatico il termine si usa per indicare la quantità di dati che attraversa un processo riferito ad esempio alla capacità di mobilitazione di masse di dati di uno specifico protocollo. Ad esempio, possiamo trovare il termine nella frase "Sia il cavo che il modem ADSL offrono un throughput maggiori di 10kpps", Nel caso delle FPGA troveremo il termine nell'utilizzo dei blocchi di conversione di protocollo AXI.

USART = universl sincronus asincronus reciver transmitter, ovvero quella periferica hardware integrata nel chi che si prende carico di convertire le stringhe di bit che arrivano in sequenza in numeri binari memorizzati in appositi registri. Senza questa periferica la trasmissione/ricezione seriale non sarebbe possibile.

Vivado = Attuale sistema di sviluppo software per le FPGA. È progettato per supportare le famglie:

- ZYNQ-7000, montata sulla RedPitaya.
- Artix-7
- Kintex-7
- Virtex-7

La famiglia Sparta oppure Virtex-6 va programmata usando la piattaforma Xilinx XPS (EDK). Alla data attuale esistono due punti diu accesso alla stessa piattaforma che si istallano usando lo stesso setup, la prima è Vivado 2015.4, è la maniera naturale per la programmazione delle FPGA in Hardware description Lenguage, e la seconda Vivado HLS 2015.4 che mostra e compila i sorgenti in C e C++.

vivado

Vivado HLS 2015.4

VHDL = (VHSIC Hardware Description Languages). L'iniziale V non rappresenta Verilog. È un altro linguaggio rispetto a Verilog HDL.
ZYNQ = La famiglia Zynq comprende quattro dispositivi che condividono lo stesso processore Arm e si differenziano per le dimensioni della parte Fpga, così da favorire lo sviluppo di soluzioni "scalabili" per realizzare versioni diverse dello stesso sistema. Anche la parte Fpga offre prestazioni elevate, poiché – come si è detto – è fabbricata in tecnologia 28 nanometri e quindi condivide tutte le innovazioni introdotte da Xilinx con l'ultima generazione dei propri prodotti. I due dispositivi più piccoli della famiglia, **Zynq-7010** e **Zynq-7020**, sono basati sugli Fpga Xilinx della serie Artix-7 e offrono rispettivamente 430.000 e 1,3 milioni di gate Asic (30K e 85K celle logiche), con prestazioni Dsp di picco pari rispettivamente a 58 Gmac e 158 Gmac. I due dispositivi più grandi, **Zynq-7030** e **Zynq-7040**, sono basati sugli Fpga Xilinx della serie Kintex-7 e offrono rispettivamente 1,9 e 3,5 milioni di gate Asic (125K e 235K celle logiche), con prestazioni DSP di picco pari rispettivamente a 480 e 912 Gmac. Questi ultimi due chip sono inoltre dotati di transceiver che possono operare fino a oltre 10 Gbps. Tutti i dispositivi Zynq comprendono anche un'interfaccia di conversione analogico-digitale composta da due Adc con risoluzione di 12 bit e velocità di campionamento di 1 Msps, oltre a sensori e canali di ingresso analogici.

Parti interne dell'architettura Zynq7000.

In questo capitolo vediamo in maniera riassuntiva quali sono le parti principali che costituiscono l'architettura interna dello Zynq7000.
Approfondimenti si potranno trovare consultando gli schemi a blocchi del databook rilasciato da Xilinx con la sigla UG585.
Si dovrà consultare il paragrafo System Level view.

- OCM
- Snoop Control Unit
- Neon MMU
- FIFO
- Master Interconnect
- L1 e L2 chache
- AXI_HP to DDR interconnect.
- **MMU** = **M**emory **M**anagement **U**nit, è una classe di componenti hardware che gestisce le richieste di accesso alla memoria generate dalla CPU. Le MMU moderne generalmente suddividono lo spazio degli indirizzi virtuali (l'intervallo di indirizzi accessibili dal processore) in pagine di memoria dimensione 2^N, tipicamente pochi kilobytes. Gli N bit meno significativi dell'indirizzo (l'offset all'interno della pagina) rimangono invariati, mentre i bit restanti rappresentano il numero virtuale della pagina. La MMU contiene una tabella delle pagine indicizzata (possibilmente associativamente) dal numero della pagina. Ogni elemento di questa tabella (detto PTE o Page Table Entry) restituisce il numero fisico della pagina corrispondente a quello virtuale, che, combinato con l'offset della pagina, forma l'indirizzo fisico completo. Un PTE può includere anche informazioni su quando la pagina è stata usata per l'ultima volta (per l'algoritmo di sostituzione LRU), quale tipo di processi (utente o supervisore) può leggerla e scriverla, e se deve essere inserita nella cache.

Tabelle utili.

Le seguenti tabelle mostrano il sistema internazionale, la potenza di calcolo di un computer attuale e futuro espressa in Flops e la dimensione della memoria di massa espressa in byte.

10^n	Prefisso	Simbolo	Nome	Equivalente decimale
10^{24}	**yotta**	Y	Quadrilione	1 000 000 000 000 000 000 000 000
10^{21}	zetta	Z	Triliardo	1 000 000 000 000 000 000 000
10^{18}	exa	E	Trilione	1 000 000 000 000 000 000
10^{15}	peta	P	Biliardo	1 000 000 000 000 000
10^{12}	tera	T	Bilione	1 000 000 000 000
10^9	giga	G	Miliardo	1 000 000 000
10^6	mega	M	Milione	1 000 000
10^3	chilo	k	Mille	1 000
10^2	hecto	h	Cento	100
10^1	deca	da	Dieci	10
10^0			Uno	1

Prestazione dei computer	
Nome	**FLOPS**
yottaFLOPS	10^{24}
zettaFLOPS	10^{21}
exaFLOPS	10^{18}
petaFLOPS	10^{15}
teraFLOPS	10^{12}
gigaFLOPS	10^{9}
megaFLOPS	10^{6}
kiloFLOPS	10^{3}
FLOPS	1

Dimensione memoria di massa			
1 b bit	1	1/8	2^1
1 B byte	8	1	2^8
1 KB kilobyte	8.192	1.024	2^{10}
1 MB megabyte	8.388.608	1.048.576	2^{20}
1 GB gigabyte	8.589.934.592	1.073.741.824	2^{30}
1 TB terabyte	8.796.093.302.400	1.099.511.628.000	2^{40}
1 PB petabyte	9.007.199.254.740.992	1.125.899.906.842.624	2^{50}

Bibliografia

Gottardo, M. (2012, 5 settembre). Let's GO PIC!!! The book. Vigonovo Venezia: Edizioni Gottardo, .

Gottardo, M. (2015, 8 luglio). Let's program a PLC!!! Edizione 2016. Vigonovo Venezia: Edizioni Gottardo, .

Gottardo, M. (2015, 15 gennaio). Let's Program a PLC!!! Esercizi di programmazione dei PLC modelli S7300-400 e S7200 TIA Portal S7-1200 WinCC flexible per HMI,Vigonovo Venezia: Edizioni Gottardo,